★ 高等学校教材
★ 国家级网络教育精品课程配套教材

有机化学

姜翠玉　夏道宏　主编

U0380751

YOUJI
HUAXUE

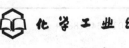

化学工业出版社

·北京·

本书系根据高等学校工科非化学化工专业有机化学教学的基本要求，结合多年来的教学实践经验编写而成。全书按照官能团体系编排，主要内容有：绪论、烷烃和环烷烃、烯烃、炔烃和二烯烃、芳烃、旋光异构、卤代烃、醇酚醚、醛和酮、羧酸及其衍生物、胺及其衍生物、杂环化合物、萜类和甾族化合物、碳水化合物、氨基酸和蛋白质，共 15 章。本书在内容选编上，既加强基本的有机化学理论知识，又兼顾到后续专业课的要求，强调有机化学基础知识在石油勘探、开采、储运、炼制及环境保护中的应用，突出石油类专业的行业特色。

　　本书可作为资源勘查工程、地质学、石油工程、油气储运工程等非化学化工专业的全日制及成人高等教育本科生、专科生的教材，也可供化工及其他相关专业选用或参考。

图书在版编目（CIP）数据

有机化学/姜翠玉，夏道宏主编. —北京：化学工业
出版社，2011.8（2022.9 重印）
高等学校教材
国家级网络教育精品课程配套教材
ISBN 978-7-122-11840-0

Ⅰ. 有…　Ⅱ. ①姜…②夏…　Ⅲ. 有机化学-高等学
校-教材　Ⅳ. O62

中国版本图书馆 CIP 数据核字（2011）第 139719 号

责任编辑：宋林青	文字编辑：糜家铃
责任校对：宋　玮	装帧设计：史利平

出版发行：化学工业出版社（北京市东城区青年湖南街 13 号　邮政编码 100011）
印　　装：北京七彩京通数码快印有限公司
787mm×1092mm　1/16　印张 12　字数 305 千字　2022 年 9 月北京第 1 版第 5 次印刷

购书咨询：010-64518888　　　　　　售后服务：010-64518899
网　　址：http://www.cip.com.cn
凡购买本书，如有缺损质量问题，本社销售中心负责调换。

定　　价：38.00 元

前　言

本书系根据高等学校工科非化学化工专业《有机化学》课程教学基本要求，结合多年来的教学实践编写而成，适合于资源勘查工程、地质学、石油工程、油气储运工程等专业的全日制及成人高等教育本、专科生的教学，也可供化工及相关专业作为教材或参考书。

全书采用脂肪族和芳香族混合编写的方式，按官能团体系分类编排，着重介绍基础知识和基本原理，尽可能做到"少而精"。在介绍各类化合物的物理和化学性质时，力求从结构分析入手，以利于读者理解和掌握化合物的性质。在内容安排上，将烷烃和环烷烃、炔烃和二烯烃、醇酚醚和环氧化合物分别组成一章，将萜类及甾族化合物单列为一章；考虑到石油相关专业的知识结构及培养要求，加强了立体化学有关的内容，强调了有机化学基础知识在石油勘探、开采、储运及环境保护中的应用；适当介绍学科前沿，将科研成果与课堂教学内容有机结合。每一章后增加了阅读材料，以激发学生的学习兴趣和拓展学生的视野。

中国石油大学（华东）《有机化学》课程 2004 年被评为山东省精品课程，2008 年被评为国家级网络教育精品课程，本教材正是在多年教学改革的推动下，实行课程资源一体化建设的重要成果，并在学校非化工类各专业的试用过程中得到了师生的一致好评。与本教材一体化建设的《有机化学》网络课程（国家级网络教育精品课程网址：http：//course.upol.cn/youjihuaxue/index.asp）提供丰富的教学资源，包括视频讲解、单元学习、仿真实验系统、例题精解系统、分子结构模型等内容，便于教师教学和学生的自主学习。

本教材由姜翠玉教授、夏道宏教授主编。参加编写的同志有姜翠玉（第 1 章、第 2 章）、周玉路（第 3 章、第 14 章、第 15 章）、宋林花（第 4 章、第 6 章）、吕志凤（第 5 章、第 7 章）、项玉芝（第 8 章、第 9 章）、战风涛（第 10 章、第 11 章）、夏道宏（第 12 章、第 13 章）。全书由姜翠玉教授、夏道宏教授统一定稿。限于编者水平有限，书中难免有不足之处，恳请读者批评指正。

编者
2011 年 5 月于黄岛

目　录

第1章 绪 论

1.1 有机化合物和有机化学

经过长期的分析和研究，发现为数众多的有机化合物都含有碳元素，因此有机化合物被定义为含碳的化合物。但单质碳、碳的氧化物、碳酸及其盐、氰化物等含碳化合物，因其结构、性质和无机化合物相同，仍称为无机化合物。有机化合物除了含有碳元素外，绝大多数还含有氢，有时还含有 N、O、S、P、Si、卤素等元素。只含碳、氢两种元素的有机化合物称为烃，其他有机化合物都可以看成是烃的衍生物。因此也常把有机化合物定义为烃及其衍生物。

有机化合物与人类的日常生活密切相关。人类赖以生存的三大基础物质——脂肪、蛋白质和碳水化合物是有机化合物；人类赖以生存的能源——煤、石油和天然气是有机化合物；三大合成材料——合成橡胶、合成塑料和合成纤维是有机化合物；人们穿的衣服（棉花、羊毛、蚕丝等），吃的东西（大米、面粉、葡萄糖、水果、维生素等），日常用品（肥皂、洗衣粉等），各种药物、染料及化妆品等几乎都是有机化合物。总之，有机化合物是人类日常生活的必需品。

有机化学是化学的一个重要分支，是研究有机化合物的组成、结构、性质、合成方法、化合物的相互转化及由此归纳出的规律和理论的科学。它与国民经济各个行业的关系十分密切，不论是化学工业、能源工业、材料工业，还是国防、医药、染料等工业都依赖于有机化学的成就。同时，有机化学的基本原理对于掌握和发展其他学科也是必不可少的，有机化学的新理论、新反应、新方法促进了有机化学与生命科学、材料科学、信息科学和环境科学等学科的交叉与渗透。有机化学与生命科学的交叉为研究和认识生命体系中的复杂现象提供了新的方法和手段；有机化学和材料科学的交叉促进了新型有机功能材料的发现、制备和应用，在满足人类的需求方面做出了重要贡献；绿色化学正成为合成化学研究中具有战略意义的前沿领域，将为人类社会的可持续发展，如合理应用资源、解决环境污染等方面起着重要的作用。

1.2 有机化合物的特点

有机化合物与无机化合物间没有明显的界线，有机化学能够成为一门独立的科学，主要原因有两个方面：其一是由于含碳化合物数目庞大，目前已知的有机化合物有 2000 多万种，并且这个数目还在以每年大约 30 万种的速度增加，而其他 100 多种元素形成的无机化合物也只不过几十万种；其二是种类繁多、数目庞大的有机化合物在结构和性质上与无机化合物有着明显的区别，研究有机化合物需要使用一些特殊的研究方法。与无机化合物相比较，有机化合物一般有以下特点。

（1）结构复杂，种类繁多

由于组成有机化合物最基本的碳原子的特殊性质，使得碳原子与碳原子或其他原子间的相互结合能力很强，而且连接方式又是多种多样的，它们之间既可以连接成链状（包括支链），又可以连接成环状，两个碳原子间既可以形成一个共价键，也可以形成两个或三个共价键，并且参与的碳原子数可多可少，同时，同分异构现象的普遍存在也使有机化合物的种类和数量非常庞大。

（2）容易燃烧

大多数有机化合物都可以燃烧，有些有机化合物如酒精、汽油等很容易燃烧，燃烧后的产物为二氧化碳和水，同时放出大量的热。

（3）熔、沸点较低，易挥发

有机化合物的挥发性较大，在常温下通常以气体、液体或低熔点固体的形式存在。大多数固体有机化合物的熔点一般也较低，很少超过 400℃。而一般无机物的熔点都比较高，如氯化钠的熔点为 808℃。

（4）难溶于水，易溶于有机溶剂

化合物的溶解性通常遵循"相似相溶"规律。水是极性分子，而有机物多是弱极性或非极性物质，不溶或难溶于水，而易溶于有机溶剂，如苯、乙醚、丙酮、石油醚、乙酸乙酯等。只有某些含氧或含氮的低分子量有机物才溶于水，有些甚至可以任意比例与水互溶。

（5）反应速率慢且常伴有副反应

有机化合物的反应速率一般较小，完成反应常常需要几个到几十个小时。为了加速反应，通常需要加热、搅拌或加催化剂等手段来促进反应的进行。反应时，有机分子中多个部位都会受到反应试剂的进攻，从而导致产物的多样化，副反应多，产率较低。

当然以上所述的有机化合物的特点并不是绝对的。例如：有机化合物四氯化碳不但不燃烧，而且可用作灭火剂；酒精和糖极易溶于水；三硝基甲苯（TNT）的反应速率很快，能以爆炸方式进行。因此，在认识有机化合物的共性时，也要注意它们的个性。总之，有机化合物的这样一些特性，是由其内在因素——结构所决定的。

1.3　共价键及其属性

在有机化合物分子中，主要的、典型的化学键是共价键，原子间以共价键结合是有机化合物分子基本的、共同的结构特征，所以，了解和熟悉有机化合物分子的共价键，是研究和掌握有机化合物的结构与性质之间辨证关系的关键。

1.3.1　共价键

共价键的概念是 G. N. Lewis 于 1916 年提出的。共价键是由两个成键原子各提供相等数目的价电子作为双方原子共用，而使得两成键原子都能达到稳定的电子构型（即原子的最外层电子数目为 2 或 8）。例如，氢原子形成氢分子时，两个氢原子各提供一个电子，通过共用一对电子（电子配对）而结合成共价键，这样在氢分子中两个氢原子最外层电子数目都达到 2。甲烷分子是由一个 C 和四个 H 形成四个共价键，使 C 和 H 的最外层电子数目分别达到 8 和 2，即稳定的电子构型。

$$H\cdot + H\cdot \longrightarrow H{:}H \text{ 或写成 } H—H$$
$$\text{（I）} \qquad\qquad \text{（II）}$$

$$\dot{\mathrm{C}} + 4\mathrm{H}\cdot \longrightarrow \mathrm{H}\!:\!\overset{\textstyle \mathrm{H}}{\underset{\textstyle \mathrm{H}}{\mathrm{C}}}\!:\!\mathrm{H} \quad \text{或写成} \quad \mathrm{H}\!-\!\overset{\textstyle \mathrm{H}}{\underset{\textstyle \mathrm{H}}{\mathrm{C}}}\!-\!\mathrm{H}$$

$$(\mathrm{I}) \qquad\qquad (\mathrm{II})$$

Ⅰ称为路易斯（Lewis）电子结构式，简称 Lewis 结构式。Ⅱ称为短线式，其中的短线表示成键电子。

电子的共用是通过电子配对的形式来实现的，可以是一对电子共用，形成共价单键，也可以是两对或三对电子共用形成共价双键或共价三键。例如：

$$\mathrm{H}\!:\!\overset{\textstyle \mathrm{H}}{\mathrm{C}}\!:\!:\!\overset{\textstyle \mathrm{H}}{\mathrm{C}}\!:\!\mathrm{H} \quad \text{即} \quad \overset{\textstyle \mathrm{H}}{\underset{\textstyle \mathrm{H}}{\mathrm{C}}}\!=\!\overset{\textstyle \mathrm{H}}{\underset{\textstyle \mathrm{H}}{\mathrm{C}}} \quad \text{乙烯}$$

$$\mathrm{H}\!:\!\mathrm{C}\!:\!:\!:\!\mathrm{C}\!:\!\mathrm{H} \quad \text{即} \quad \mathrm{H}\!-\!\mathrm{C}\!\equiv\!\mathrm{C}\!-\!\mathrm{H} \quad \text{乙炔}$$

价键理论认为，共价键的形成是由于成键原子的原子轨道（也可以说是电子云）相互重叠的结果，成键时电子云重叠越多形成的共价键越稳定，因此电子云必须在各自密度最大的方向上重叠。由于除 s 轨道外，其他成键的原子轨道都不是球形对称的，所以共价键具有明显的方向性。另外，必须是自旋反平行的未成对电子，才能相互接近而结合成键，如果一个原子的未成对电子已经配对，就不能再与其他原子的未成对电子配对，这就是共价键的饱和性。

根据价键理论的观点，成键电子是处于以共价键相连原子的区域内，即成键电子处于成键原子之间，是定域的。在价键理论的基础上，后来又提出轨道杂化的概念，将在相应章节中一一介绍。

1.3.2　共价键的属性

（1）键长

分子中两成键原子的原子核间平均距离称为键长，单位为 nm。键长往往是通过光谱或衍射等实验方法加以测定，一些常见的共价键键长见表 1-1。

表 1-1　一些常见的共价键键长

共价键	键长/nm	共价键	键长/nm
C—H	0.109	C—O	0.143
C—C	0.154	C—F	0.141
C=C	0.134	C—Cl	0.177
C≡C	0.120	C—Br	0.191
C—N	0.147	C—I	0.212

键长与原子半径大小及化学键类型有关，相同化学键在不同化合物中的键长可能不同。一般说来，两个原子之间所形成的键越短，表示键越强、越牢固。

（2）键角

共价键之间的夹角称为键角。例如：

$$\mathrm{H}\overset{\textstyle \mathrm{H}}{\underset{\textstyle \mathrm{H}}{\mathrm{C}}}\mathrm{H} \quad 109.5° \qquad\qquad \mathrm{H}\overset{\textstyle \mathrm{O}}{}\mathrm{H} \quad 104.5°$$

键角反映了分子的空间构型，显然，任何一个两价以上的原子与其他原子成键时，都存在键角。键角的大小与成键的中心原子有关，也随着分子结构的不同而改变，因为分子中各原子或基团存在相互影响。

（3）键能与键离解能

形成共价键的过程中体系释放出的能量，或共价键断裂过程中体系所吸收的能量，称为键能（E）。

键离解能（D）指的是气态时分子中某一指定共价键断裂生成原子或自由基时所吸收的能量。对于双原子分子，键能与离解能在数值上是等同的；对于多原子分子，键能与离解能在数值上并不完全一致。例如甲烷分子中四个 C—H 键的离解能为：

$$CH_4 \longrightarrow \cdot CH_3 + H\cdot \qquad D=434.7kJ\cdot mol^{-1}$$
$$\cdot CH_3 \longrightarrow \cdot CH_2 + H\cdot \qquad D=443.1kJ\cdot mol^{-1}$$
$$\cdot \ddot{C}H_2 \longrightarrow \cdot \ddot{C}H + H\cdot \qquad D=443.2kJ\cdot mol^{-1}$$
$$\cdot \ddot{C}H \longrightarrow \cdot \ddot{C} \cdot + H\cdot \qquad D=338.6kJ\cdot mol^{-1}$$

甲烷分子中 C—H 键能为（$434.7+443.1+443.2+338.6$）$/4=414.9kJ\cdot mol^{-1}$。因此，离解能是指离解某一分子中某一特定的键所需的能量；键能是指分子中同一类共价键的离解能的平均值。所以对多原子分子来说，绝不能把键离解能与键能相混淆。

键能可作为衡量化学键牢固程度的键参数，键能越大，说明两个原子结合越牢固，即键越稳定。一些常见共价键的键能见表 1-2。

表 1-2　一些常见共价键的键能

共价键	键能/kJ·mol^{-1}	共价键	键能/kJ·mol^{-1}
C—H	413.8	C—N	305.1
C—C	346.9	C—O	359.5
C=C	610.3	C—F	484.9
C≡C	836.8	C—Cl	338.6
H—H	434.7	C—Br	284.2
O—H	464.0	C—I	217.4

（4）共价键的极性、极化性和诱导效应

由两个相同原子形成的共价键，电子云对称分布在两个成键原子之间，这种共价键没有极性，称为非极性共价键，例如 H—H 和 Cl—Cl 等。不相同原子形成的共价键，由于成键原子的电负性不同，其吸引电子的能力不同，使得成键电子云偏向于吸引电子能力较大的那个原子，即电负性较大的原子。例如，H—Cl 键，由于 Cl 的电负性大于 H 的电负性，结果使 Cl 原子带部分负电荷（一般用 δ^- 表示），而 H 原子带部分正电荷（一般用 δ^+ 表示），这种键称为极性共价键。

键的极性是以偶极矩（μ）（又称键矩）来度量的，偶极矩是电荷（q）与正负电荷中心之间的距离（d）的乘积，即 $\mu=q\cdot d$，单位为 C·m（库仑·米）。偶极矩是矢量（向量），是有方向性的，一般用 $\longmapsto$ 表示，箭头所指的方向是从电负性较小的原子到电负性较大的原子。例如：

$$\overset{\delta^+}{H}—\overset{\delta^-}{Cl} \qquad H—Cl \qquad \mu=3.75\times10^{-30}C\cdot m$$

构成共价键的两个不同原子，其电负性差值越大，键的极性越强。在有机化学中一些常见元素的电负性如下：

H	Li	C	N	O	F	Cl	Br	I	Mg
2.1	1.0	2.5	3.0	3.5	4.0	3.0	2.8	2.4	1.2

在双原子分子中，键的极性就是分子的极性。但对于多原子分子来说，分子的极性既与键的极性有关，又与分子的立体构型有关。多原子分子的偶极矩，则是整个分子中各个共价

键偶极矩的矢量和。分子偶极矩的方向从正电荷部分指向负电荷部分。例如：

$$\begin{array}{c} H \\ H-\overset{|}{C}\!\!\!\equiv\!\!\!H \\ H \end{array} \qquad \begin{array}{c} Cl \\ \uparrow \\ H-\overset{|}{C}\!\!\!\equiv\!\!\!H^{+} \\ H \end{array}$$

甲烷(μ=0)非极性分子   一氯甲烷(μ=6.47×10^{-30}C·m)极性分子

共价键的极性对化学反应有决定性的作用；分子的极性对其熔点、沸点和溶解度等物理性质都有影响。

    共价键（极性的或非极性的）受外界电场影响时，成键电子云会发生偏移。不同的共价键对外界电场影响的敏感性也不同，这种敏感性称为极化性。键的极化性用键的极化度度量，极化度表示成键电子被原子核约束的相对程度，成键原子的体积越大、电负性越小，键的极化度越大。

    诱导效应 由于分子内成键原子的电负性不同所引起的极性效应，且通过化学键传递到分子的其他部分，这种作用称为诱导效应（inductive effect）。常用"I"表示。例如：

$$\overset{\delta\delta\delta^{+}}{\underset{4}{CH_3}}\!-\!\overset{\delta\delta^{+}}{\underset{3}{CH_2}}\!\rightarrow\!\overset{\delta^{+}}{\underset{2}{CH_2}}\!\rightarrow\!\overset{\delta^{+}}{\underset{1}{CH_2}}\!\rightarrow\!\overset{\delta^{-}}{Cl}$$

    氯原子的电负性大于碳，因此 C—Cl 键的共用电子对偏向氯原子，使氯原子带部分负电荷，用"δ^{-}"表示，C1 带有部分正电荷，用"δ^{+}"表示。带部分正电荷的 C1，又通过静电作用使得 C1—C2 间的共用电子对偏向 C1，以致 C2 上也带很少的正电荷，用"$\delta\delta^{+}$"表示，依次影响的结果，C3 上也多少带有部分正电荷（$\delta\delta\delta^{+}$）。因此诱导效应能通过化学键传递，随着传递的化学键增多，诱导效应迅速减弱，超过三个原子后，影响就极弱了，可以忽略不计。

    诱导效应是一种永久效应，它对化合物的化学性质影响很大。

    诱导效应与原子的电负性有关，一般以氢原子作为比较标准。电负性小于氢的原子或基团表现出供电子性，叫供（推）电子基，具有供（推）电子诱导效应，用"$+I$"表示；反之叫吸电子基，具有吸电子诱导效应，用"$-I$"表示。

    常见的具有$-I$效应的基团及其相对强度如下：

—NO$_2$＞—CN＞—COOH＞—F＞—Cl＞—Br＞—I

    具有$+I$效应的基团主要是烷基，其相对强度如下：

(CH$_3$)$_3$C—＞(CH$_3$)$_2$CH—＞CH$_3$CH$_2$—＞CH$_3$—

    烷基只有当与不饱和碳原子或电负性比碳原子大的原子相连时才具有$+I$效应，且烷基间的$+I$效应差别比较小。

1.3.3 共价键的断裂和有机反应的类型

    有机化合物分子中各原子之间的键几乎都是共价键，有机反应的发生必然包含着旧共价键的断裂和新共价键的形成。共价键的断裂有均裂和异裂两种方式。

    共价键的均裂 就是成键的一对电子平均分给两个成键原子或基团。例如：

$$R:L \xrightarrow{\text{均裂}} R\cdot + L\cdot$$

    按这种方式断裂产生的具有未成对电子的原子或原子团，称为自由基（或游离基）。

    共价键的异裂 就是成键两原子之间的共用电子对完全转移到一个原子或基团上，产生正、负离子。例如：

$$-\overset{|}{\underset{|}{C}}\!:\!L \xrightarrow{\text{异裂}} -\overset{|}{\underset{|}{C}}^{+} + L\!:^{-}$$

碳正离子

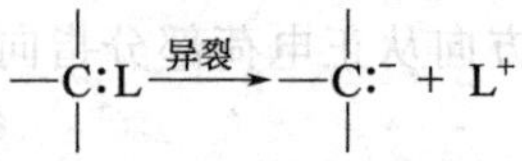

$$—C:L \xrightarrow{异裂} —C:^- + L^+$$
碳负离子

自由基、碳正离子、碳负离子都是在反应过程中暂时生成的、瞬间存在的活性中间体。在有机化学反应中，根据生成的活性中间体的不同，将反应分为自由基反应和离子型反应两大类。通过共价键的均裂生成自由基活性中间体的反应，属于自由基反应。通过共价键异裂生成碳正离子或碳负离子活性中间体的反应，属于离子型反应。离子型反应又根据反应试剂是亲电试剂还是亲核试剂，分为亲电反应和亲核反应。

1.4　构造式及同分异构现象

1.4.1　构造式及其表示方法

分子是由原子按照一定的排列顺序，相互影响相互作用而结合在一起的整体，这种排列顺序和相互关系称为分子结构。分子结构通常包括组成分子的原子彼此间的连接顺序，以及各原子在空间的相对位置，即分子结构包括分子的构造、构型和构象（将在以后章节中讨论）。分子中原子间的连接顺序称为构造，表示分子中原子的连接顺序和成键方式的结构表达式，称为构造式。除特别说明或需表示立体结构外，一般用构造式表示化合物的结构，有机化合物的构造式通常有三种表示方式。

（1）短线式

将化合物中原子之间共用的一对价电子用一条短线表示的式子。例如，正丁烷用短线式表示为：

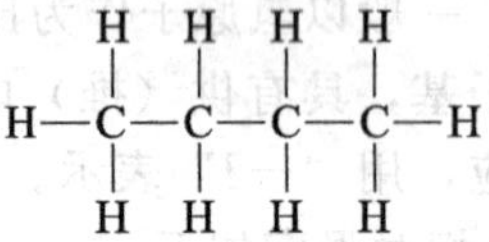

$$\begin{array}{ccccccc} & H & & H & & H & & H \\ & | & & | & & | & & | \\ H- & C & - & C & - & C & - & C & -H \\ & | & & | & & | & & | \\ & H & & H & & H & & H \end{array}$$

（2）缩简式

有机化学中最常用的表达有机化合物构造式的方法。例如，正丁烷用缩简式表示为：

$CH_3—CH_2—CH_2—CH_3$　或　$CH_3CH_2CH_2CH_3$

（3）键线式

用键线代表碳原子构成的碳链骨架，写出除氢原子外与碳链相连的其他原子（如 O、N、S、Cl 等）及官能团。例如：

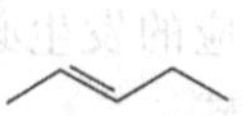

2-戊烯 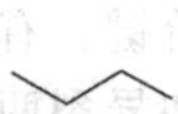　　　丁烷 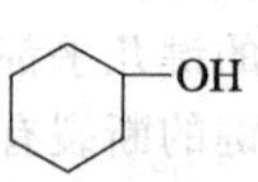　　　环己醇 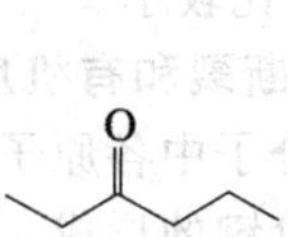　　　3-己酮

1.4.2　同分异构体及同分异构现象

分子式相同而结构式相异，因而其性质也各异的不同化合物，称为同分异构体，这种现象称为同分异构现象。同分异构可以分为构造异构和立体异构两大类。

（1）构造异构

分子中由于原子互相连接的方式和次序不同而产生的同分异构体。它又可以分为以下三种。

① 碳链异构　如正丁烷和异丁烷：

$$CH_3—CH_2—CH_2—CH_3 \qquad CH_3—\underset{\underset{CH_3}{|}}{CH}—CH_3$$

正丁烷   异丁烷

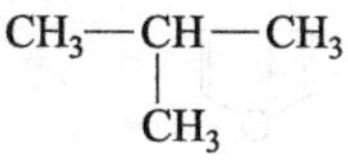

② 官能团位置异构　如正丙醇和异丙醇：

$$CH_3—CH_2—CH_2—OH \qquad CH_3—\underset{\underset{OH}{|}}{CH}—CH_3$$

正丙醇   异丙醇

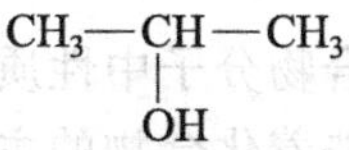

③ 官能团异构　如乙醇和甲醚：

$$CH_3—CH_2—OH \qquad CH_3—O—CH_3$$

乙醇   甲醚

（2）立体异构

分子的构造相同，但由于分子中原子在空间的排列方式不同而引起的同分异构体，它又分为构象异构和构型异构两种（将在以后章节中讨论）。

同分异构现象在有机化学中普遍存在。因此，在有机化学中，要确切地表示一个有机化合物，必须写出它的结构式，而不能仅写出分子式。

1.5 有机化合物的分类

有机化合物数目庞大，而且还在不断地合成和发现新的有机化合物，为了便于学习和研究，对有机化合物进行分类是十分必要的。常用的分类方法有两种，一种是按碳骨架分类，一种是按官能团分类。

1.5.1 按碳骨架分类

（1）开链化合物

分子中碳原子相互结合成链状。其中碳原子间可以通过单键、双键或三键相连。例如：

$CH_3CH_2CH_2CH_3$　丁烷，$CH_2\text{=}CHCH_3$　丙烯，CH_3CH_2OH　乙醇

由于长链状化合物最初是在油脂中发现的，所以这类化合物又叫脂肪族化合物。

（2）碳环化合物

分子中具有完全由碳原子连接而成的环状结构。它们又可以分为以下两类。

① 脂环族化合物　它们的性质与脂肪族化合物相似，因此叫脂环族化合物。例如：

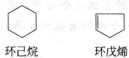

环己烷   环戊烯

② 芳香族化合物　这类化合物大多数含有苯环，其性质与脂肪族、脂环族化合物不同。例如：

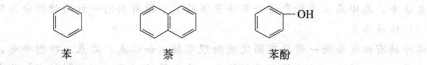

苯   萘 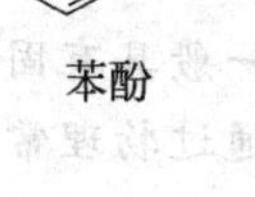   苯酚

（3）杂环（族）化合物

这类化合物分子中含有由碳原子和其他原子（如 O、S、N 等原子）连接而成的环。例如：

呋喃   吡咯   喹啉

1.5.2 按官能团分类

官能团是指有机化合物分子中性质较活泼，易发生反应的原子或原子团。它常常决定着化合物的主要性质，反映着化合物的主要特征。含有相同官能团的化合物具有相似的性质，因此，常常根据官能团将有机化合物分类。表 1-3 是按官能团分类的一些常见类别。

表 1-3　重要官能团及化合物分类

化合物类别	官能团	官能团名称	举 例
烷烃			CH_3CH_3　　　　乙烷
烯烃	C＝C	碳碳双键	$CH_2＝CH_2$　　　乙烯
炔烃	C≡C	碳碳三键	$CH≡CH$　　　　乙炔
卤代烃	F,Cl,Br,I	卤素	CH_2Cl_2　　　　二氯甲烷
芳烃		苯环,萘环(芳环)	C_6H_6,$C_{10}H_8$　　苯,萘
醇	—OH	羟基	C_2H_5OH　　　　乙醇
酚	—OH,Ar—	羟基,芳基	C_6H_5OH　　　　苯酚
醚	C—O—C	醚键	$C_2H_5OC_2H_5$　　乙醚
醛	—CHO	醛基	CH_3CHO　　　　乙醛
酮	—CO—	羰基	CH_3COCH_3　　　丙酮
羧酸	—COOH	羧基	CH_3COOH　　　乙酸
酯	—COOR	酯基	$CH_3COOCH_2CH_3$　乙酸乙酯
酰卤	—COX	卤代甲酰基	CH_3COCl　　　　乙酰氯
酰胺	—CONH_2	氨基甲酰基	CH_3CONH_2　　　乙酰胺
腈	—C≡N	氰基	CH_3CN　　　　　乙腈
硝基化合物	—NO_2	硝基	CH_3NO_2　　　　硝基甲烷
胺	—NH_2	氨基	$C_6H_5NH_2$　　　苯胺
	—NHR	胺基	$(CH_3)_2NH$　　　二甲胺
磺酸	—SO_3H	磺酸基	$C_6H_5—SO_3H$　　苯磺酸
硫醇和硫酚	—SH	巯基	C_2H_5SH　　　　乙硫醇

本书是按官能团分类，把脂肪族与芳香族化合物混合起来编写的。

【阅读材料】

研究有机化合物的一般方法

在人类目前已拥有的 2500 多万种有机化合物中，大多数是有机化学家合成的，而且新的有机化合物还在不断涌现。研究一个新的有机化合物，通常需要以下程序。

（1）分离提纯

自然界存在的或通过化学反应合成的有机化合物，一般都含有杂质。在研究有机化合物时，首先要进行分离提纯。目前一般采用的分离提纯方法有重结晶法、蒸馏法、升华法和色谱分离法等，其中高压液相色谱分离法是实验室中很有用的一种高效的分离提纯方法。

（2）纯度鉴定

纯净的有机化合物一般具有固定的物理常数，如熔点、沸点、折射率等，而且其熔点或沸点范围很小。因此，通过物理常数熔点、沸点等的测定，可以判断有机化合物的纯度，也可以鉴定单一的有机化合物。另外也可利用薄层色谱分离、色谱分析等检验有机化合物的纯度。

（3）元素分析和实验式确定

得到的纯净物可以进一步进行元素定性分析，以确定该化合物是由哪些元素组成的。然后可进行元素定量分析，以确定组成各元素的含量。在此基础上，计算化合物的实验式。

（4）分子式的确定

为了确定化合物的分子式，必须知道化合物的相对分子质量，这样才能在实验式的基础上写出分子式。测定相对分子质量的方法很多，常用的有蒸气密度法、冰点降低法、沸点升高法和渗透压法等，近年来可通过质谱仪准确、快速地测定。

（5）结构的确定

因为有机物中普遍存在同分异构现象，分子式相同的有机物不止一个。因此必须根据化合物的性质和应用现代物理分析方法如质谱、红外光谱、紫外光谱、核磁共振谱和X射线衍射等来测定有机化合物的分子结构。

现代物理分析方法能够准确快速地确定有机化合物的结构，因此在近二三十年来得到了较为广泛的应用。

习 题

1. 什么是有机化合物？它有哪些特性？

2. 把下列共价键按照它们的极性大小排列成序。
   （1）H—N，H—F，H—O，H—C
   （2）C—Cl，C—F，C—O，C—N

3. 判断下列化合物是否为极性分子？
   （1）HBr   （2）I_2 （3）CCl_4
   （4）CH_2Cl_2 （5）CH_3OH （6）CH_3OCH_3

（7）$$\begin{array}{c} CH_3 \\ \diagdown \\ \end{array} C = C \begin{array}{c} Cl \\ \diagup \\ \end{array}$$ 左下Cl 右下CH_3
（8）$$\begin{array}{c} CH_3 \\ \diagdown \\ \end{array} C = C \begin{array}{c} CH_3 \\ \diagup \\ \end{array}$$ 左下Cl 右下Cl

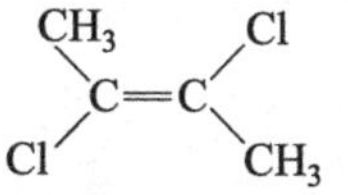

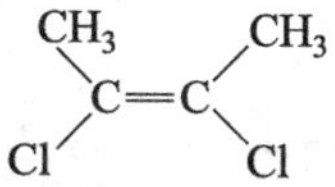

4. 完成下列键线式与结构简式间的转化。

（1）〔键线式〕   （2）〔键线式含OH、Cl〕

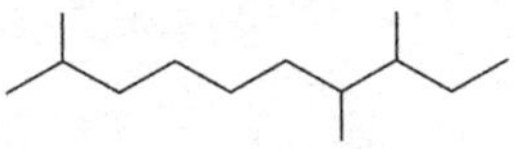

（3）$CH_3CH_2CHCH_2CH_2CHCH_2CH_2COOH$
           CH_3 CH_2CH_3
（4）$CH_3CH=CHCH_2CH_2CCH_3$，末端C上为$=O$

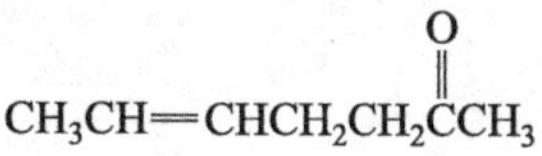

5. 矿物油（相对分子质量较大的烃的混合物）能溶于正己烷，但不溶于乙醇或水，试解释之。

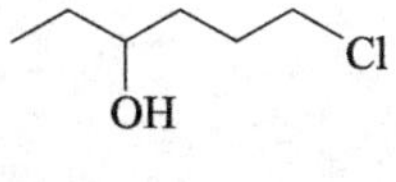

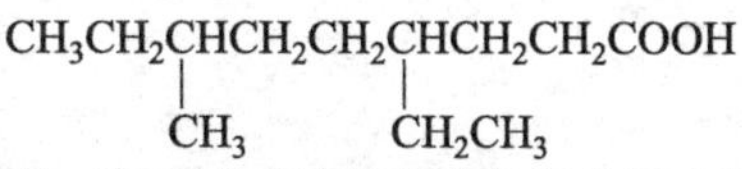

6. 将下列化合物按官能团分类。
   （1）$CH_3(CH_2)_3CH=CH_2$ （2）$CH_3CH_2CH_2OH$
   （3）$CH_3CH_2CH_2COOH$ （4）$CH_3CH_2C=CH_2$，下为CH_3
   （5）〔苯环〕—OH   （6）$(CH_3)_3COH$
   （7）C_2H_5—〔苯环〕—COOH   （8）$CH_3CH_2CH=CHCH_2CH_3$
   （9）〔苯环，上CH_3，下OH〕   （10）〔环己烷〕—OH

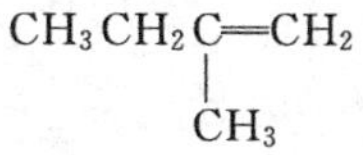

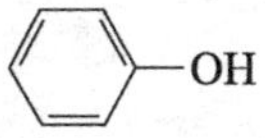

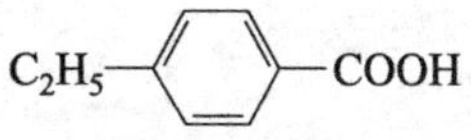

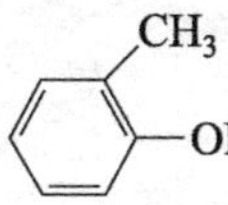

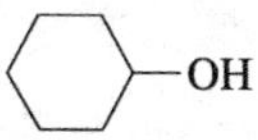

(11) CH₃CCH₃
　　　 $\overset{O}{\|}$

(12) CH₃CH₂CHCH₃
　　　　　　　 $\overset{|}{OH}$

(13) CH₃COOH

(14)

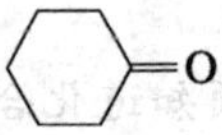

7. 一种醇经元素定量分析，得知含有 70.4% 的碳、13.9% 的氢，又测得其相对分子质量为 102。该醇的分子式是什么？

第 2 章　烷烃和环烷烃

只含有碳、氢两种元素的化合物叫做碳氢化合物，简称为烃。烃类是最简单的有机化合物，是各种有机化合物的母体，其他各类有机物都可以看成是烃的衍生物，烃还是重要的能源和基本化工原料。

烃的种类很多，根据分子中碳架结构的不同，可把烃分为脂肪烃（开链烃）、脂环烃和芳香烃。烃分子中碳原子间均以单键相连，碳原子的其余价键都为氢原子所饱和的化合物，称为饱和烃，其中碳骨架是链状的称为烷烃（或石蜡烃），碳骨架是环状的称为环烷烃。另外，还有不饱和烃如烯烃和炔烃等。本章主要讨论烷烃和环烷烃。

2.1　烷烃

2.1.1　烷烃的通式、同系列和构造异构现象

最简单的烷烃是甲烷，其他烷烃随着分子中碳原子数的增加，氢原子数也相应的有规律的增加。例如：

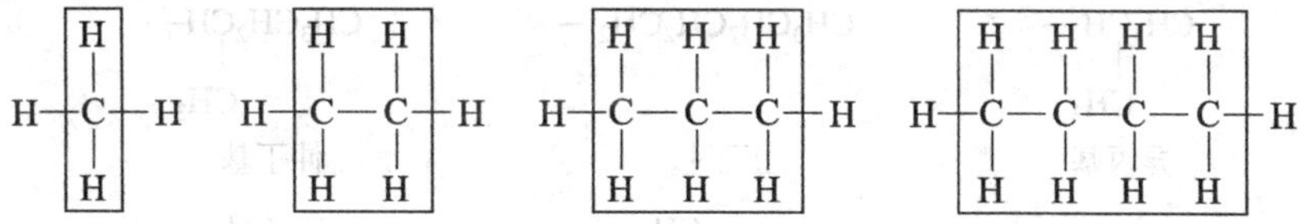

甲烷　　　　乙烷　　　　　丙烷　　　　　丁烷

从上面烷烃的构造式不难看出，链中的每一个碳原子都与 2 个氢原子相连，而两个端位碳原子各连（2+1）个氢原子。因此，若分子中碳原子数为 n，则氢原子数必为 $2n+2$，即烷烃的通式为 C_nH_{2n+2}。

结构相似，具有同一个通式，组成上相差一个或几个 CH_2 的一系列化合物，称为同系列。例如甲烷（CH_4）、乙烷（CH_3CH_3）、丙烷（$CH_3CH_2CH_3$）等这一系列化合物叫做烷烃同系列。同系列中的各化合物互为同系物，CH_2 叫做系差。同系物具有相似的化学性质，其物理性质（例如沸点、熔点、密度、溶解度等）一般是随着相对分子质量的改变而有规律性的变化。因此，掌握其中某些典型化合物的性质，就可以推测同系物中其他化合物的性质，为我们学习和研究提供了方便。当然，要注意同系物的共性，也要注意它们的个性。

在烷烃的同系列中，从丁烷起就有同分异构现象。丁烷有两个同分异构体，它们的构造式如下：

$$CH_3—CH_2—CH_2—CH_3 \qquad\qquad CH_3—CH—CH_3$$
$$\qquad\qquad\qquad\qquad\qquad\qquad\qquad\qquad | $$
$$\qquad\qquad\qquad\qquad\qquad\qquad\qquad\qquad CH_3$$

正丁烷(沸点−0.5℃)　　　　　　　异丁烷(沸点−10.2℃)

很明显，正丁烷和异丁烷是由于分子内原子间相互连接的顺序（即"构造"）不同而产生的。通常把分子式相同而构造式不同的化合物叫做构造异构体。烷烃的构造异构体实质上

是因为碳架的不同而引起的，故又称碳架异构体。随着碳原子数目的增加，异构体的数目显著增多。戊烷有 3 个同分异构体，己烷有 5 个，庚烷有 9 个，壬烷有 35 个，而二十烷有336319 个，三十烷有 4111647763 个。异构现象是造成有机化合物数目庞大的原因之一。

2.1.2 烷烃的命名

（1）伯、仲、叔、季碳原子和伯、仲、叔氢原子

为了方便，通常将有机化合物中的碳原子和氢原子进行分类。当分子中的某一个碳原子与一个、两个、三个或四个碳原子相连时，该碳原子分别称为伯（一级）碳原子、仲（二级）碳原子、叔（三级）碳原子或季（四级）碳原子，分别用 1°、2°、3°或 4°表示。例如：

$$CH_3-\overset{1°}{\underset{CH_3}{CH}}-\overset{3°}{CH_2}-\overset{2°}{\underset{CH_3}{\overset{1°}{CH_3}}}\overset{4°}{C}-CH_3$$

与伯、仲、叔碳原子相连接的氢原子相应地分别叫做伯、仲、叔氢原子。不同类型的氢原子的活泼性不同，在研究烷烃分子中各部分的相对反应活性时，经常用到这些名称。

（2）烷基

烷烃分子中去掉一个氢原子后余下的基团叫做烷基，通式为 C_nH_{2n+1}。烷基通常用“R—”来表示，所以烷烃也可用 RH 表示。烷基的名称是从相应的烷烃的名称衍生出来的。一些常用烷基的名称如下：

$$CH_3- \qquad CH_3CH_2- \qquad CH_3CH_2CH_2-$$
甲基 　　　　　　 乙基 　　　　　　 正丙基

$$CH_3CH- \atop CH_3 \qquad CH_3CH_2CH_2CH_2- \qquad CH_3CH_2CH- \atop CH_3$$
异丙基 　　　　　　 正丁基 　　　　　　 仲丁基

$$CH_3CHCH_2- \atop CH_3 \qquad CH_3-\overset{CH_3}{\underset{CH_3}{C}}- \qquad CH_3-\overset{CH_3}{\underset{CH_3}{C}}-CH_2-$$
异丁基 　　　　　　 叔丁基 　　　　　　 新戊基

（3）烷烃的命名法

有机化合物的数目很多，结构复杂，所以必须有一个合理的命名法来识别它们，使我们看到一个化合物的名称就能够写出它的结构式，反之亦然。因此认真学习各类化合物的命名法是有机化学的一项重要内容。现在我国常用的命名法有普通命名法、衍生命名法和系统命名法，有些化合物还使用俗名，但最重要的是普通命名法和系统命名法，尤其是系统命名法。

①普通命名法（又称习惯命名法） 分子中碳原子的总数在十个以下时，分别用甲、乙、丙、丁、戊、己、庚、辛、壬、癸（天干字）表示碳原子的数目，十个碳原子以上则用十一、十二……数字表示。以“正”、“异”、“新”等字区别同分异构体，“正”表示直链烷烃；“异”表示仅在碳链的一端具有 $(CH_3)_2CH-$ 构造而无其他支链的烷烃；“新”专指具有$(CH_3)_3C-$构造的含五六个碳原子的烷烃。例如：

$$CH_3CH_2CH_2CH_2CH_3 \qquad CH_3CHCH_2CH_3 \atop CH_3 \qquad CH_3-\overset{CH_3}{\underset{CH_3}{C}}-CH_3$$
正戊烷 　　　　　　 异戊烷 　　　　　　 新戊烷

但必须指出，在石油工业中，用作测定汽油辛烷值的基准物质之一的异辛烷，是一个俗名，不属于普通命名法。

$$CH_3-CH-CH_2-\overset{\overset{\textstyle CH_3}{|}}{\underset{\underset{\textstyle CH_3}{|}}{C}}-CH_3$$
$$\overset{|}{CH_3}$$

异辛烷(俗名)

普通命名法简单、方便，但对于较复杂的烷烃不能适用。

② **衍生命名法** 衍生命名法是以甲烷作为母体，把其他烷烃看做是甲烷的烷基衍生物，称为"某某"甲烷。命名时一般选择连接烷基最多的碳原子作为母体甲烷的碳原子，其他烷基作为取代基，烷基则按次序规则（见 3.2.4 节）中规定的原则列出，写在母体甲烷之前。这里只列出几种常见烷基的列出次序，即：甲基，乙基，丙基，丁基，异丁基，异丙基，仲丁基，叔丁基。例如：

$$CH_3-\underset{\underset{\textstyle CH_3}{|}}{\overset{\overset{\textstyle CH_3}{|}}{C}}-CH_2-CH_3 \qquad CH_3-CH_2-\underset{\underset{\textstyle CH_3}{|}}{\overset{\overset{\textstyle CH_3}{|}}{C}}-\underset{\underset{\textstyle CH_3}{}}{CH}-CH_3$$

三甲基乙基甲烷   二甲基乙基异丙基甲烷

衍生命名法能够清楚地表示出分子构造，但是，对于复杂的烷烃，由于涉及的烷基比较复杂，常常是难以采用这种方法命名。

③ **系统命名法** 系统命名法是一种普遍适用的命名方法。它是采用国际上通用的 IU-PAC（International Union of Pure and Applied Chemistry，国际纯粹与应用化学联合会）命名原则，结合我国文字特点于 1980 年颁布实施的命名方法，其要点如下。

直链烷烃的命名与普通命名法基本相同，只是不写"正"字。对于带有支链的烷烃，则看做是直链烷烃的烷基衍生物，其命名的基本原则如下。

a. 选择主链：选择最长的碳链作为主链，把支链看做取代基，根据主链所含碳原子数称为"某烷"。当含有几条等长的碳链可供选择时，一般选择包含支链最多的那条最长碳链作为主链。例如，下列化合物的主链有两条等长碳链，只有虚线标出的碳链作为主链是正确的。主链含六个碳原子，称为己烷。

$$CH_3-CH_2\begin{smallmatrix}|\\ \overline{}\end{smallmatrix}\underset{\underset{\textstyle CH_2}{\underset{\textstyle |}{\overset{\textstyle |}{CH_3}}}}{\overset{\overset{\textstyle CH_3}{|}}{CH}}-CH-CH_3$$

b. 给主链碳原子编号：从靠近支链的一端开始给主链碳原子用阿拉伯数字编号，使取代基的位次最小。当主链编号有几种可能时，编号遵守"最低系列"原则。"最低系列"是指主碳链从不同的方向编号时，若有不同的编号系列，则需顺次逐个比较各系列的不同位次，最先遇到的位次较小者定为最低系列。例如，下列化合物主链的编号虽有两种可能，但只有标出的编号是正确的。

$$\overset{1}{CH_3}-\overset{2}{CH_2}-\underset{\underset{\textstyle CH_3}{|}}{\overset{3}{CH}}-\overset{4}{CH_2}-\overset{5}{CH_2}-\overset{6}{CH_3} \qquad \overset{1}{CH_3}-\overset{2}{CH_2}-\underset{\underset{\textstyle CH_3}{|}}{\overset{3}{CH}}-\overset{4}{CH_2}-\overset{5}{CH_2}-\overset{6}{CH_2}-\underset{\underset{\textstyle CH_3}{|}}{\overset{7}{CH}}-\overset{8}{CH_2}-\overset{9}{CH_2}-\overset{10}{CH_3}$$

c. 命名：把取代基的名称写在母体名称之前，取代基的位置用它所在的主链上碳原子的编号表示，写在取代基名称之前，两者间用半字线"-"连接。例如：

$$\overset{1}{C}H_3—\overset{2}{C}H—\overset{3}{C}H_2—\overset{4}{C}H_2—\overset{5}{C}H_2—\overset{6}{C}H_3$$
$$\underset{\displaystyle CH_3}{|}$$

2-甲基己烷

如果带有几个不同的取代基，取代基排列的顺序，按次序规则所规定的"优"基团后列出。如果含有几个相同取代基时，相同基团合并，用中文数字二、三等标明其个数，并逐个注明其所在的位次，位次号间用","分开。例如：

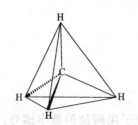

2-甲基-4-乙基庚烷　　　　　　　　　　　3,7-二甲基-4-乙基壬烷

d. 如果烷烃比较复杂，在支链上还连有取代基时，可用带撇的数字标明取代基在支链中的位次或把带有取代基的支链的全名放在括号里。例如：

3-甲基-6-1′,1′-二甲基丙基癸烷或3-甲基-6-(1,1-二甲基丙基)癸烷

2.1.3　烷烃的结构

(1) 碳原子的四面体构型及 sp³ 杂化

现代物理方法如电子衍射证明，甲烷分子是正四面体结构（见图 2-1），四个 C—H 键是等同的，四个氢原子位于正四面体的四个顶点，碳原子在四面体的中心，键角（∠HCH）是 109.5°，键长是 0.109nm。为了形象地表示分子的立体形状，通常用球棒模型（Kekulé 模型）和斯陶特模型（Stauart 模型，又称比例模型，与真实分子的原子半径和键长的比例为 $2×10^8：1$）来表示。甲烷的立体模型如图 2-2 所示。

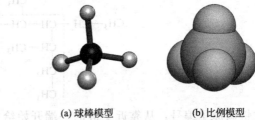

　　　　　　　　　　　　　　　　(a) 球棒模型　　　　　　(b) 比例模型

图 2-1　甲烷的正四面体结构　　　　　　　图 2-2　甲烷分子模型

碳原子基态时的核外电子排布为 $1s^2 2s^2 2p_x^1 2p_y^1 2p_z^0$，最外层有 2 个未成对电子，碳原子应该是 2 价的，然而实际上碳在几乎所有的有机化合物中都是 4 价的。为什么碳原子不是 2 价而是 4 价的？CH_4 分子中的四个 C—H 键为什么是等同的？为了解释这些实验事实，1931 年鲍林（L. Pauling）和斯莱特（J. C. Slater）提出了轨道杂化理论。

轨道杂化理论认为，碳与其他原子成键时，首先吸收一定的能量，2s 轨道中的一个电子跃迁到空的 2p 轨道中，形成 $2s^1 2p_x^1 2p_y^1 2p_z^1$（激发态），然后外层能量相近的 2s 轨道和 2p

轨道杂化（混合后再重新分配），组成能量相等的几个新轨道，称为杂化轨道。杂化轨道的数目与参与杂化的原子轨道的数目相同，通常将由一个 2s 轨道和三个 2p 轨道杂化形成的四个能量相等的新轨道，称为 sp³ 杂化轨道，如图 2-3 所示。

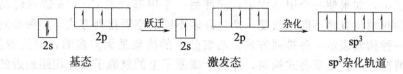

图 2-3　碳原子的 sp³ 杂化

每一个 sp³ 杂化轨道含有 1/4s 轨道成分和 3/4p 轨道成分，其形状和方向不同于 s 轨道，也不同于 p 轨道，如图 2-4(a) 所示。四个 sp³ 杂化轨道在空间的排布是以碳原子为中心，四个轨道分别指向四面体的四个顶点，各轨道对称轴间的夹角为 109.5°，如图 2-4(b) 所示。如此杂化轨道电子之间的排斥力最小，体系最稳定，每一个 sp³ 杂化轨道上有一个电子，其电子云集中在一个方向上，增加了与其他原子轨道的交盖，形成的键较牢固，因此杂化有利于成键。

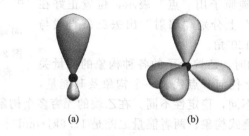

(a)　　　　　　(b)

图 2-4　碳原子的 sp³ 杂化轨道

(2) σ 键的形成及其特性

在烷烃分子中，C—H 键就是由氢原子的 s 轨道和碳原子的 sp³ 杂化轨道重叠形成的，而 C—C 键是由两个碳原子各以一个 sp³ 杂化轨道相互重叠形成的，如图 2-5 和图 2-6 所示。

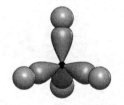　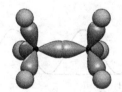　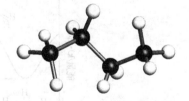

图 2-5　由 sp³ 杂化碳　　　　图 2-6　由 sp³ 杂化碳　　　　图 2-7　正丁烷的球棍模型
　　原子形成的甲烷　　　　　　　原子形成的乙烷

烷烃分子中由 sp³-s 轨道形成的 C—H 键和由 sp³-sp³ 轨道形成的 C—C 键，它们成键原子的电子云都在轨道对称轴的方向上实现最大程度的重叠，这样形成的键称为 σ 键。σ 键交盖程度较大，且成键原子的电子云是沿键轴近似于圆柱形对称分布，电子云密集于两原子之间，故 σ 键的键能较大，可极化性较小，可以绕键轴自由旋转而不易被破坏。

由于 sp³ 杂化轨道保持了键角 109.5°，在碳链中 C—C—C 的键角也必然保持接近 109.5°，因此碳链的立体形象，不是书写构造式时所表示的直线形，而是锯齿形，如图 2-7 所示。

2.1.4　烷烃的构象

烷烃分子中，碳碳单键可以自由旋转，在旋转过程中，分子中原子的空间相对位置不断发生变化，形成了无数不同的空间排列方式。这种由于围绕单键旋转而引起分子中各原子在空间的不同排布方式称为构象。

（1）乙烷的构象

在乙烷分子中，如果使一个甲基固定，而使另一个甲基绕着 C—C σ 键轴转动，则两个甲基中氢原子的相对位置将不断地改变，产生许多不同的空间排列方式，一种排列方式相当于一种构象，一种构象表示一种排列方式。乙烷分子的构象是无穷多的，但从能量上来说，只有两种极限情况，一种是重叠式构象，即两个碳原子上的氢原子彼此相距最近的构象，也即两个甲基互相重叠的构象；另一种是交叉式构象，即一个甲基的氢原子处于另一个甲基的两个氢原子正中间的构象。

常用构象的表示方法有两种，一种是透视式（也叫锯架式），一种是纽曼（Newman）投影式，简称纽曼式，如图 2-8 所示。

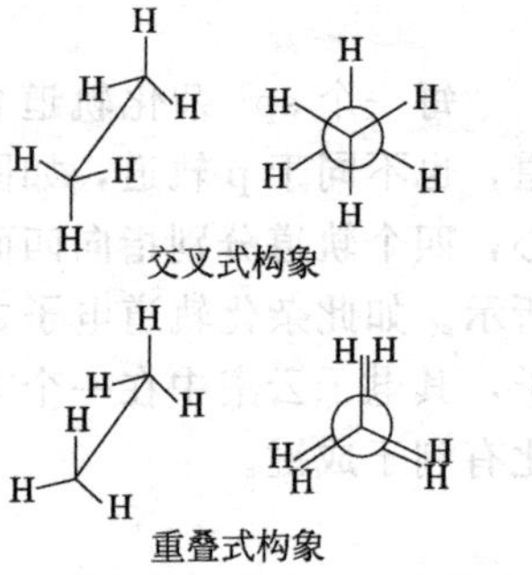

纽曼投影式在讨论构象时非常有用。具体画法是，摆出乙烷分子的模型，沿着 C—C 单键的键轴观察，用圆圈表示远离眼睛的碳原子，而距眼睛近的碳原子用"点"表示，位置正好在圆圈的中心。从圆圈和"点"上分别"辐射"出去三条直线与氢原子相连，三条直线互呈 120° 角。

当 C—C σ 键绕键轴转动时，乙烷分子的各种构象的能量关系如图 2-9 所示。图中曲线上任何一点代表一个构象及其能量，可见构象不同，分子的能量不同，稳定性不同。在乙烷的无穷多个构象中，能量最低的是交叉式构象，能量最高的是重叠式构象，两者能量之差是 12.6kJ·mol^{-1}（称为能垒），其他构象的能量则介于这两者之间。重叠式构象具有的较高能量是由于两个碳原子的氢原子间的距离最近、排斥力最大所引起的，而交叉式构象中，两个碳原子的氢原子间的距离最远，排斥力最小，因而能量最低、最稳定。

图 2-8　用透视式和纽曼式表示的乙烷分子的构象

（a）透视式　　（b）Newman 投影式

交叉式构象

重叠式构象

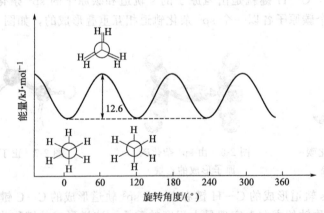

图 2-9　乙烷各种构象的能量曲线图

能量最低的构象是最稳定构象，也是优势构象，可见乙烷的优势构象是交叉式构象。从乙烷分子构象分析中可见，由于不同构象的内能不同，要想彼此互相转化必须越过一定的能垒才能完成。因此，所谓单键的自由旋转并不是完全自由的。

（2）丁烷的构象

丁烷可以看成是乙烷分子中两碳原子上各有一个 H 原子被甲基取代后的产物，其构象更为复杂，现主要讨论固定 C1 和 C4，绕着 C2—C3 单键转动时所形成的六种极限构象，下面给出四个构象的纽曼投影式及名称。

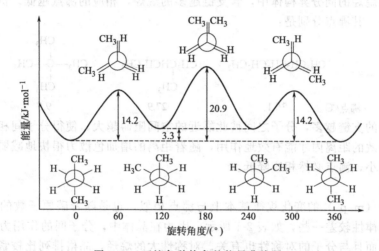

对位交叉式　　　　部分重叠式　　　　邻位交叉式　　　　全重叠式
（反交叉式）　　　　　　　　　　　　（顺交叉式）

　　在正丁烷的极限构象中，对位交叉式（也叫做反交叉式）由于两个"体积"较大的甲基离得最远，能量最低，稳定性最大；其次是邻位交叉式（也叫做顺交叉式）；然后是部分重叠式；全重叠式中，两个"体积"较大的甲基离得最近，所以能量最高，稳定性最小。当绕 C2—C3 单键相对旋转 360°时，丁烷的六种极限构象与能量的关系如图 2-10 所示。

图 2-10　丁烷各种构象的能量曲线图

　　像烷烃分子那样，由于绕 σ 键旋转而产生的异构体，叫做构象异构体，由于构象异构体只是原子在空间的排列不同，因此属于立体异构。易于相互转化而不能分离出来是构象异构体与其他立体异构体最明显的差别。

2.1.5　烷烃的物理性质

　　有机化合物的物理性质通常是指它们的状态、沸点、熔点、相对密度、溶解度和折射率等，纯物质的物理性质在一定条件下都有固定的数值，故常把这些数值称为物理常数。通过物理常数的测定，常常可以鉴定有机化合物及其纯度。利用不同化合物物理性质的不同，也可以分离有机化合物。

　　烷烃是无色物质，具有一定的气味。其物理性质，例如熔点、沸点、相对密度等随着分子中碳原子数（或相对分子质量）的增大而呈现规律性的变化。一些烷烃的物理常数见表 2-1。

　　（1）状态

　　常温常压下，$C_1 \sim C_4$ 的烷烃是气体，$C_5 \sim C_{17}$ 的烷烃是液体，C_{18} 以上的烷烃是固体。

　　（2）沸点

　　烷烃的沸点（b. p.）一般随着碳原子数（或相对分子质量）的增大而逐渐升高。因为沸点是与分子间作用力有关的，烷烃是非极性分子，它们之间的作用力是范德华力（主要产

表 2-1 一些烷烃的物理常数

名 称	熔点/℃	沸点/℃	相对密度(d_4^{20})	名 称	熔点/℃	沸点/℃	相对密度(d_4^{20})
甲烷	−183	−161.5	0.424	正癸烷	−30	174.1	0.730
乙烷	−172	−88.6	0.546	十一烷	−26	195.9	0.740
丙烷	−188	−42.1	0.501	十二烷	−10	216.3	0.749
正丁烷	−135	−0.5	0.579	十六烷	18	280	0.775
正戊烷	−130	36.1	0.626	十七烷	22	292	0.777
正己烷	−95	68.7	0.659	十八烷	28	308	0.777
正庚烷	−91	98.4	0.684	二十烷	37	342.7	0.786
正辛烷	−57	125.7	0.703	三十烷	66	446.4	0.810
正壬烷	−54	150.8	0.718				

生于色散力)。色散力的大小与分子中原子的数目和大小有关，烷烃分子中碳原子的数目增多，则色散力增大，因此沸点随之而升高。若将烷烃的沸点对应碳原子数作图，则得到一条较平滑的曲线，如图 2-11 所示。

此外，在烷烃的同分异构体中，含支链越多的烷烃，相应的沸点越低。例如，在戊烷的三个异构体中，其沸点分别是：

$CH_3CH_2CH_2CH_2CH_3$ $CH_3CHCH_2CH_3$ CH_3-C-CH_3

沸点/℃   36.1   27.9   9.5

这是因为烷烃的支链越多，分子之间彼此靠近的空间阻碍越大，使得分子间相距较远，而色散力只是在有效的距离内才能有效地作用，随着距离的增加色散力很快地减弱，从而分子间的范德华力减小，沸点必然相应降低。

（3）熔点

烷烃熔点（m.p.）的变化规律基本上与沸点相似，也是随着碳原子数的增加，熔点逐渐升高，但规律性较差一些，如表 2-1 所示。因为在晶体中，分子间的作用力不仅与相对分子质量有关，而且与分子的对称性也有关。对称性大的烷烃，晶格排列比较紧密，熔点相对要高一些。一般偶数碳链具有较高的对称性，因此含偶数碳原子烷烃的熔点通常比含奇数碳原子烷烃的熔点升高得多一些，若将烷烃的熔点对应碳原子数作图，得到的不是一条平滑的曲线，而是折线。但是，若将奇数碳原子的烷烃（甲烷除外）与偶数碳原子的烷烃的熔点分别连接起来，得到的也是较平滑的曲线，后者位于前者的上面，如图 2-12 所示。

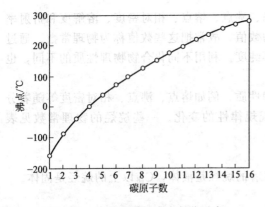

图 2-11 直链烷烃的沸点与分子中碳原子数的关系图

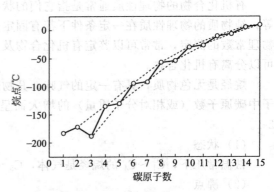

图 2-12 直链烷烃的熔点与分子中碳原子数的关系图

对于烷烃的同分异构体，含支链烷烃的熔点比直链烷烃的熔点低，随着支链增多熔点降低，但当结构对称时熔点更高。例如：

$$CH_3CH_2CH_2CH_2CH_3 \qquad CH_3\underset{\underset{CH_3}{|}}{CH}CH_2CH_3 \qquad CH_3-\underset{\underset{CH_3}{|}}{\overset{\overset{CH_3}{|}}{C}}-CH_3$$

熔点/℃ 　　　　−130 　　　　　　　−160 　　　　　　　　−17

（4）相对密度、溶解度

烷烃比水轻，其相对密度小于 1（接近于 0.79）。从表 2-1 可以看出，相对密度也是随着碳原子数（或相对分子质量）的增大而逐渐增大。这也与分子间的范德华力有关，分子间作用力增大，分子间的距离相应减小，因此相对密度必然增大。

烷烃不溶于水，但能溶解于某些有机溶剂中。因为烷烃是非极性分子，根据"相似相溶"规则，易溶于非极性的有机溶剂中。

有机化合物的物理性质在生产上和实验室中得到了广泛的应用。

纯物质具有一定的熔点和沸点，熔点和沸点是纯物质最重要、最基本的两个物理常数。例如，萘的熔点是 80℃，苯的沸点是 80℃。熔点 80℃或沸点 80℃是鉴定萘或苯的一个最特征的物理常数。这是熔点和沸点在鉴定有机化合物方面的应用。

不同的物质具有不同的沸点。苯的沸点是 80℃，甲苯是 111℃，乙苯是 136℃。根据它们沸点之间的差异，在生产上或实验室中，应用精馏的方法可以从苯、甲苯和乙苯的混合物中分离出纯的苯、甲苯和乙苯。这是沸点在分离、提纯有机化合物上的应用。

总之，在化学和化工上，任何有机化合物的制备、分离、提纯都必定用到它们的物理性质。

2.1.6　烷烃的化学性质

有机化合物的化学性质决定于化合物分子的结构。烷烃分子中只含有 C—C σ 键和 C—H σ 键，键比较牢固，而且 C—H 键的极性又很小，因此其化学性质不活泼，一般在常温下与强酸、强碱、强氧化剂、强还原剂都不发生反应。当然，烷烃并不是在任何条件下，与任何试剂都不反应。在一定条件下，特别是在高温或催化剂作用下，烷烃能发生一系列的化学反应。

（1）自由基取代反应

烷烃分子中的氢原子被其他原子或基团所取代的反应称为取代反应。通过自由基取代分子中氢原子的反应，称为自由基取代反应。

① 卤代反应　在光、热或催化剂作用下，烷烃分子中的氢原子被卤素取代，这种反应叫卤代反应或卤化反应。例如：

$$CH_4 + Cl_2 \xrightarrow[\text{或}\triangle]{h\nu} CH_3Cl + HCl$$

烷烃的氯代反应一般指氯代和溴代。因为氟代反应非常剧烈，是爆炸性反应，因此往往用惰性气体稀释，并在低压下进行。碘代反应却很难直接发生，一方面是碘原子的活性低，另一方面是因为反应中产生的碘化氢具有强还原性，可把生成的 RI 还原成原来的烷烃。因此卤素的反应活性顺序是：$F_2 > Cl_2 > Br_2 > I_2$。

甲烷的氯代反应是工业上制备氯甲烷的重要反应。但作为实验室中的制备方法就受到限制，因为反应不能停留在一氯代阶段。例如：

$$CH_3Cl + Cl_2 \xrightarrow[\text{或}\triangle]{h\nu} CH_2Cl_2 + HCl$$

$$CH_2Cl_2 + Cl_2 \xrightarrow[\text{或}\triangle]{h\nu} CHCl_3 + HCl$$

$$CHCl_3 + Cl_2 \xrightarrow[\text{或}\triangle]{h\nu} CCl_4 + HCl$$

因此，甲烷与氯反应的产物实际上是一氯甲烷、二氯甲烷、三氯甲烷（氯仿）和四氯甲烷（四氯化碳）的混合物，工业上常利用这种混合物作溶剂使用。混合物的组成取决于反应物与试剂的比例和反应条件等。例如，工业上在 $400 \sim 500\,^\circ\!C$ 反应温度下，调节甲烷与氯的摩尔比为 $10:1$，此时主要产物是 CH_3Cl；甲烷与氯的摩尔比为 $0.263:1$ 时，主要生成 CCl_4。

对于乙烷的卤代反应和甲烷一样，只能生成一种一氯代物，而其他烷烃卤代由于可取代不同的氢原子，能生成两种或两种以上的一卤代产物。例如：

$$CH_3CH_2CH_3 + Cl_2 \xrightarrow[25\,^\circ\!C]{h\nu}$$

取代伯氢　　　$CH_3{-}CH_2{-}CH_2{-}Cl$　45%

取代仲氢　　　$CH_3{-}\underset{\underset{Cl}{|}}{CH}{-}CH_3$　　55%

$$CH_3{-}\underset{\underset{CH_3}{|}}{\overset{\overset{CH_3}{|}}{C}}{-}H + Cl_2 \xrightarrow[25\,^\circ\!C]{h\nu}$$

取代伯氢　　　$CH_3{-}\underset{\underset{CH_3}{|}}{\overset{\overset{CH_2Cl}{|}}{C}}{-}H$　64%

取代叔氢　　　$CH_3{-}\underset{\underset{CH_3}{|}}{\overset{\overset{CH_3}{|}}{C}}{-}Cl$　36%

可见，丙烷、异丁烷的一卤代产物都有两种。因为决定烷烃一氯代异构体产物的相对产率的因素主要有概率因数和氢原子的反应活性，因此根据各类氢原子的个数和产物比例，可以求出各类氢原子的相对反应活性。例如：设一级氢原子的反应活性为 1，二级氢原子的反应活性为 X，三级氢原子的反应活性为 Y。丙烷分子中一级氢原子有 6 个，二级氢原子有 2 个。异丁烷分子中有 9 个一级氢，1 个三级氢。X 和 Y 的数值可以按下式计算：

$$55:2X = 45:6 \qquad X \approx 4$$
$$36:Y = 64:9 \qquad Y \approx 5$$

由以上可以看出，在室温下光引发的氯代反应，伯、仲、叔氢原子的相对反应活性大致为 $1:4:5$。由此可知，烷烃卤代反应中各种氢原子的活性顺序为：

叔氢原子＞仲氢原子＞伯氢原子

烷烃分子中不同氢原子的活性不同，可从不同类型 C—H 键的离解能不同得到解释。键的离解能越小，键均裂时吸收的能量越少，因此也就容易被取代。伯、仲、叔氢 C—H 键的离解能为：

伯氢—$CH_2{-}H$　　　仲氢 $\overset{}{\underset{}{C}}{-}H$　　　叔氢 $\overset{}{\underset{}{C}}{-}H$

键离解能/$kJ \cdot mol^{-1}$　　　405.8　　　　　　　　393.3　　　　　　　　376.6

即：各级 C—H 键均裂时所需的能量由大到小的顺序为：$CH_3{-}H$＞伯氢＞仲氢＞叔氢，也就是说自由基容易形成的程度的顺序为：$3°R\cdot > 2°R\cdot > 1°R\cdot > CH_3\cdot$。越是稳定的自由基，越容易形成，所以自由基的稳定性顺序也是：$3°R\cdot > 2°R\cdot > 1°R\cdot > CH_3\cdot$。在许多有自由基形成的反应中，自由基的稳定性支配着反应的方向和活性。这是一个非常有用的通则。

但在很高温度下进行反应时，三类氢原子的反应活性就很接近了，因为这时氯和烃都具有较高的能量，只要碰撞到就能够反应。这时所得异构体的产率主要与氢原子的个数有关。总之，在实验室中一卤代烷几乎不能用烷烃直接卤化来制备，在工业上也是少数烷烃的一卤代反应具有使用价值。

　　② 卤代反应机理　反应式一般只表示反应原料、反应条件及反应产物，并没有说明原料是怎样变成产物的，在变化过程中要经过哪些中间步骤，这些问题正是反应机理所要说明的。

　　反应机理（又叫反应历程），指化学反应所经历的过程或途径。只有了解了反应机理，才能认清反应的本质，掌握反应的规律，从而达到控制和利用反应的目的。

　　烷烃的卤代反应是自由基链反应，自由基链反应一般分为链引发、链增长和链终止三个阶段。下面以甲烷氯代反应为例来加以说明。

　　链引发步骤：在光照或高温下，氯分子吸收能量，均裂生成具有高能量的氯原子 Cl·（自由基）。

$$\text{Cl:Cl} \xrightarrow[\text{或}\triangle]{h\nu} 2\text{Cl·} \qquad\qquad ①$$

　　这是一步慢步骤，是反应速率的控制步骤。

　　链增长步骤：反应①生成的 Cl·自由基非常活泼，遇到 CH_4 可以夺取其中的 H·，生成 HCl（产物）和 CH_3·自由基——反应②。反应②生成的 CH_3·自由基也很活泼，碰撞到 Cl_2 分子时，从 Cl_2 分子中夺取 Cl·原子，生成 CH_3Cl（产物）和一个新的 Cl·自由基——反应③。

$$\text{Cl·} + \text{H:CH}_3 \longrightarrow \text{HCl} + \text{CH}_3\text{·} \qquad\qquad ②$$
$$\text{CH}_3\text{·} + \text{Cl:Cl} \longrightarrow \text{CH}_3\text{Cl} + \text{Cl·} \qquad\qquad ③$$
$$\cdots\cdots$$

反应③新产生的 Cl·原子可以继续重复反应②和③。反应一经引发出自由基，很快就可以连续不断地进行下去，这样的反应一般称为连锁反应或链反应。然而链反应并不是可以无限连续的，因为在反应过程中还有链终止发生。

　　链终止步骤：自由基之间相互发生反应，这样就消耗了自由基，使反应逐渐停止。

$$\text{Cl·} + \text{Cl·} \longrightarrow \text{Cl—Cl} \qquad\qquad ④$$
$$\text{CH}_3\text{·} + \text{CH}_3\text{·} \longrightarrow \text{CH}_3\text{—CH}_3 \qquad\qquad ⑤$$
$$\text{CH}_3\text{·} + \text{Cl·} \longrightarrow \text{CH}_3\text{—Cl} \qquad\qquad ⑥$$

　　一般的链反应过程是比较复杂的。例如在链增长阶段新生成的 Cl·自由基除了与甲烷作用生成 CH_3Cl 外，还可以与刚生成的 CH_3Cl 作用而生成二氯甲烷，再继续反应下去可生成三氯甲烷、四氯化碳：

$$\text{CH}_3\text{Cl} + \text{Cl·} \longrightarrow \text{·CH}_2\text{Cl} + \text{HCl}$$
$$\text{·CH}_2\text{Cl} + \text{Cl}_2 \longrightarrow \text{CH}_2\text{Cl}_2 + \text{Cl·}$$

因此，甲烷的氯代反应得到几种氯代物的混合物。

　　从上面的分析，可清楚地看到甲烷氯代是一个自由基反应。与甲烷类似，其他烷烃或环烷烃卤化的反应机理，也是自由基取代反应。

　　(2) 氧化反应

　　在无机化学中，一般用电子得失，即氧化数升降来描述、判断氧化还原反应。在有机化学中，则经常是把有机化合物分子中引进氧或脱去氢的反应叫做氧化反应；引进氢或脱去氧的反应叫做还原反应。

　　烷烃在空气中能够燃烧，燃烧实质上是氧化反应，空气充足燃烧完全时，生成二氧化碳和水，同时放出大量的热。

$$\text{CH}_4 + 2\text{O}_2 \longrightarrow \text{CO}_2 + 2\text{H}_2\text{O} + 889.8\text{kJ·mol}^{-1}$$

$$RH + O_2 \xrightarrow{\text{燃烧}} CO_2 + H_2O + 热能$$

这是石油产品如汽油、煤油、柴油等用作内燃机燃料的基本原理。烷烃燃烧不完全时会产生有毒的一氧化碳和黑烟（游离碳），造成对空气的污染。据统计，现在工业、交通排入大气的一氧化碳的 70%、烃污染物的 55% 以上都是内燃机排放的。

气体烃类与空气或氧气混合达到一定比例时遇到明火就发生爆炸，气体烃的这个组成范围称为爆炸极限。矿井中的瓦斯（甲烷）爆炸就是这种原因。这一点在实际工作中必须十分注意。

如控制适当的条件，在催化剂的作用下，烷烃可以与氧发生部分氧化，生成醇、醛、酮、酸等一系列含氧化合物。由于原料（烷烃和空气）便宜，这类氧化反应在有机化学工业上具有重要性。例如：

$$CH_3CH_2CH_3 + O_2 \xrightarrow[\triangle]{MnO_2} HCOOH + CH_3COOH + CH_3COCH_3$$

这个过程很复杂，氧化位置可能在碳链中部，也可能在碳链末端，因此氧化产物常常是混合物。

又如，将高级烷烃如石蜡（$C_{20} \sim C_{30}$）在适当的催化剂作用下可以制得高级脂肪酸（有醇、醛、酮等）。其中 $C_{12} \sim C_{18}$ 的脂肪酸俗称皂用酸，可代替天然油脂制造肥皂。

$$RCH_2CH_2R' + O_2 \xrightarrow[110 \sim 120℃]{MnO_2} RCOOH + R'COOH$$
$$\xrightarrow{NaOH} 肥皂$$

烷烃在常温下和空气或氧气接触，也能发生氧化，但反应极为缓慢。例如长期储存的油品，缓慢地被空气氧化生成酸性物质和沉淀，而使油品变质。因此，在储存油品时常加入少量抗氧化剂（少量加入就能延缓或中断氧化的物质，例如 2,6-二叔丁基-4-甲基苯酚），以抑制氧化反应。

（3）异构化反应

化合物由一种异构体转变为另一种异构体的反应，称为异构化反应。在一定的条件下，烷烃可发生异构化反应。例如，在 $AlBr_3$ 和 HBr 存在下，丁烷能异构化为异丁烷：

$$CH_3-CH_2-CH_2-CH_3 \underset{27℃}{\overset{AlBr_3\text{-}HBr}{\rightleftharpoons}} CH_3-\underset{\underset{CH_3}{|}}{CH}-CH_3$$

20%　　　　　　　　　80%

异构化反应是可逆的，反应受热力学平衡的控制。

异构化反应在石油工业中具有很重要的意义，通过此反应，可以把石油馏分中的低辛烷值的正构烷烃转化为高辛烷值的异构烷烃，以提高汽油的质量。许多研究工作证明：原油中某些支链烷烃的存在与异构化作用有关。

（4）裂化与裂解

常温时，烷烃是非常稳定的物质，没有分解现象。但是，当加热到一定温度时，烷烃就开始分解，温度越高，分解得越厉害。

烷烃和环烷烃在没有氧气存在下进行的热分解反应叫裂化反应。裂化反应是烷烃分子中 C—C 键和 C—H 键发生断裂的复杂过程。裂化产物是混合物，其中既含有较低级的烷烃，也含有烯烃和氢气。例如：

$$CH_3CH_2CH_2CH_3 \xrightarrow[5MPa]{500 \sim 600℃} \begin{cases} CH_4 + CH_2=CHCH_3 \\ CH_2=CH_2 + CH_3CH_3 \\ CH_2=CHCH_2CH_3 + H_2 \end{cases}$$

裂化反应可以在不加催化剂的条件下加热裂化，称为热裂化，一般要求较高的温度（$500 \sim 600℃$），而且要求一定的压力；也可在催化剂（如硅酸铝）的作用下进行裂化，称为催化裂化。催化裂化要求裂化温度较低（450～500℃），而且在常压下即可进行。利用裂化反应，可以提高汽油的产量和质量。

工业上为了得到更多的乙烯、丙烯、丁二烯、乙炔等基本化工原料，把石油在更高的温度（＞700℃）下进行深度裂化，这样的深度裂化在石油化学工业中称为裂解。裂解与裂化从有机化学上讲是同一种反应，但在石油化学工业上是有特殊意义的，裂解的主要目的是获得乙烯、丙烯等低级烯烃。目前，世界上有许多国家采用不同的石油原料进行裂解，以制备乙烯、丙烯等化工原料，并常常以乙烯的产量来衡量一个国家的石油化工水平。

2.1.7 烷烃的来源

烷烃最主要的天然来源是天然气和石油。

天然气是埋藏在地下含低级烷烃的可燃气体。一般是指从气井开采得到的，而从油田开采石油时，得到含烷烃的气体称为油田气。天然气的主要成分是甲烷，还含有乙烷、丙烷、丁烷、戊烷等低级烷烃及少量的硫化氢和二氧化碳等。

石油是烷烃最主要的来源，它是古代动植物体经细菌、地热、压力及其他无机物的催化作用而生成的物质，其主要成分是各种烃类（烷烃、环烷烃和芳香烃等）的复杂混合物。石油主要用作燃料，是最重要的能源，又是有机化工的基本原料。所以，石油是工业的命脉。石油各馏分的沸点范围及组成见表 2-2。

表 2-2 石油各馏分的沸点范围及组成

名　称	沸点范围/℃	主要成分	名　称	沸点范围/℃	主要成分
石油气	＜35	C_1～C_4	减压馏分	350～500	C_{18}～C_{20}
汽油	35～200	C_5～C_{10}	石蜡	350 以上	C_{20}～C_{30}
煤油	150～280	C_{11}～C_{14}	残渣	350 以上	
柴油	180～350	C_{15}～C_{20}			

2.2 环烷烃

脂环烃是指具有环状碳骨架而性质与开链脂肪烃相似的烃类化合物，是自然界存在比较广泛的、也比较重要的一类有机化合物。例如，在原油及其馏分油中含有 C_5～C_7 的脂环烃——环己烷、甲基环己烷、环戊烷、甲基环戊烷等，环烷基原油更是宝贵的石油资源。植物香精油如松节油、樟脑等也是复杂的脂环化合物，它们大都具有生理活性。按碳环中是否含有不饱和键，脂环烃分为饱和脂环烃——环烷烃，不饱和脂环烃——环烯烃，环炔烃。本节主要介绍环烷烃。

2.2.1 环烷烃的分类和命名

（1）环烷烃的分类

根据分子中含有的碳环的数目，环烷烃分为单环环烷烃、双环环烷烃和多环环烷烃。例如：

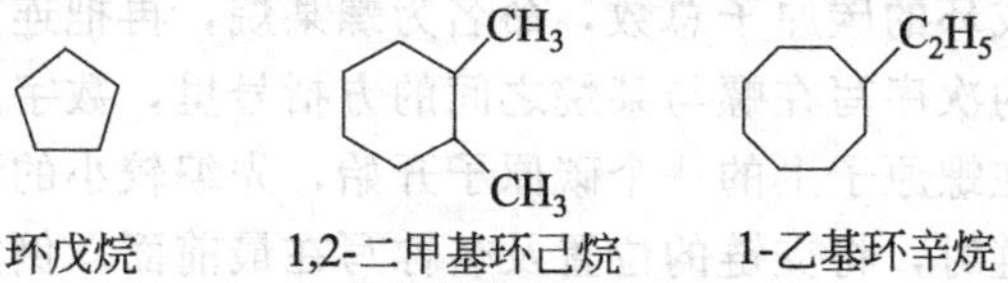

环戊烷　　1,2-二甲基环己烷　　1-乙基环辛烷
单环环烷烃

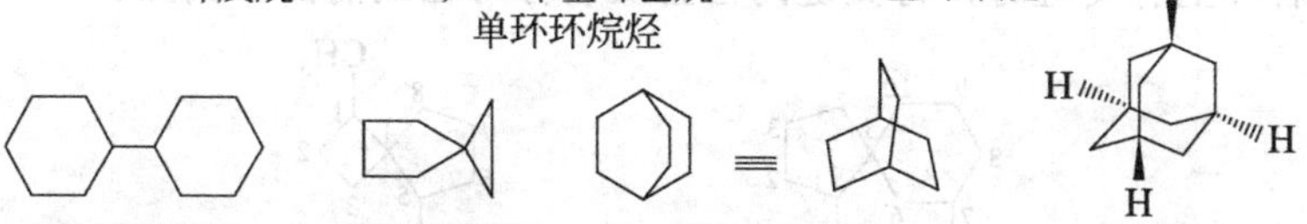

联二环己烷　　螺[2.4]庚烷　　二环[2.2.2]辛烷　　金刚烷
（联环）　　（螺环）　　（桥环）
双环环烷烃　　　　　　　　　　多环环烷烃

单环环烷烃的通式为 C_nH_{2n}，n 为整数。根据环的大小单环环烷烃可分为小环环烷烃：三、四元环；普通环环烷烃：五到七元环；中环环烷烃：八到十一元环；大环环烷烃：≥十二元环。

双环环烷烃因两个环连接方式不同，又常分为联环（两环间以单键相连）、螺环（两环共用一个碳原子）、桥环（两环共用两个碳原子）等系列化合物。

(2) 环烷烃的命名

① 单环环烷烃的命名　环烷烃的命名与烷烃类似，它是在相应的烷烃名称前冠以“环”字，称为环“某烷”。将环上的支链作为取代基，其名称放在“环某烷”之前。若环上不止一个取代基时，将成环碳原子编号。编号时，使所有取代基的位次尽可能小。例如：

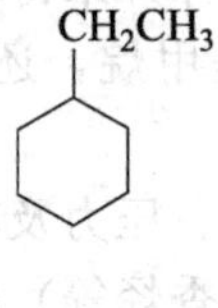
CH2CH3

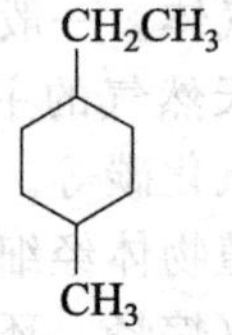
CH2CH3
CH3

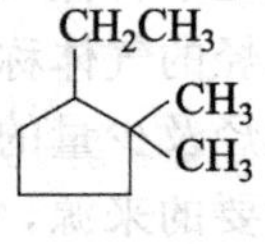
CH2CH3
CH3
CH3

乙基环己烷　　1-甲基-4-乙基环己烷　　1,1-二甲基-2-乙基环戊烷

当环上的取代基较复杂时，也可将环烷基作为取代基。例如：

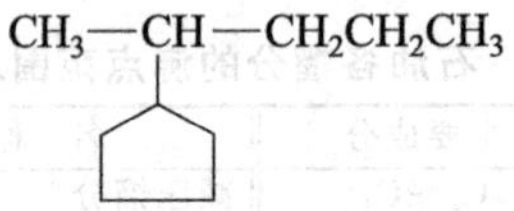
CH3—CH—CH2CH2CH3

2-环戊基戊烷

② 双环环烷烃的命名

a. 桥环烷烃　共用两个或多个碳原子的多环烃叫桥环烃。两个环共用的碳原子为“桥头”碳原子。双环桥环烃命名时，根据组成所有环的碳原子总数称为“双环（二环）某烷”，在环字后面加方括号，括号内用阿拉伯数字按由大到小的次序注明各桥所含碳原子的数目，该数字不包括桥头碳原子，每个数目之间用圆点隔开。环上的编号从桥头碳原子开始，由大环到小环依次进行。对于相同大小的环，以取代基位置较小为佳。将取代基的位置及名称写在最前面。例如：

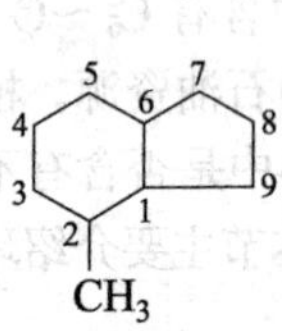
5
7
4
6
8
3
1
9
2
CH3

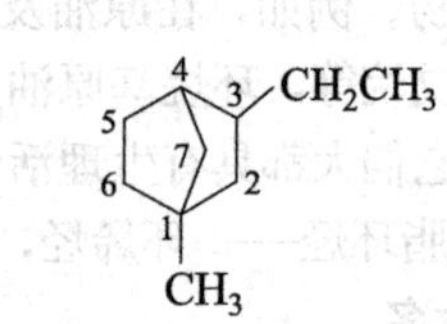
4
3
CH2CH3
5
7
6
2
1
CH3

2-甲基双环[4.3.0]壬烷　　1-甲基-3-乙基双环[2.2.1]庚烷

b. 螺环烷烃　仅共用一个碳原子的多环脂环烃叫螺环烃，共用的碳原子叫螺原子。双环螺环烃命名时，根据组成环的碳原子总数，命名为螺某烷，再把连接于螺原子的两个环的碳原子数目，按由小到大的次序写在螺与某烷之间的方括号里，数字用圆点分开。螺环烃环上碳原子的编号，从连接在螺原子上的一个碳原子开始，先编较小的环，然后经过螺原子再编第二个环。若环上有支链时，将支链的位置及名称写在最前面。例如：

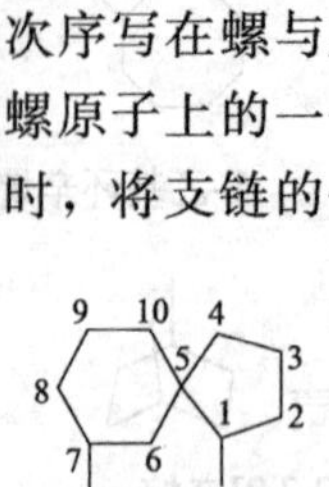
9
10
4
5
3
8
1
2
7
6
C2H5
CH3

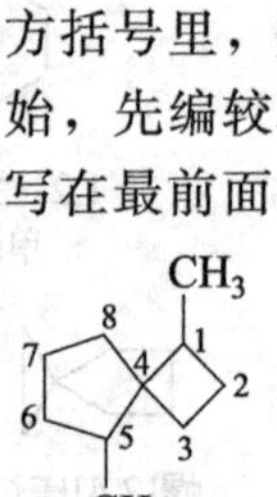
CH3
8
1
7
4
2
6
5
3
CH3

1-甲基-7-乙基螺[4.5]癸烷　　1,5-二甲基螺[3.4]-辛烷

对于一些结构复杂的化合物，常用俗名。例如：

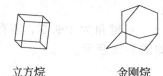

立方烷　　　　　　金刚烷

2.2.2 环烷烃的结构及环的稳定性

与烷烃不同，环烷烃由于环的大小不同，其稳定性不尽相同。环丙烷和环丁烷不稳定，其中环丁烷比环丙烷还稳定些；环戊烷和环己烷则较稳定，其中尤以环己烷稳定。近代结构理论认为，原子间形成共价键是由于成键原子轨道相互重叠的结果，重叠程度越大，形成的键越稳定。如在丙烷分子中，C—C σ 键是由碳原子的 sp^3 杂化轨道，以两个成键碳原子核的连线为对称轴相互重叠而成，键角为 109.5°。而在环丙烷分子中，三个碳原子在同一个平面上形成正三角形，碳原子间的夹角为 60°。因此，两个相邻碳原子 sp^3 杂化轨道重叠形成 C—C σ 键时，其对称轴不能在一条直线上重叠，而只能以弯曲的方式重叠，重叠程度较小，键也不稳定。这样形成的弯曲的 σ 键，称为弯曲键或香蕉键，见图 2-13。

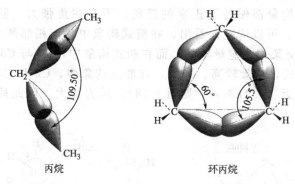

丙烷　　　　　　　　　　　环丙烷

图 2-13　丙烷及环丙烷分子中碳碳原子轨道重叠情况及弯曲键键角

根据量子力学计算，环丙烷分子中 C—C—C 键角为 105.5°，H—C—H 键角为 114°。可见相邻碳原子的 sp^3 杂化轨道为形成环丙烷，必须将正常的键角压缩至 105.5°，这就使分子本身产生一种恢复正常键角（109.5°）的力，称为角张力。角张力是影响环烷烃稳定性的重要因素之一，尤其对环丙烷和环丁烷等小环更为重要。

从环丁烷开始，组成环的碳原子均不在同一平面上。例如，环丁烷呈蝴蝶式构象（见图 2-14），与环丙烷相似，分子中的原子轨道也是弯曲重叠，键弯曲的程度比环丙烷小，角张力也比环丙烷稍小些，故稳定性比环丙烷好一些；环戊烷的优势构象呈信封式，如图 2-15 所示。环戊烷分子中 C—C—C 键角为 108°，接近正常键角，角张力很小，是比较稳定的环。

图 2-14　环丁烷的构象　　　　　　　　图 2-15　环戊烷的构象

环己烷的 6 个碳原子都保持了正常的 C—C—C 键角（即 109.5°），没有角张力，所以环己烷具有与烷烃相似的稳定性。由 7～12 个碳原子组成的环烷烃，虽然保持正常的键角，但由于环内氢原子间比较拥挤而存在扭转张力，因此不如环己烷稳定。在自然界存在最广泛的脂环化合物是环己烷及其衍生物。

2.2.3 环己烷及其衍生物的构象

环己烷是非平面型结构，C—C—C 键角为 109.5°，不存在角张力，通常以椅式和船式两种不同的空间排列形式存在，如图 2-16 所示。

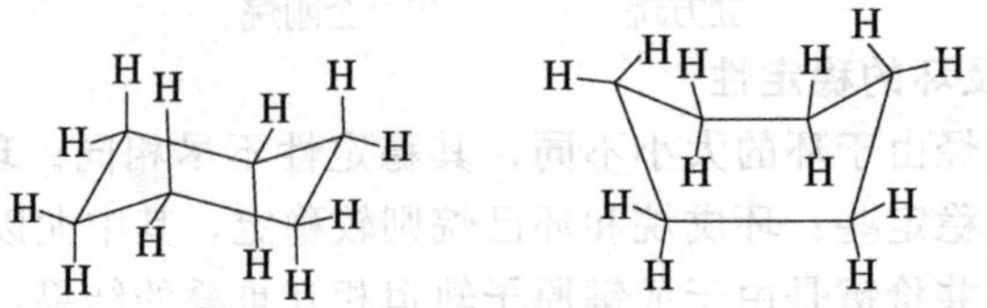

(a) 椅式   (b) 船式

图 2-16　环己烷的椅式船式构象

椅式和船式是环己烷的两种极限构象，通过键角的扭动和绕 σ 键的旋转，椅式构象和船式构象可以相互转化，在常温下处于相互转化的动态平衡体系中，船式构象比椅式构象的能量高 $29.7\mathrm{kJ} \cdot \mathrm{mol}^{-1}$，所以在常温下环己烷主要以椅式构象存在。

椅式构象和船式构象都保持了正常的键角，不存在角张力，但从 Newman 投影式（见图 2-17 和图 2-18）可以清楚地看出，在椅式构象中任何相邻两个碳原子的 C—H 键和 C—C 键都呈邻位交叉式，能量较低；而在船式构象中，C1 与 C6 间和 C3 与 C4 之间的 C—H 则呈全重叠式，能量较高。另外，在船式构象中，C2 和 C5 的两个向上向内侧伸展的氢原子相距较近（0.183nm，见图 2-18），斥力较大。因此椅式构象是比较稳定的优势构象。

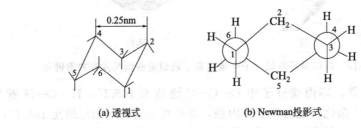

(a) 透视式   (b) Newman投影式

图 2-17　环己烷的椅式构象

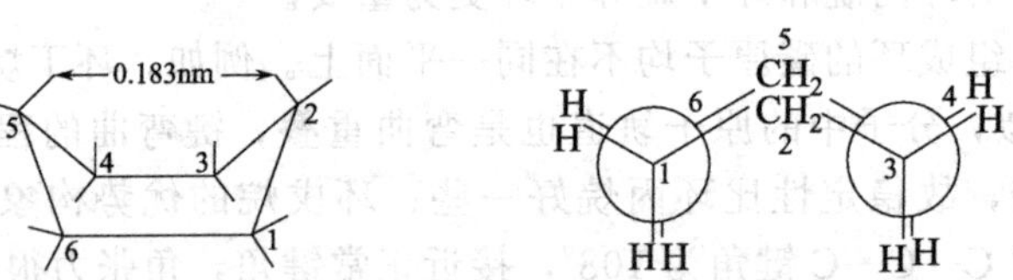

(a) 透视式   (b) Newman投影式

图 2-18　环己烷的船式构象

进一步考察环己烷的椅式构象，可以看出：①环上的六个碳原子中 C1、C3、C5 形成一个平面，与 C2、C4、C6 形成的平面互相平行；②十二个 C—H 键可以分为两种类型，其中六个是垂直于平面且与两个平行平面的对称轴平行，称为直立键或 a 键（axial bonds），三个向上另三个向下，交替排列；另外的六个 C—H 键与相应的碳原子所在平面成 19°角，称为平伏键或 e 键（equatorial bonds），也是三个向上斜伸另三个向下斜伸。每个碳原子上具有一个 a 键，一个 e 键，如 a 键向上，则 e 键向下，在环中上下交替排列，如图 2-19 所示。

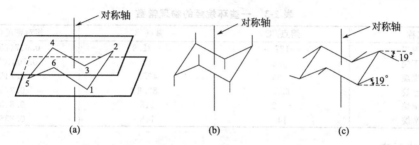

图 2-19　椅式构象的直立键（b）和平伏键（c）

在室温下，环己烷的分子并不是静止的，通过 C—C 键的不断扭转，很快地由一种椅式构象转变为另一种椅式构象，构象翻转时原来的 a 键变成了 e 键，原来的 e 键变成了 a 键，如图 2-20 所示。

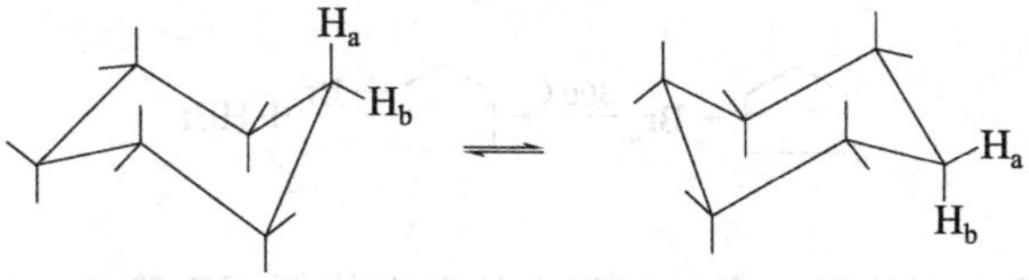

图 2-20　两种椅式构象的相互转变

下面考察取代环己烷的构象。环己烷的一取代物，取代基可以连在 e 键，也可以连在 a 键，一般倾向于取代基连在碳环的 e 键上。因为 e 键型构象中取代基与碳骨架处于对位交叉式，而 a 键型构象中取代基与碳骨架处于邻位交叉式，如图 2-21 和图 2-22 所示。因此，取代基连在 e 键上的构象是比较稳定的构象。

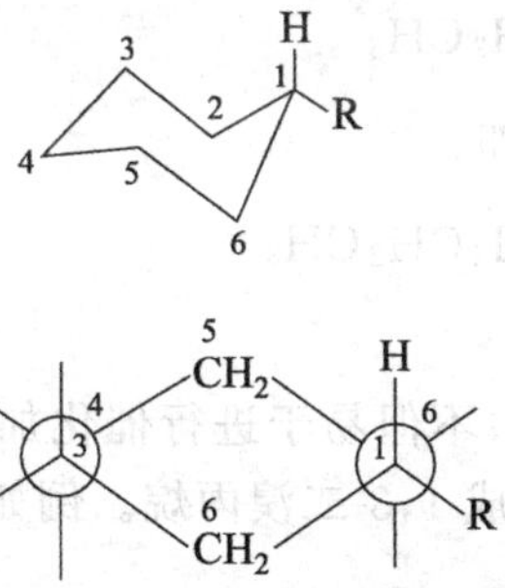

图 2-21　e 键型一取代环己烷的构象 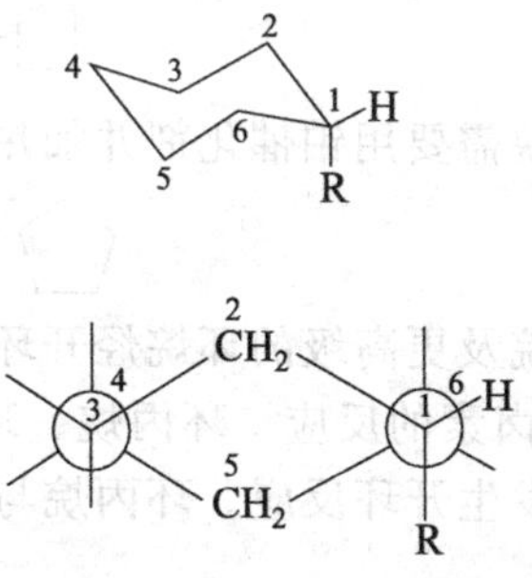　　　图 2-22　a 键型一取代环己烷的构象

取代基的体积越大，以 e 键构象为主的趋势越大。例如，甲基环己烷 95% 是甲基处于 e 键的构象，而叔丁基环己烷，e 键构象多达 99.9%。因为取代基越大，处于 e 键和 a 键构象的势能差越大。若环上连有两个不同的取代基时，一般规律是大的取代基优先处于 e 键。多元取代环己烷，往往是 e 键取代基最多的构象最稳定。

2.2.4　环烷烃的物理性质

常温常压下，环丙烷与环丁烷为气体，环戊烷、环己烷为液体。它们都不溶于水。环烷烃的沸点、熔点等都比同碳数的烷烃高一些，相对密度也比相应的烷烃大一些，但仍比水轻。这些差别主要是因为环烷烃比相应的开链烃的对称性高，排列得更紧密。几种环烷烃的物理常数见表 2-3。

2.2.5　环烷烃的化学性质

环烷烃的化学性质与开链烷烃相似，可发生类似的化学反应，如能发生取代、氧化、异构化、裂解等反应。但由于碳环结构的存在，且环有大有小，故还具有一些特性。

表 2-3　一些环烷烃的物理常数

名称	熔点/℃	沸点/℃	相对密度(d_4^{20})
环丙烷	−127.6	−32.9	0.617(25℃)
环丁烷	−80	12	0.703(0℃)
环戊烷	−93	49.3	0.745
环己烷	6.5	80.8	0.779
环庚烷	−12	118	0.810
环辛烷	14	148	0.836

（1）取代反应

环戊烷、环己烷的化学性质与烷烃相似，比较稳定，但在光照或加热下，可以与卤素发生自由基取代反应，生成相应的卤代环烷烃。例如：

$$\text{（六边形）} + Cl_2 \xrightarrow[\text{或}\triangle]{\text{光}} \text{（六边形）}—Cl + HCl$$

$$\text{（五边形）} + Br_2 \xrightarrow{300℃} \text{（五边形）}—Br + HBr$$

（2）加成反应

环丙烷、环丁烷等小环烷烃，由于环张力的存在使得环不稳定，表现出一些特殊的化学性质——容易开环，发生加成反应。

① 催化加氢　环丙烷、环丁烷在加热和催化剂作用下，可发生加氢反应，环被打开生成烷烃。例如：

$$\triangle + H_2 \xrightarrow{Ni}{80℃} CH_3CH_2CH_3$$

$$\square + H_2 \xrightarrow{Ni}{200℃} CH_3CH_2CH_2CH_3$$

环戊烷需要用铂催化剂并加热到300℃才能反应。例如：

$$\text{（五边形）} + H_2 \xrightarrow{Pt}{300℃} CH_3CH_2CH_2CH_2CH_3$$

环己烷及更高级的环烷烃开环加氢则更为困难。

② 与卤素的反应　环丙烷、环丁烷及其烷基衍生物，不但易于进行催化加氢反应，也能与卤素发生开环反应。环丙烷与溴在室温下即可反应生成1,3-二溴丙烷。例如：

$$\triangle + Br_2 \xrightarrow{\text{室温}}{CCl_4} Br—CH_2CH_2CH_2—Br$$

环丁烷在室温下与卤素不能反应，但受热后可进行开环加成。例如：

$$\square + Br_2 \xrightarrow{\triangle} Br—CH_2CH_2CH_2CH_2—Br$$

环戊烷以上的环烷烃难以与卤素进行开环加成反应，当温度升高时则发生自由基取代反应。

③ 与卤化氢的反应　环丙烷及其烷基衍生物也容易与卤化氢进行开环加成反应，生成卤代烷，而环丁烷需加热后才能反应。例如：

$$\triangle + HBr \xrightarrow{\text{室温}} BrCH_2CH_2CH_3$$

$$\square + HBr \xrightarrow{\triangle} CH_3CH_2CH_2CH_2Br$$

烷基取代的环丙烷与卤化氢发生反应时，环的断裂发生在连接取代基最多与连接取代基最少的两个环碳原子之间，并遵守马尔科夫尼科夫（Markovnikov）规则，即氢原子加在含氢较多的环碳原子上，而卤原子加到含氢较少的环碳原子上。例如：

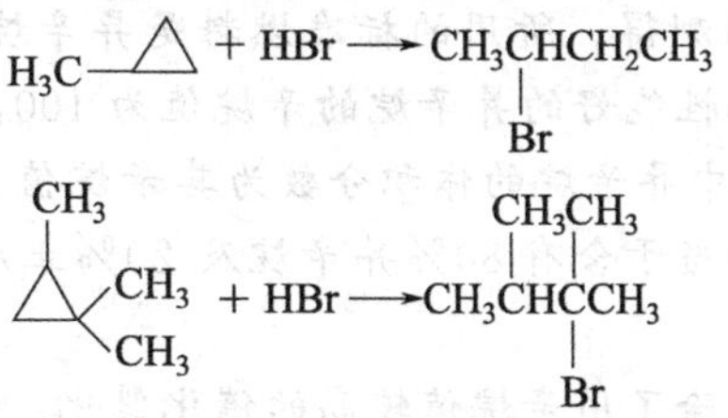

$$H_3C-\triangle + HBr \longrightarrow CH_3CHCH_2CH_3$$
$$\underset{\quad\quad\quad Br}{}$$

$$\underset{\underset{CH_3}{|}}{\overset{\overset{CH_3}{|}}{\triangle}}CH_3 + HBr \longrightarrow CH_3CHCH_3$$

氢碘酸也能与环丙烷进行加成反应。

（3）氧化反应

在常温下，环烷烃一般不与高锰酸钾水溶液或臭氧等氧化剂反应，即使是环丙烷也不反应，故可用高锰酸钾溶液来鉴别环丙烷和烯烃。但是当加热或在催化剂作用下，用空气中的氧气或硝酸等强氧化剂氧化，环烷烃可以被氧化成各种氧化产物。例如：

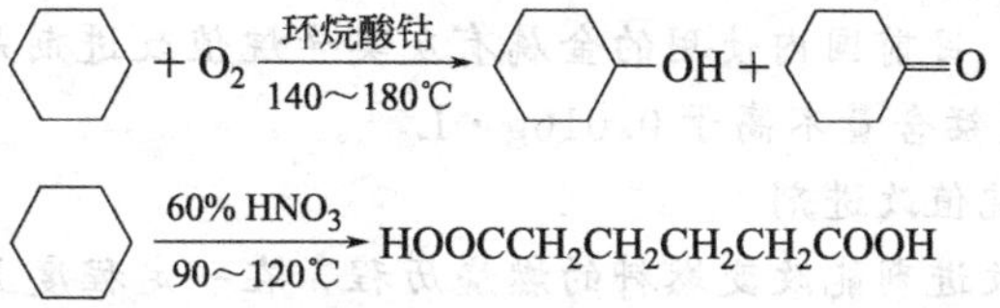

$$\bigcirc + O_2 \xrightarrow[140\sim180℃]{环烷酸钴} \bigcirc\!-OH + \bigcirc\!=O$$

$$\bigcirc \xrightarrow[90\sim120℃]{60\% HNO_3} HOOCCH_2CH_2CH_2CH_2COOH$$

第一个反应是工业上生产环己醇的方法；第二个反应可以制取己二酸。己二酸是合成尼龙-66 的单体，也用于制造增塑剂、润滑剂和工程塑料。

2.2.6　环烷烃的来源

石油是环烷烃的主要工业来源。石油中主要含有五元环、六元环烷烃的衍生物，例如甲基环戊烷、1,3-二甲基环戊烷、乙基环己烷等。环己烷及其衍生物也可由石油馏分异构化和相应的芳烃经催化氢化还原制得。

（1）石油馏分异构化法

将甲基环戊烷在氯化铝作用下，进行异构化反应，转化为环己烷。

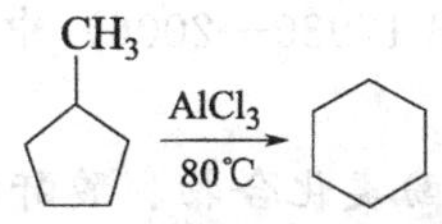

$$\overset{\overset{CH_3}{|}}{\bigcirc} \xrightarrow[80℃]{AlCl_3} \bigcirc$$

异构化后的产物经分离提纯，可得到含量为 95％ 的环己烷。

（2）芳烃催化氢化法

由苯催化加氢制备环己烷是目前工业上采用的主要方法。

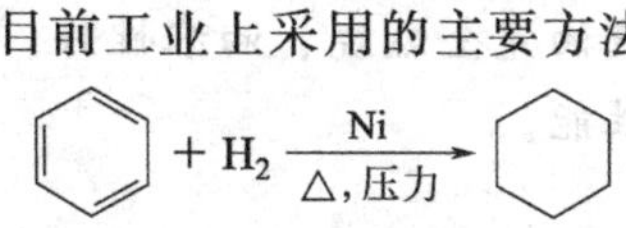

$$\bigcirc + H_2 \xrightarrow[\triangle,压力]{Ni} \bigcirc$$

环己烷主要用作制造合成纤维的原料，如己二酸、己二胺、己内酰胺等，也常用作有机溶剂，如油漆脱漆剂、精油萃取剂等。

【阅读材料】

汽油辛烷值及辛烷值改进剂

汽油在发动机中燃烧不正常时，会出现机身强烈震动的情况，并发出金属敲击声，同时发动机功率下降，排气管冒黑烟，严重时导致机件的损坏，这种现象便是爆震，也叫敲缸或爆燃。究其原因有两个方面，一是与发动机的结构和工作条件有关，二则取决于所用燃料的质量。衡量燃料是否容易发生爆震的性质称为抗爆性，抗爆性是车用汽油重要的使用性能之一。

汽油的抗爆性是用辛烷值来表示的，它是在标准的试验用单缸发动机中，将待测试样与标准燃料试样进行对比试验而测得。所用的标准燃料是异辛烷（2,2,4-三甲基戊烷）、正庚烷及其混合物。人为规定抗爆性能好的异辛烷的辛烷值为100，抗爆性能差的正庚烷的辛烷值为0。两者的混合物则以其中异辛烷的体积分数为其辛烷值，例如，某汽油的抗爆性在专门仪器中测定，其爆震程度相当于含有80%异辛烷及20%正庚烷混合物的爆震程度，则该汽油的辛烷值为80。

为了改善汽油的抗爆性，除了用辛烷值较高的催化裂化、催化重整、烷基化、异构化汽油等进行调和外，还可用添加抗爆剂的方法来提高其辛烷值。常见的抗爆剂如下。

（1）金属有灰类辛烷值改进剂

金属有灰类辛烷值改进剂主要有烷基铅、铁基化合物、锰基化合物等，其代表物主要是四乙基铅（TEL）、二茂铁（二环戊二烯合铁）、甲基环戊二烯三羰基锰（MMT）等。

金属有灰类辛烷值改进剂虽能有效提高汽油的抗爆性，但由于存在环境问题，欧美等发达国家已不再提倡使用。目前国内使用的金属有灰类辛烷值改进剂是MMT，我国国家标准（GB 17930—2006）规定锰含量不高于0.016g·L^{-1}。

（2）有机无灰类辛烷值改进剂

有机无灰类辛烷值改进剂能改变燃料的燃烧历程，在一定程度上控制燃烧速度，具有良好的抗爆性能。常见的有机无灰类辛烷值改进剂主要有以下几类。

①醚类：甲基叔丁基醚（MTBE）、甲基叔戊基醚（TAME）、乙基叔丁基醚（ETBE）、二异丙基醚（DIPE）等，其中MTBE性能最好。

②醇类：甲醇、乙醇、丙醇、异丙醇、丁醇等，其中乙醇作为抗爆剂已经获得成功应用。

③酯类：碳酸二甲酯、丙二酸酯、三甲基硅烷基乙酸叔丁酯、聚氧乙烯醚二羧酸酯等，其中碳酸二甲酯（DMC）备受关注。

甲基叔丁基醚是一种性能较好的有机无灰类辛烷值改进剂，由于存在环境问题，各国已严格控制其用量，我国国家标准（GB 17930—2006）中规定汽油中氧含量不超过2.7%。

（3）其他

目前正在研究的汽油抗爆剂还有酚类化合物、酸酐以及一些胺类等。

总之，随着人们环保意识的增强及汽车保有量的逐年增加，人们对汽车尾气排放带来的环境污染问题越来越重视，因此对车用汽油的质量也提出了更高的要求。目前公认的汽油辛烷值改进剂的发展方向是既能使汽油完全燃烧、油溶性好、无毒，又不污染地下水，同时添加少量就能显著提高汽油的抗爆性能。

习　　题

1. 写出己烷的各种异构体，并用系统命名法命名。
2. 写出下列烷烃的结构式。
   (1) 异丁烷
   (2) 二甲基异丙基甲烷
   (3) 乙基异丁基叔丁基甲烷
   (4) 2,4-二甲基己烷
   (5) 3,4,5-三甲基-4-丙基庚烷
   (6) 6-(3-甲基丁基)十一碳烷
3. 用系统命名法命名下列化合物。

(1)
$$CH_3CH_2CHCH_2CHCH_3$$
$$\qquad\quad | \qquad\quad |$$
$$\qquad\quad CH_3 \quad\ CH_3$$

(2)
$$CH_3-CH-CH-CH_2-CH_2-CH_3$$
$$\qquad\quad | \qquad\ |$$
$$\qquad\quad CH_2 \quad CH-CH_3$$
$$\qquad\quad | \qquad\quad\ |$$
$$\qquad\quad CH_3 \quad CH_2-CH_3$$

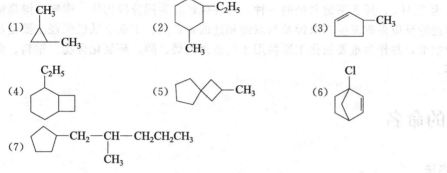

(3) $(CH_3)_2CHCH_2CH_2CH(CH_3)_2$

(4)

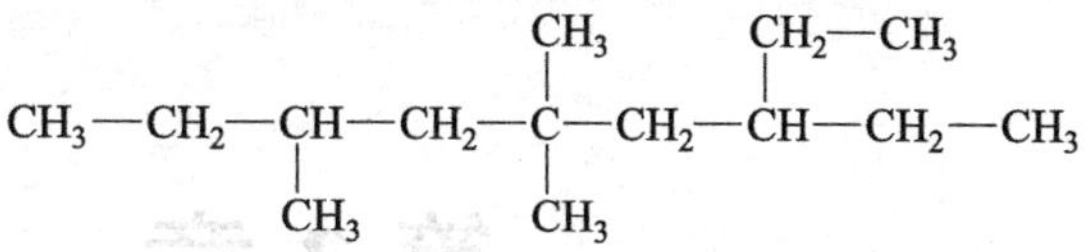

(5)

(6)

4. 命名下列各化合物。

(1) 　(2) 　(3)

(4) 　(5) 　(6)

(7)

5. 完成下列反应式。

(1) $CH_3CH_3 + O_2 \xrightarrow{\text{燃烧}}$　(2)

(3) 　(4)

(5)

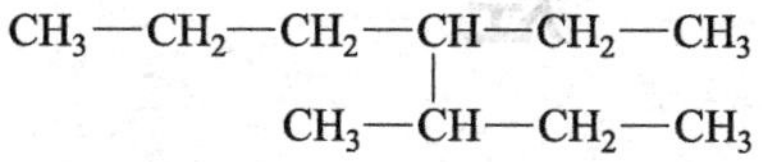

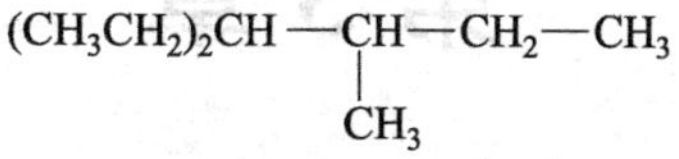

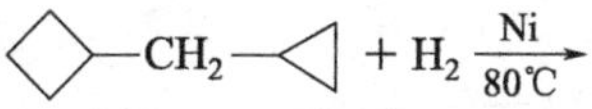

6. 用简单的化学方法鉴别下列化合物。

$CH_3CH_2CH_2CH_3$　$CH_3CH_2CH=CH_2$　

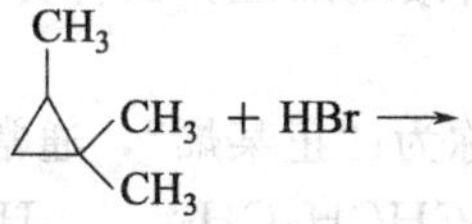

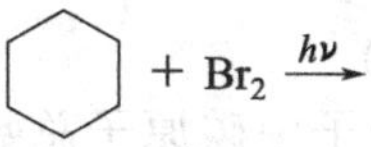

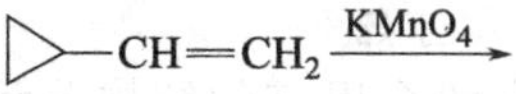

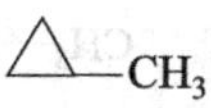

7. 不参阅物理常数表，将下列化合物按沸点由高到低的顺序排列。

(1) A. 2,3-二甲基戊烷　B. 正庚烷　C. 2,4-二甲基庚烷　D. 正戊烷　E. 3-甲基己烷

(2) A. 环己烷　B. 正己烷　C. 2-甲基戊烷　D. 2,2-二甲基丁烷

8. 用纽曼投影式写出 1,2-二氯乙烷最稳定及最不稳定的构象，并写出该构象的名称。

9. 用透视式写出下列化合物的稳定构象。

(1) 叔丁基环己烷　(2) 　(3)

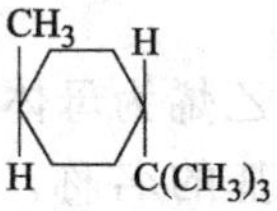

10. 写出符合下列条件的烷烃的构造式。

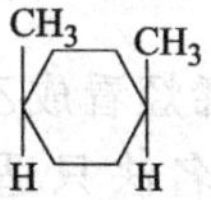

(1) 只含有伯氢原子的戊烷

(2) 含有一个叔氢原子的戊烷

(3) 只含有伯氢和仲氢原子的己烷

(4) 含有一个季碳原子的己烷

11. 某烷烃的相对分子质量为 72，氯化时，(1) 只得一种一氯代产物；(2) 得三种一氯代物；(3) 得四种一氯代产物。分别写出这些烷烃的构造式。

第 3 章 烯 烃

含有碳碳双键的不饱和烃称为烯烃。因为分子中含有双键，所以烯烃比相应的烷烃少两个氢原子，通式为 C_nH_{2n}，属于不饱和烃的一种，与环烷烃互为同分异构体。碳碳双键是烯烃的官能团，烯烃的反应多数发生在双键及与双键相连的 α-C 上。工业上低级烯烃主要是从石油和天然气中制取，并作为重要的化工原料用于制备卤代烃、醇、环氧化合物、塑料、合成纤维、树脂等。

3.1 烯烃的命名

3.1.1 普通命名法

碳碳双键位于碳链一端的烯烃，叫做端烯烃，又称为 α-烯烃，根据端烯烃的结构，可以分为以下三种情况。

① 对于无取代基的直链端烯烃，称为"正某烯"，通常"正"字可省略。例如：

$$H_2C{=\!\!=}CHCH_3 \qquad\qquad H_2C{=\!\!=}CHCH_2CH_3 \qquad\qquad H_2C{=\!\!=}CHCH_2CH_2CH_3$$

  丙烯 丁烯 戊烯

② 如果在端烯烃的另一个链端有两个甲基的结构单元，则根据分子中碳原子总数称为"异某烯"。例如：

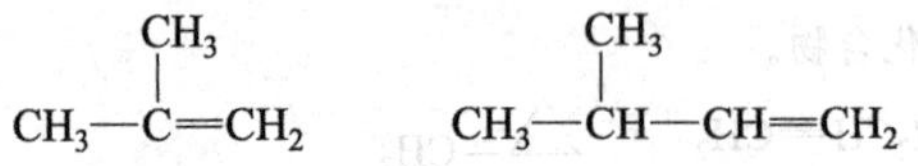

$$\underset{\text{异丁烯}}{CH_3{-}\overset{\displaystyle CH_3}{\underset{\displaystyle |}{C}}{=\!\!=}CH_2} \qquad\qquad \underset{\text{异戊烯}}{CH_3{-}\overset{\displaystyle CH_3}{\underset{\displaystyle |}{CH}}{-}CH{=\!\!=}CH_2}$$

③ 如果在端烯烃的另一个链端有三个甲基的结构单元，则根据分子中碳原子总数称为"新某烯"。例如：

$$(CH_3)_3C{-}CH{=\!\!=}CH_2$$

新己烯

3.1.2 衍生命名法

衍生命名法是以烯烃中最简单的乙烯为母体，其他烯烃看成乙烯的烷基衍生物，命名时按照先简单后复杂的顺序列出取代基的名称。衍生命名法只适用于较简单烯烃的命名。例如：

$$\boxed{CH_3CH{=\!\!=}CHCH_3} \qquad\qquad \boxed{CH_2{=\!\!=}C(CH_3)_2} \qquad\qquad \boxed{CH_3CH{=\!\!=}CHCH_2CH_3}$$

  对称二甲基乙烯 不对称二甲基乙烯 对称甲基乙基乙烯

3.1.3 系统命名法

对于较复杂的烯烃通常用系统命名法来命名，命名原则与烷烃相似。

（1）选主链

以包含双键在内，且取代基最多、最长的碳链作为主链，其他支链看做取代基，根据主链碳数将烯烃命名为"某烯"，若碳原子数目大于10，命名时在"烯"之前加一个"碳"字，称为"某碳烯"。例如：

$$CH_2=CH(CH_2)_8CH_3$$
1-十一碳烯

（2）编号

从靠近双键的一端开始给主链编号，使双键的碳原子编号较小。

（3）命名

先列出取代基的位次，再列出取代基名称，最后写出官能团双键碳原子位次和烯烃母体名称，相同的取代基要合并。例如：

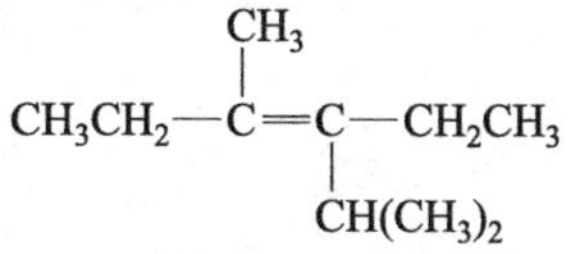

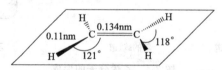

2,4-二甲基-3-乙基-3-己烯 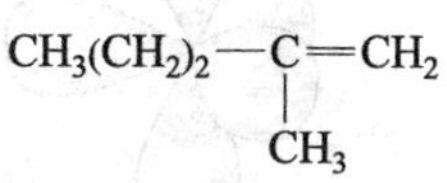　　　　　2-甲基-1-戊烯 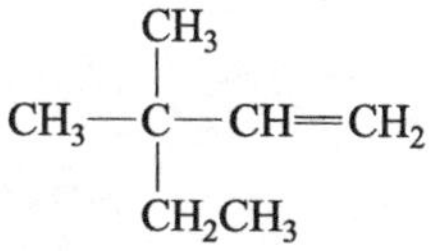　　　　　3,3-二甲基-1-戊烯

烯烃去掉一个氢原子后剩余的部分称为烯基，以下为常见烯基的名称：

$$CH_2=CH-\qquad\qquad CH_3-CH=CH-\qquad\qquad CH_2=CH-CH_2-$$

乙烯基　　　　　　　　　　　丙烯基　　　　　　　　　　　烯丙基

3.2　烯烃的结构

3.2.1　乙烯的结构

最简单的烯烃是乙烯，了解乙烯的结构特点，可以建立起烯烃结构的基本概念。现代物理方法测定结果证明，乙烯为平面分子，每个碳原子分别与另外一个碳原子和两个氢原子相连，键角接近 120°，四个 C—H 键完全等同，如图 3-1 所示。

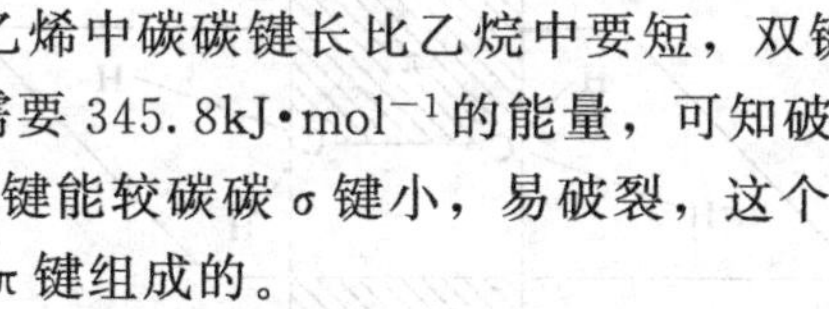

图 3-1　乙烯的平面结构

乙烯中 C═C 键长为 0.134nm，键能为 610.4kJ·mol^{-1}。乙烷中 C—C 键长为 0.154nm，键能为 345.8kJ·mol^{-1}。在乙烯中碳碳键长比乙烷中要短，双键的键能也不是单键的两倍。破坏一个碳碳单键（σ 键）需要 345.8kJ·mol^{-1}的能量，可知破坏双键中的另一个键所需的能量是 264.6kJ·mol^{-1}，该键能较碳碳 σ 键小，易破裂，这个化学键就是 π 键。因此，碳碳双键是由一个 σ 键和一个 π 键组成的。

3.2.2　π 键的形成

依据杂化轨道理论，乙烯分子中碳原子为 sp^2 杂化，即由碳原子的一个 s 轨道和两个 p 轨道杂化而成。基态碳原子的价电子结构为：$2s^22p_x^12p_y^12p_z^0$，在形成共价键时，2s 轨道的一个电子跃迁到空的 $2p_z$ 轨道，形成碳原子的激发态，价电子结构为：$2s^12p_x^12p_y^12p_z^1$，激发态的碳原子的一个 2s 轨道和两个 2p 轨道进行线性组合，形成三个等同的 sp^2 杂化轨道，如图 3-2 所示。

每个 sp^2 杂化轨道含有 1/3 的 s 轨道成分和 2/3 的 p 轨道成分，其形状是一头大一头小的葫芦形。三个 sp^2 杂化轨道对称地分布在碳原子核周围，杂化轨道的对称轴在同一个平面内，分别指向正三角形的三个顶点，其夹角为 120°，未参与杂化的 $2p_z$ 轨道与杂化轨道所在

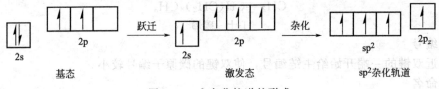

图 3-2   sp² 杂化轨道的形成

图 3-3   sp² 杂化轨道与 2p$_z$ 轨道的关系

平面垂直，它们之间的关系如图 3-3 所示。

    在形成乙烯分子时，两个碳原子分别以其中一个 sp² 杂化轨道沿轴向相互重叠形成碳碳 σ 键，两个碳原子的另外两个 sp² 杂化轨道分别与两个 H 原子的 1s 轨道轴向重叠形成碳氢 σ 键，这五个 σ 键的对称轴都处于同一个平面内，剩余的两个碳原子的两个 2p$_z$ 轨道都分别与 σ 键所在平面垂直，因此它们是平行的，相互"肩并肩"侧面重叠形成 π 键，成键过程如图 3-4 所示。

碳原子的sp²杂化轨道及p轨道   氢的s轨道   乙烯的σ键和π键

图 3-4   乙烯分子的形成

    因此 π 键所在的平面和 σ 键所在的平面是相互垂直的，如图 3-5 所示。

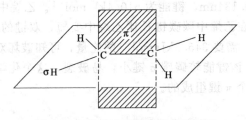

图 3-5   π 键对称面垂直于分子平面

3.2.3 π 键的特性

    π 键是由两个平行的 p 轨道侧面重叠而成，因此 π 键具有明显区别于 σ 键的性质。

    ① π 键"肩并肩"重叠的成键方式，重叠程度比 σ 键小，因此 π 键不如 σ 键牢固，相比之下容易断裂。

    ② σ 键电子云分布于成键原子核之间的轴向方向上，与 σ 键不同，π 键电子云分布在分子平面的上下方，而且离核远，受原子核的束缚力弱，易受外界的影响发生极化，因此含有 π 键的烯烃与只有 σ 键的烷烃相比，往往具有更高的化学反应活性。

③ π 键与 σ 键不同，它不能自由旋转。如果烯烃分子中的双键碳原子绕 σ 键的轴向旋转，必然导致形成 π 键的两个 p 轨道离开平行状态，这就意味着 π 键的断裂。

3.2.4 烯烃的顺反异构及其命名

（1）烯烃中的异构现象

在烯烃的构造异构中，既有碳骨架异构，也有双键的位置异构。例如：

$$CH_3—CH_2—CH\!=\!CH_2 \qquad CH_3—CH\!=\!CH—CH_3 \qquad CH_3—\underset{\underset{CH_3}{|}}{C}\!=\!CH_2$$

1-丁烯   2-丁烯   异丁烯

除此之外，由于不能自由旋转的双键的存在，烯烃的异构现象更为复杂。这种由于双键中 π 键的存在限制了 σ 键的旋转，引起分子中原子或基团在空间的排列方式不同而产生的异构，叫做顺反异构。例如：

顺式   反式

沸点:3.5℃,熔点:−139.3℃   沸点:0.9℃,熔点:−105.5℃

2-丁烯的顺式构型和反式构型的沸点、熔点存在明显的差异，说明这两种 2-丁烯虽然具有相同的分子式，但却是两种完全不同的化合物。

并不是所有的烯烃都有顺反异构体，只有当构成双键的任何一个碳原子上所连两个基团均不相同时，才能产生顺反异构。

（2）顺反异构体的命名

烯烃顺反异构体的命名有顺/反命名法和 Z/E 命名法两种。

① 顺/反命名法　对于双键两个碳原子连有相同基团的烯烃，可用顺/反命名法命名。相同基团在碳碳双键同侧时，称为"顺"式，在异侧时，称为"反"式。例如：

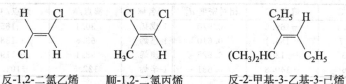

反-1,2-二氯乙烯   顺-1,2-二氯丙烯   反-2-甲基-3-乙基-3-己烯

② Z/E 命名法　顺/反命名法不能命名两个双键碳上完全没有相同基团的烯烃，此时可以采用 Z/E 命名法。Z/E 命名法字母 Z 来源于德文 "Zusammen" 的首字母，意为"在一起"，字母 E 来源于德文 "Entgegen" 的首字母，意为"相反的"。根据"次序规则"，确定双键碳中同一碳上的两个原子或基团哪个优先，两个次序优先的基团在双键同侧时称为"Z"型，在双键异侧时称为"E"型。

在立体化学中，为了确定原子或基团在空间排列的次序而制定的规则叫做次序规则，具体内容如下。

a. 将与双键碳原子直接相连的原子按原子序数大小排列，大者优先。例如：

$$I>Br>Cl>S>F>O>N>C>H \quad （"\!>\!" 表示"优先于"）$$

b. 如果与双键碳原子直接相连的第一个原子相同，则比较与之相连的第二个原子的原子序数，如果仍然相同，则比较第三个，依此类推，直到比较出何者优先。例如：

$$—C(CH_3)_3>—CH(CH_3)_2>—CH_2CH_2CH_2CH_3>—CH_2CH_2CH_3>—CH_2CH_3>—CH_3$$

c. 对于不饱和基团，可以把重键拆分为单键，每个键合原子重复一次或多次，重复次数根据不饱和基团的多重键的数目来定。例如：

$$—CH=CH_2 \text{ 相当于 } \begin{array}{cc} (C) & (C) \\ | & | \\ —C—C—H \\ | & | \\ H & H \end{array}$$

$$—C\equiv CH \text{ 相当于 } \begin{array}{cc} (C) & (C) \\ | & | \\ —C—C—H \\ | & | \\ (C) & (C) \end{array}$$

因此乙炔基优先于乙烯基。同理，以下基团的优先次序为：

$$—COOH > —CHO > —CH_2OH > —C\equiv CH > —CH=CH_2 > —CH_3$$

根据"次序规则"就可以用 Z/E 命名法对各种烯烃的构型进行标记。例如：

(Z)-1-氯-1-碘丙烯　　　　　(E)-3-甲基-4-乙基-3-庚烯

3.3　烯烃的物理性质

在常温常压下，四个碳以下的烯烃是气体，高级烯烃是液体或者固体。与烷烃相似，烯烃的沸点和相对密度等也随着碳原子数的增加而升高。在顺反异构体中，顺式异构体的沸点较反式的高，原因是顺式异构体的极性较大。烯烃的相对密度小于 1，且不溶于水，但能溶于有机溶剂中，如苯、乙醚、氯仿等。某些烯烃的物理常数见表 3-1。

表 3-1　某些烯烃的物理常数

名称	沸点/℃	熔点/℃	相对密度 d_4^{20}	名称	沸点/℃	熔点/℃	相对密度 d_4^{20}
乙烯	−102.4	−169.5	0.570	1-戊烯	30.1	−165	0.641
丙烯	−47.7	−185.1	0.610	1-己烯	63.5	−138	0.673
1-丁烯	−6.5	−130	0.626	1-庚烯	93.1	−119	0.697
异丁烯	−6.6	−140.8	0.631	1-辛烯	122.5	−101.7	0.716

3.4　烯烃的化学性质

烯烃的碳碳双键由一个 σ 键和一个 π 键组成，π 键不牢固，易断裂，因此碳碳双键能发生多种反应，如亲电加成反应、聚合反应和氧化反应。受碳碳双键的影响，α-碳上的氢原子也有一定的活性。

3.4.1　加成反应

烯烃发生的主要反应类型为加成反应，反应时双键中的 π 键被打开，试剂中的两部分分别加成到两个双键碳原子上，形成两个新的 σ 键，得到饱和化合物。

$$\begin{array}{c} \diagup \\ \diagdown \end{array}\!\!=\!\!\begin{array}{c} \diagdown \\ \diagup \end{array} + X\!-\!Y \longrightarrow \begin{array}{ccc} | & | \\ —C—C— \\ | & | \\ X & Y \end{array}$$

加成试剂 XY 可以是：H_2、X_2（Cl_2、Br_2）、HOCl、H_2SO_4、HX（HCl、HBr、HI）、

H_2O 等。

（1）催化加氢

加氢反应是还原反应的一种，常温常压下，将烯烃与氢气混合，加成反应并不能发生，甚至在高温时反应也很慢，但在适当的催化剂存在下，与氢气的加成反应能够顺利进行，反应生成烷烃，称为催化加氢。常用的催化剂有 Pt、Pd、Ni 等过渡金属。以下反应为兰尼镍（Raney Ni）催化的加氢反应，RaneyNi 催化剂为镍-铝合金用碱溶去铝后得到的多孔性镍粉。

$$R-CH=CH_2 + H_2 \xrightarrow{\text{Raney Ni}} RCH_2CH_3$$

催化加氢无论在工业上还是在理论研究中都具有重要的意义。如催化裂化汽油中常含有少量的烯烃，易氧化、聚合而影响汽油的质量。通过加氢处理后就可以提高它的稳定性。由于烯烃的催化加氢可以定量地进行，所以可以通过加氢量来确定烯烃的含量。

（2）加成卤素

烯烃容易与卤素进行加成反应，生成邻二卤代烃。例如：将 5% 的溴的四氯化碳溶液加入含有烯烃的样品中，轻微振荡后，溴的红棕色会迅速褪去，在这个过程中发生了如下的反应：

$$RCH=CHR' + Br_2 \xrightarrow{\text{室温}} R-\underset{\underset{Br}{|}}{CH}-\underset{\underset{Br}{|}}{CH}-R'$$

因为反应过程中有明显的颜色变化，所以可以用此反应检验烯烃的存在。

卤素和烯烃发生加成反应时，不同卤素的反应活性不同，卤素的加成活性顺序为：

$$F_2 > Cl_2 > Br_2 > I_2$$

烯烃与氟反应过于剧烈，难以控制；与碘发生可逆反应，平衡偏向原料烯烃。因此，烯烃加成卤素，通常是指加成氯或溴的反应。

烯烃和卤素加成反应的机理以烯烃与溴的加成来说明。通过大量的实验事实，推测烯烃与溴的加成是分步进行的。第一步：$Br—Br\sigma$ 键在烯烃 π 电子的诱导下发生极化，靠近 π 电子一端的溴原子带部分正电荷，而另一个溴原子带部分负电荷，双键和溴形成不稳定的 π 络合物，进而双键与带正电荷的溴原子形成三元环状溴鎓正离子；第二步：Br^- 从环状溴鎓离子中溴的背面进攻某一个碳原子，形成邻二溴代物。

第一步：

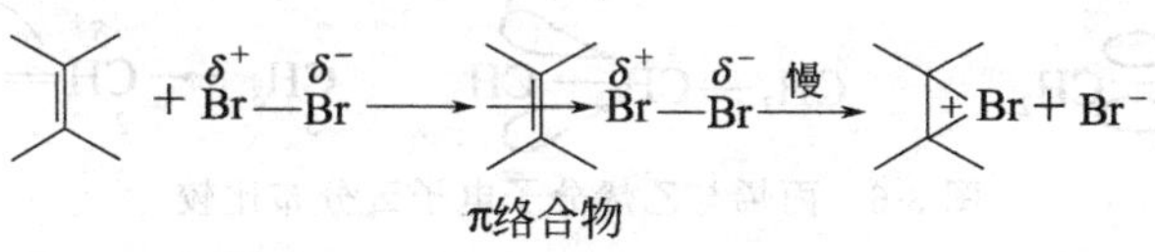

第二步：

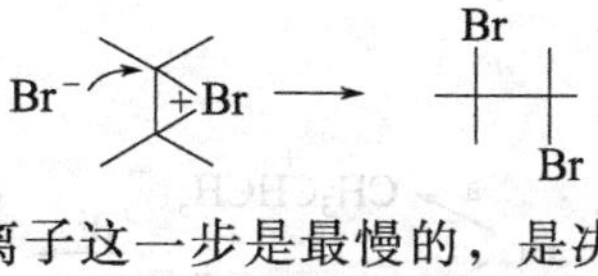

在这两步反应中，生成溴鎓离子这一步是最慢的，是决定反应速率的一步。像这种首先是由加成试剂中带正电荷的部分进攻双键碳而引起的加成反应，通常叫做亲电加成反应，反应试剂称为亲电试剂。

（3）加成卤化氢（HCl、HBr、HI）

① 与卤化氢的加成及马尔科夫尼科夫规则　烯烃和卤化氢气体或者浓的氢卤酸发生加

成反应，生成卤代烷。不同的卤化氢反应活性也不同，碘化氢反应活性最高，溴化氢次之，氯化氢最难加成。例如：

$$CH_2 = CH_2 + HCl \xrightarrow[130 \sim 150℃]{AlCl_3} CH_3CH_2Cl$$

这是工业制备氯乙烷的方法之一。

像乙烯这样的对称分子，与卤化氢加成产物只有一种，而不对称烯烃与卤化氢加成就会出现两种可能性。例如：

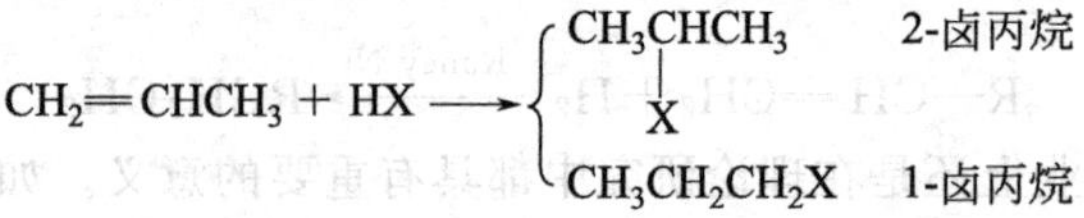

$$CH_2 = CHCH_3 + HX \longrightarrow \begin{cases} CH_3CHCH_3 & \text{2-卤丙烷} \\ \quad\;\; | \\ \quad\;\; X \\ CH_3CH_2CH_2X & \text{1-卤丙烷} \end{cases}$$

实验证明，丙烯与卤化氢加成的主要产物是 2-卤丙烷。

1869 年，马尔科夫尼科夫（Markovnikov）通过大量的实验，归纳出一条经验规律：不对称烯烃与卤化氢等极性试剂发生加成反应时，试剂中的氢原子（或带正电的部分）总是加到含氢较多的双键碳上。这个经验规律称为马尔科夫尼科夫规则，简称马氏规则。利用马氏规则可以预测不对称烯烃亲电加成的主要产物。例如：

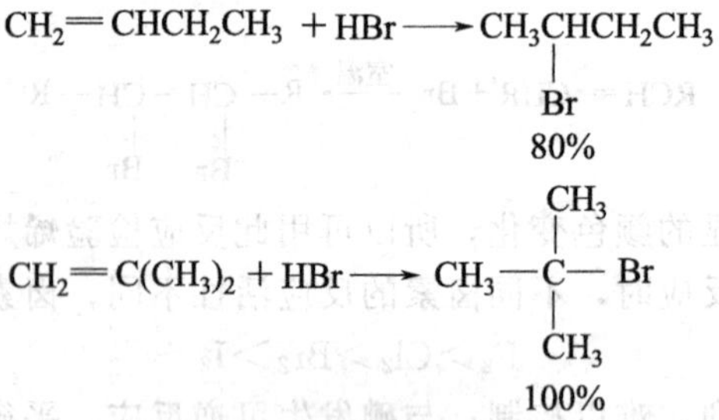

$$CH_2 = CHCH_2CH_3 + HBr \longrightarrow \underset{\overset{|}{\underset{80\%}{Br}}}{CH_3CHCH_2CH_3}$$

$$CH_2 = C(CH_3)_2 + HBr \longrightarrow \underset{\overset{|}{\underset{100\%}{CH_3}}}{CH_3 - \overset{\overset{CH_3}{|}}{C} - Br}$$

② 马氏规则的理论解释　不对称烯烃之所以出现马氏规则的加成规律，有两方面的原因：一方面是不对称烯烃两个双键碳原子的亲电加成活性不同，或者说两个碳原子的电子云密度不同；另一方面是反应过程中涉及的碳正离子中间体的稳定性不同。下面以丙烯与溴化氢的加成为例加以解释。

a. 诱导效应的解释　在丙烯中甲基是具有推电子诱导效应的基团，所以在丙烯的碳链上，双键的电子云向远离甲基的方向流动（见图 3-6），最终导致 C1 上的电子云密度比 C2 上的电子云密度要大，因此，亲电试剂的带正电荷部分更倾向于加成在 C1 上，而在乙烯中电子云是对称分布的，发生亲电加成时双键碳不会出现差别。

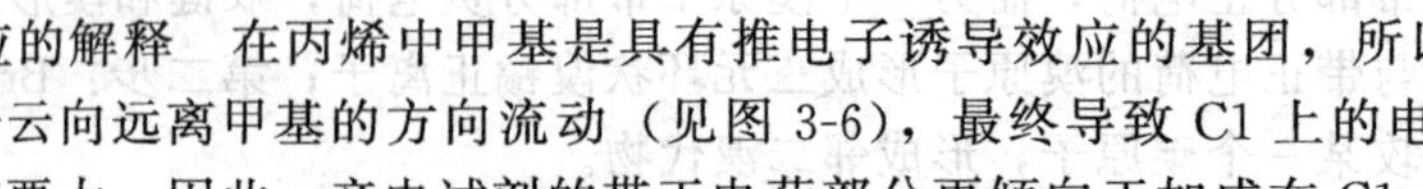

$$CH_2 \underset{}{\overset{}{\bigcirc\!\!\bigcirc}} CH_2 \qquad CH_3 - CH \underset{}{\overset{}{(\!(}} CH_2 \qquad \overset{}{CH_3} \longrightarrow \underset{2}{CH} = \overset{\delta^+}{\underset{1}{CH_2}}$$

图 3-6　丙烯与乙烯分子电子云分布比较

b. 碳正离子稳定性的解释　烯烃与卤化氢的反应也是亲电加成反应，反应分两步进行。例如：

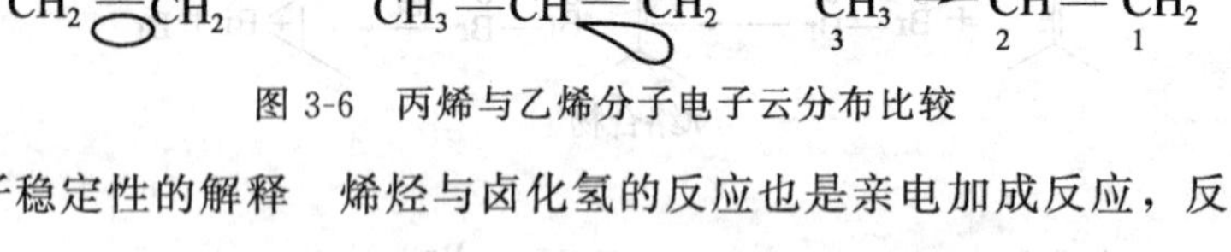

$$\underset{1}{CH_2} = \underset{2}{CH}\underset{3}{CH_3} + H - Br \overset{a}{\underset{b}{\Longrightarrow}} \begin{array}{l} \overset{+}{CH_3CHCH_3} \\ \overset{+}{CH_3CH_2CH_2} \end{array} \xrightarrow{Br^-} \begin{array}{l} \overset{\overset{Br}{|}}{CH_3CHCH_3} \quad 80\% \\ CH_3CH_2CH_2Br \quad 20\% \end{array}$$

在丙烯与溴化氢的加成反应中，第一步是加成试剂中带正电荷的部分（即 H$^+$）进攻双键碳原子，形成碳正离子中间体；第二步是碳正离子与溴负离子结合生成加成产物。从上式可看出，H$^+$进攻双键碳有两条可能的途径，通过 a 途径 H$^+$加成在 C1 上，生成二级碳正离子，通过 b 途径加成在 C2 上形成的是一级碳正离子。主要按哪条途径进行，取决于碳正离子中间体的稳定性。

　　碳正离子的中心碳原子是 sp^2 杂化，未参与杂化的 p 轨道为空轨道，中心碳原子周围只有六个电子，是一个缺电子的活性中间体。图 3-7 是甲基碳正离子的结构示意。

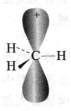

图 3-7　甲基碳正离子的结构

　　由于碳正离子是缺电子的活性中间体，当它连有推电子基团时，可以分散碳正离子的正电荷，使正电性降低，碳正离子的稳定性得到提高。碳正离子中心所连推电子基团越多，则碳正离子越稳定，因此常见碳正离子稳定性排列顺序如下：

$$CH_3 \overset{CH_3}{\underset{CH_3}{-\overset{|}{\underset{|}{C}}^+-}} CH_3 > CH_3 \overset{CH_3}{-\overset{|}{C}H} > CH_3 \overset{+}{-CH_2} > \overset{+}{C}H_3$$

　　在烯烃与卤化氢的加成反应中，反应的取向主要取决于碳正离子的稳定性，越稳定的碳正离子越容易形成，因此亲电试剂主要进攻能生成较稳定碳正离子的那个双键碳原子。可见上述丙烯与溴化氢的加成，主要产物是质子加成在 C1 上、溴加成在 C2 上得到的 2-溴丙烷。

　　③ 烯烃亲电加成活性　一般来说，烯烃双键碳上电子云密度越大，亲电加成反应越容易进行，所以双键连的推电子基越多、越强时，反应越易进行。所以常见烯烃发生亲电加成反应时，活性有如下顺序：

$$(CH_3)_2C = C(CH_3)_2 > (CH_3)_2C = CHCH_3 > (CH_3)_2C = CH_2 > CH_3CH = CH_2 > CH_2 = CH_2$$

　　（4）加成硫酸

　　烯烃和浓硫酸在低温下发生加成反应，生成硫酸氢酯，加水稀释后加热水解可得到醇，所得产物符合马氏规则。例如：

$$CH_3CH = CH_2 + \overset{+}{H} - \overset{-}{O}SO_2OH \longrightarrow (CH_3)_2CHOSO_2OH$$

$$(CH_3)_2CHOSO_2OH + H_2O \longrightarrow (CH_3)_2CHOH + H_2SO_4$$

　　这种由烯烃制醇的方法也叫间接水合法。除了乙烯外，其他烯烃得不到伯醇。这个方法的优点是工艺简单，反应条件温和，但需要使用大量的硫酸，对设备的腐蚀严重，并存在稀硫酸的处理问题。烯烃与浓硫酸的加成也常用来使烯烃和烷烃分离。

　　（5）加成水

　　在催化剂存在下，烯烃也可以直接加成水生成醇，并符合马氏规则。催化剂可以是磷酸-硅藻土，或者具有酸性的阳离子交换树脂等。例如：

$$CH_2 = CH_2 + H_2O \xrightarrow[325℃, 9.9MPa]{\text{磷酸-硅藻土}} CH_3CH_2OH$$

$$CH_2 = CHCH_3 + H_2O \xrightarrow[130\sim160℃, 8.3\sim10.3MPa]{\text{阳离子交换树脂}} CH_3 \overset{}{\underset{\underset{OH}{|}}{-CH-}} CH_3$$

$$CH_2=C(CH_3)_2 + H_2O \xrightarrow[25℃]{H^+} CH_3-\underset{\underset{CH_3}{|}}{\overset{\overset{CH_3}{|}}{C}}-OH$$

这种烯烃直接加成水制备醇的方法具有无腐蚀、收率高的优点，但是该方法对烯烃纯度要求较高，且需要高温高压条件才能完成。

（6）加成次卤酸

烯烃与次卤酸加成生成 β-卤代醇，并符合马氏规则。由于氧原子的电负性（3.5）大于氯（3.0）和溴（2.8）的电负性，因此在次卤酸中，氧带有负电荷，而卤素带有正电荷。在双键加成次卤酸的过程中，带正电荷的卤素首先加成到双键上，然后再加成氢氧根负离子，最终生成 β-卤代醇。工业上次氯酸可以用氯气和水的混合体系代替。例如：

$$CH_2=CHCH_3 + HOCl \xrightarrow{35℃} \underset{\underset{Cl}{|}}{CH_2}-\underset{\underset{OH}{|}}{CH}-CH_3$$
$$(87\%\sim90\%)$$

（7）在过氧化物存在下加成 HBr

不对称烯烃与 HX 加成遵守马氏规则。但在过氧化物（如 ROOR、H_2O_2）存在下，不对称烯烃与 HBr 加成时，却得到反马氏加成产物，这种现象称为过氧化物效应。例如：

$$CH_3CH=CH_2 + HBr \xrightarrow{过氧化物} CH_3CH_2CH_2Br$$

研究发现，在有过氧化物存在时，烯烃与 HBr 的加成已不是离子型亲电加成了，而是自由基加成机理。在溴自由基加成碳碳双键时，溴自由基通过 a 途径加成在 C1 上，形成二级碳自由基中间体，比通过 b 途径加成在 C2 上形成的一级碳自由基中间体要稳定，所以最终得到的是溴加成到末端为主的加成产物。

$$Br\cdot + CH_3\underset{3}{CH}\overset{a}{\underset{b}{=}}\underset{2}{CH_2}\underset{1}{\quad} \begin{array}{l} a\rightarrow CH_3\dot{C}HCH_2Br \\ \text{较稳定中间体} \\ b\rightarrow CH_3CHBr\dot{C}H_2 \end{array}$$

需要指出的是，卤化氢中只有 HBr 存在过氧化物效应，而 HCl、HI 不存在过氧化物效应。

3.4.2　氧化反应

烯烃分子容易被氧化，当所用氧化剂和反应条件不同时，氧化产物不同。

（1）高锰酸钾氧化

烯烃在碱性条件下与冷的、稀的高锰酸钾作用，烯烃被氧化为邻二醇，同时生成褐色的二氧化锰沉淀。例如：

$$RCH=CHR' \xrightarrow[OH^-,稀,冷]{KMnO_4} \underset{\underset{OH}{|}}{RCH}-\underset{\underset{OH}{|}}{CHR'} + MnO_2\downarrow$$

但是因为氧化反应为放热反应，反应条件往往很难控制，一般不采用这种方法制备邻二醇。由于反应过程中有明显的颜色变化，常用于烯烃的鉴别。

在酸性条件下，高锰酸钾可以直接将双键氧化切断，生成相应的酸或酮。例如：

$$RCH=CHR' \xrightarrow{KMnO_4}{H^+} RCOOH + R'COOH$$

$$RCH=CH_2 \xrightarrow{KMnO_4}{H^+} RCOOH + CO_2 + H_2O$$

$$RCH = C \begin{matrix} R' \\ R'' \end{matrix} \xrightarrow[\text{H}^+]{\text{KMnO}_4} RCOOH + \begin{matrix} O \\ \parallel \\ R' \end{matrix} C \begin{matrix} \\ R'' \end{matrix}$$

从以上反应式可以看出，不同结构的烯烃氧化产物也不一样，因此可通过烯烃氧化产物的分析，推测烯烃的分子结构。

（2）催化氧化

用银或者氧化银作催化剂，氧气可以直接氧化乙烯得到环氧乙烷（也叫氧化乙烯）。氧化温度需要严格控制，氧化温度超过 300℃时，可以发生深度氧化，生成 CO_2 和 H_2O，反应式如下：

$$CH_2 = CH_2 + O_2 \xrightarrow[220\sim280℃]{\text{Ag或Ag}_2\text{O}} \underset{\text{环氧乙烷}}{\triangle}$$

烯烃还可以在 $PdCl_2$-$CuCl_2$ 催化下直接氧化为醛或者酮，反应式如下：

$$CH_2 = CH_2 + O_2 \xrightarrow[130℃,0.3\text{MPa}]{\text{PdCl}_2\text{-CuCl}_2} CH_3CHO \qquad \text{乙醛}$$

$$CH_2 = CH - CH_3 + O_2 \xrightarrow[90\sim120℃,1.2\text{MPa}]{\text{PdCl}_2\text{-CuCl}_2} CH_3COCH_3 \qquad \text{丙酮}$$

（3）臭氧化

烯烃被臭氧氧化，继而在还原剂锌粉和醋酸的存在下进行水解，双键断裂生成相应的醛或酮，这两步反应总称为臭氧化-还原水解反应。例如：

$$RCH = CHR' \xrightarrow[\text{② Zn/H}_3\text{O}^+]{\text{① O}_3} RCHO + R'CHO$$

$$RCH = CH_2 \xrightarrow[\text{② Zn/H}_3\text{O}^+]{\text{① O}_3} RCHO + HCHO$$

$$CH_2 = C \begin{matrix} R' \\ R'' \end{matrix} \xrightarrow[\text{② Zn/H}_3\text{O}^+]{\text{① O}_3} HCHO + R' - CO - R''$$

与烯烃被高锰酸钾氧化相似，不同的烯烃经臭氧化-还原水解后所得产物也不同，因此该反应也可以用于烯烃结构的推断。

3.4.3　聚合反应

烯烃双键不仅可以和氢气及各种亲电试剂发生加成反应。在催化剂或者引发剂存在下，烯烃可以打开 π 键发生自身的加成反应，结合成较大的分子，这种反应称为聚合反应，生成的产物叫做聚合物，参加聚合的小分子烯烃叫做单体。乙烯在一定条件下可以聚合为聚乙烯，反应式如下：

$$n\text{CH}_2 = \text{CH}_2 \longrightarrow \text{+CH}_2 - \text{CH}_2 \text{+}_n$$

其他含有碳碳双键的化合物也可以聚合形成高聚物，如氯乙烯和丙烯腈，聚合产物分别叫做聚氯乙烯（PVC）和聚丙烯腈（PAN），后者制成纤维后叫做腈纶。

$$n\text{CH}_2 = \underset{|}{\overset{}{\text{CH}}} \longrightarrow \text{+CH}_2 - \underset{|}{\overset{}{\text{CH}}} \text{+}_n$$
$$\qquad\quad \text{Cl} \qquad\qquad\qquad \text{Cl}$$

$$n\text{CH}_2 = \underset{|}{\overset{}{\text{CH}}} \longrightarrow \text{+CH}_2 - \underset{|}{\overset{}{\text{CH}}} \text{+}_n$$
$$\qquad\quad \text{CN} \qquad\qquad\qquad \text{CN}$$

3.4.4　α-氢的反应

直接与官能团相连的碳原子称为 α-碳原子，连接在 α-碳原子上的氢原子即为 α-氢。在烯烃

中 α-氢受双键的影响比较活泼，容易发生化学反应，主要反应类型包括 α-氢的取代和氧化。

（1）α-氢的取代反应

烯烃 α-氢原子在高温或光照条件下可以发生像烷烃一样的卤代反应，而双键不受影响。例如：

$$CH_2\!=\!CHCH_3 + Cl_2 \xrightarrow[\text{或}500℃]{\text{光}} CH_2\!=\!CHCH_2Cl + HCl$$

此反应和烷烃自由基取代一样也是自由基反应机理，反应活性和反应方向取决于中间体自由基的稳定性。

（2）α-氢的氧化

烯烃的 α-氢还可以在催化剂的作用下发生氧化反应。例如：

$$CH_2\!=\!CHCH_3 + O_2 \xrightarrow[\text{温度,压力}]{Cu_2O} CH_2\!=\!CHCHO + H_2O$$

$$CH_2\!=\!CHCH_3 + O_2 + NH_3 \xrightarrow[470℃]{\text{磷钼酸铋}} CH_2\!=\!CH\!-\!CN + H_2O$$

这两个反应是制备丙烯醛和丙烯腈的工业方法，其中丙烯腈是制备聚丙烯腈的单体，也可以用于制备丁腈橡胶和合成树脂。

3.5 烯烃的来源

工业上低级烯烃主要是从石油和天然气中制取，在石油炼制过程中的热裂化、催化裂化、焦化（以重油和渣油为原料，加热到 500℃ 以上进行深度加工）等过程，除得到各种油品外，同时产生大量裂化气，它的主要成分是各种低级烯烃，如表 3-2 所示。

表 3-2 催化裂化气和焦化气的组成

气体组成	催化裂化气/%	焦化气/%	气体组成	催化裂化气/%	焦化气/%
$C_1 \sim C_4$ 饱和烃	71～81	65～72	丁烯	5～10	11～15
乙烯	6～16	5～7	$C_2 \sim C_4$ 烯烃总量	14～20	28～32
丙烯	5～10	10～14			

在石油化学工业中，得到大量烯烃的另一个重要途径是石油裂解，它是在更高的温度下（一般为 700℃）进行反应，其目标产物是低级烯烃。

【阅读材料】

石墨烯

常见的石墨是由一层层以蜂窝状有序排列的平面碳原子堆叠而形成的，石墨的层间作用力较弱，很容易互相剥离，形成薄薄的石墨片。当把石墨片剥成单层之后，这种只有一个碳原子厚度的单层结构就是石墨烯。基于石墨烯的化学结构，石墨烯具有许多独特的物理化学性质，如高比表面积、高导电性、高机械强度、易于修饰及大规模生产等。

石墨烯最大的特性是电子在其中的运动速度很快，达到了光速的 1/300，远远超过了电子在金属导体或半导体中的移动速度。由于电子和原

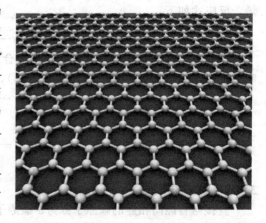

子的碰撞，传统的半导体和导体用热的形式释放了一些能量，目前一般的电脑芯片以这种方式浪费了 70％～80％ 的电能，石墨烯则不同，它的电子能量不会被损耗，这使它具有了非同寻常的优良特性，尤其适合于高频电路的制作。高频电路是现代电子工业的领头羊，一些电子设备例如手机，由于工程师们正在设法将越来越多的信息填充在信号中，它们被要求使用越来越高的频率，然而手机的工作频率越高，产生的热量也越高，于是，高频的提升便受到了很大的限制。由于石墨烯的出现，高频提升的前景似乎变得无限广阔了。研究人员甚至将石墨烯看做是硅的替代品，用于生产未来的超级计算机。

石墨烯还可以以光子传感器的面貌出现在更大的市场上，这种传感器是用于检测光纤中携带的信息的，现在这个角色还在由硅担当，但硅的时代似乎就要结束。最近，IBM 的一个研究小组首次披露了他们研制的石墨烯光电探测器，接下来人们要期待的就是基于石墨烯的太阳能电池和液晶显示屏了。因为石墨烯是透明的，用它制造的电板比其他材料具有更优良的透光性。

中国科研人员发现细菌的细胞在石墨烯上无法生长，而人类细胞却不会受损，利用这一点，石墨烯可以用来做绷带、食品包装、甚至抗菌 T 恤。另外，石墨烯还具有很好的导热性，其导热性能超过现有一切已知物质。

英国曼彻斯特大学的物理学家安德烈·海姆（Andre Geim）教授和康斯坦丁·诺沃肖洛夫（Konstantin Novoselov）教授于 2004 年成功制备了石墨烯材料，鉴于他们在石墨烯材料方面的突出贡献，于 2010 年获得了诺贝尔物理学奖，中间只经历了短短的六年时间，这是前所未有的，可见石墨烯材料的巨大发展前景与势头。

习　　题

1. 用系统命名法命名下列各化合物（存在顺/反异构的，请标出构型）。

(1)

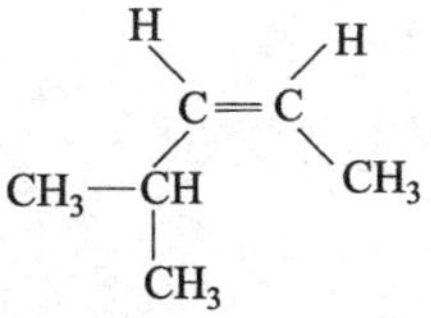

(2)

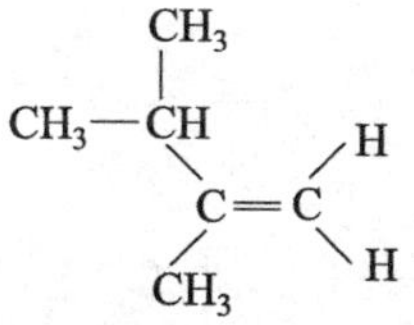

(3)

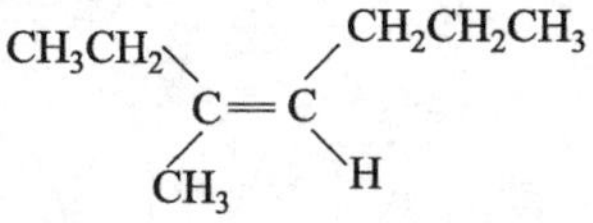

(4)

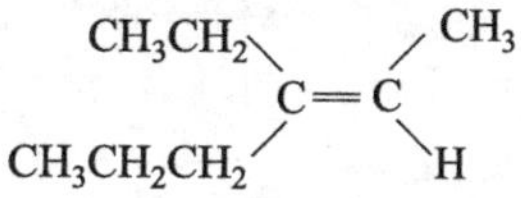

(5)

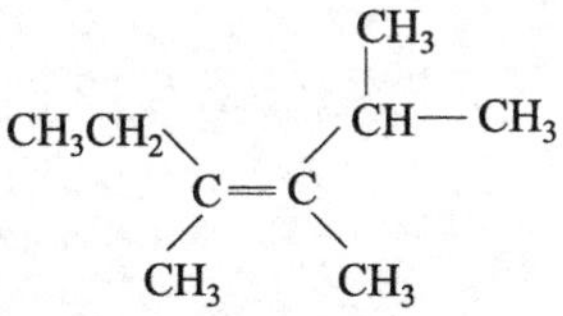

2. 根据名称写出化合物的结构式。

(1) 顺-2,2-二甲基-3-己烯　　　　　　　　　　(2) 2-甲基-3-乙基-1-戊烯

(3) (E)-3-甲基-4-壬烯

3. 将下列烯烃按亲电加成反应的活性由高到低顺序排列。

A. $CH_2 = CH_2$

B. $(CH_3)_2C = CHCH_2CH_3$

C. $CH_3CH = CHCH_2CH_3$

D. $(CH_3)_2C = C(CH_3)_2$

E. $CH_3CH_2CH = CH_2$

4. 完成下列反应式。

(1) $CH_3CH_2-\underset{\underset{CH_3}{|}}{C}=CH_2 + H_2 \xrightarrow{Pt}$

(2) $CH_2=CH_2 + O_2 \xrightarrow{Ag}_{220\sim280℃}$

(3) 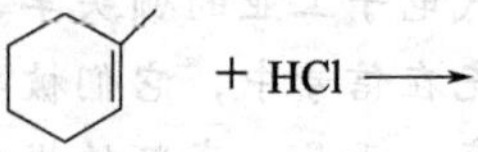 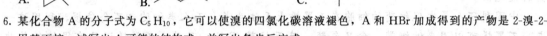 $+ HCl \longrightarrow$

(4) 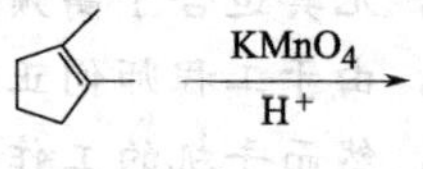 $\xrightarrow{KMnO_4}{H^+}$

(5) 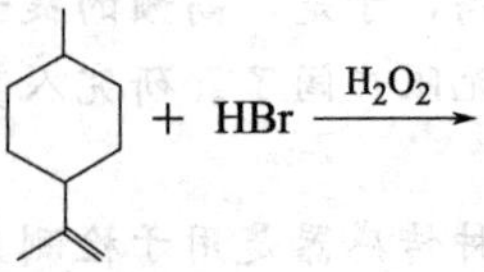 $+ HBr \xrightarrow{H_2O_2}$

(6) 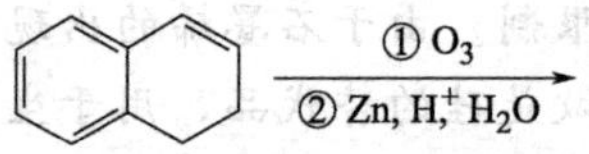 $\xrightarrow{① O_3}{② Zn, H^+ H_2O}$

(7) 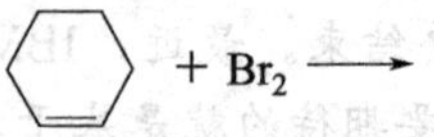 $+ Br_2 \longrightarrow$

(8) 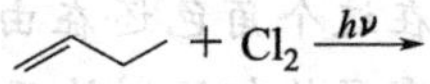 $+ Cl_2 \xrightarrow{h\nu}$

5. 用简单的化学方法区别下列化合物。

A.  B.  C.

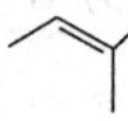

6. 某化合物 A 的分子式为 C_5H_{10}，它可以使溴的四氯化碳溶液褪色，A 和 HBr 加成得到的产物是 2-溴-2-甲基丁烷，试写出 A 可能的结构式，并写出各步反应式。

7. 某化合物 A 的分子式为 C_4H_8，它能使溴水褪色，但不能使稀的 $KMnO_4$ 溶液褪色。1mol A 和 1mol HBr 作用生成 B，B 也可以从 A 的同分异构体 C 与 HBr 作用得到。化合物 C 能使溴水和稀的 $KMnO_4$ 溶液褪色，试推断可能的 A、B、C 的结构式，并写出各步反应式。

8. 某化合物的分子式为 C_7H_{14}，能使溴水褪色；能溶于浓硫酸中；催化加氢得 3-甲基己烷；用过量的酸性高锰酸钾溶液氧化，得两种不同的羧酸。试写出该化合物的结构式。

9. 以丙烯为原料合成下列化合物。

(1) 1,2,3-三氯丙烷

(2) 1-氯-3-溴丙烷

第4章 炔烃和二烯烃

炔烃和二烯烃都是通式为 C_nH_{2n-2} 的不饱和烃，炔烃是分子中含有 $—C\equiv C—$ 的不饱和烃，二烯烃是含有两个 $—C=C—$ 的不饱和烃，它们是同分异构体，因结构不同，性质各异。

4.1 炔烃

4.1.1 炔烃的命名

炔烃的命名和烯烃类似，主要有三种方法：普通命名法、衍生命名法和系统命名法。普通命名法和衍生命名法主要应用于结构比较简单的炔烃，对于结构复杂的炔烃，一般用系统命名法来命名。

（1）普通命名法

炔烃的普通命名法与烯烃相似，也有"正"、"异"、"新"的区别，根据分子中碳原子总数命名为"某炔"，例如：

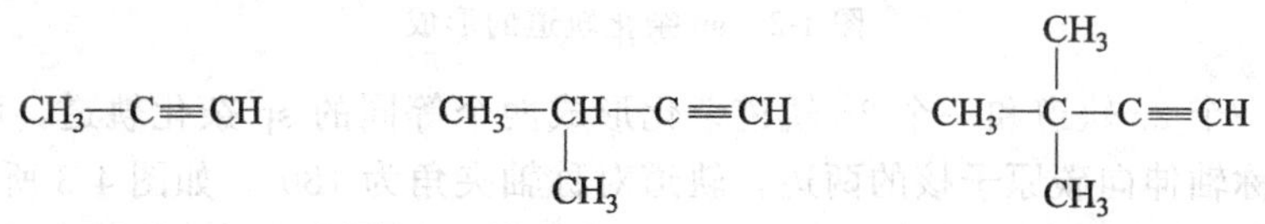

$$CH_3—C\equiv CH \qquad\qquad CH_3—CH—C\equiv CH \qquad\qquad CH_3—\overset{\displaystyle CH_3}{\underset{\displaystyle CH_3}{\overset{|}{\underset{|}{C}}}}—C\equiv CH$$
$$\overset{|}{CH_3}$$

（正）丙炔 　　　　　　　　　异戊炔 　　　　　　　　新己炔

（2）衍生命名法

炔烃的衍生命名法以最简单的炔烃"乙炔"为母体，把其他炔看做乙炔的烃基衍生物。例如：

$$CH_3CH_2\boxed{—C\equiv CH} \qquad\qquad CH_3\boxed{—C\equiv C—}CH_2CH=CH_2$$

乙基乙炔 　　　　　　　　甲基烯丙基乙炔

（3）系统命名法

炔烃的系统命名法与烯烃类似，只是将"烯"字改成"炔"即可。例如：

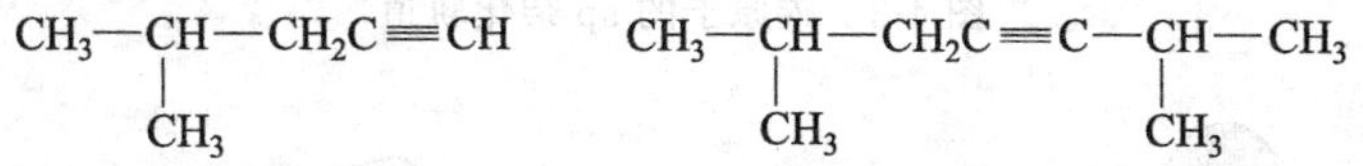

$$CH_3—CH—CH_2C\equiv CH \qquad\qquad CH_3—CH—CH—C\equiv C—CH—CH_3$$
$$\overset{|}{CH_3} \qquad\qquad\qquad\qquad \overset{|}{CH_3}\qquad\qquad\qquad\quad \overset{|}{CH_3}$$

4-甲基-1-戊炔 　　　　　　　2,6-二甲基-3-庚炔

分子中同时含有双键和三键的化合物，称为烯炔类化合物。命名规则如下：

① 选主链　选择同时含有"$C=C$"和"$C\equiv C$"的最长碳链作为主链，根据分子中主链碳原子数目称为"某烯炔"；

② 编号　编号时应遵循"最低系列原则"，当双键和三键处在相同的位次时，优先给双键以最小位次；

③ 命名　命名时的书写方法与其他烃类基本相同，母体为"（　）-某烯-（　）-炔"，括号内分别指明双键和三键的位次。例如：

$$CH_3—CH=CH—C\equiv CH \qquad CH\equiv C—C(CH_3)=CHCH_3 \qquad CH_2=CHCH_2—C\equiv CH$$

　　　3-戊烯-1-炔　　　　　　　　　　　3-甲基-3-戊烯-1-炔　　　　　　　　　1-戊烯-4-炔

4.1.2 乙炔的结构

　　根据现代物理方法测得乙炔分子是线型结构，4 个原子在同一直线上，"C—H"和"C≡C"之间键角为 180°，"C≡C"三键键长为 0.12nm，"C—H"键长为 0.106nm，乙炔的结构模型如图 4-1 所示。

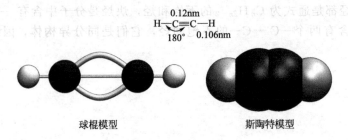

图 4-1　乙炔的结构模型

　　按照原子轨道杂化理论，乙炔碳原子以 sp 杂化轨道成键。杂化过程如图 4-2 所示。

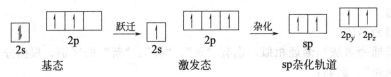

图 4-2　sp 杂化轨道的形成

　　碳原子的一个 2s 轨道和一个 2p 轨道杂化形成两个等同的 sp 杂化轨道，两个等同的 sp 杂化轨道的对称轴伸向碳原子核的两边，轨道对称轴夹角为 180°。如图 4-3 所示。两个碳原子彼此以 sp 杂化轨道重叠，形成 C—C σ 键，并分别与氢原子的 1s 轨道重叠形成两个 C—Hσ 键，3 个 σ 键的对称轴在一条直线上，因此，乙炔分子为直线结构。每个碳原子上还有两个互相垂直的未杂化的 p 轨道，它们彼此两两平行、侧面重叠，形成两个 π 键，如图 4-4（a）所示。π 电子云对称分布在 C—Cσ 键的上下、前后，形成一个圆筒形电子云，如图 4-4（b）所示。

图 4-3　碳原子的 sp 杂化轨道

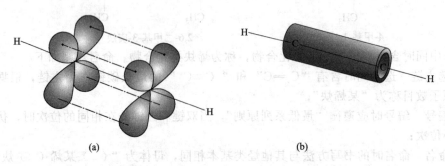

图 4-4　乙炔的 π 键（a）及电子云分布（b）

由图 4-4 可见，"C≡C"三键是由一个 σ 键和两个 π 键构成的。"C≡C"三键键能为 835.7kJ·mol^{-1}。

4.1.3　炔烃的物理性质

炔烃的物理性质与烯烃相似，$C_2 \sim C_4$ 的炔烃为气体，C_5 以上的炔烃为液体，高级炔烃为固体，炔烃难溶于水，易溶于有机溶剂。纯粹的乙炔为无色无臭的气体，沸点 $-83.4℃$，微溶于水（室温时 1 体积水中约可溶解 1 体积乙炔），溶于丙酮（20℃时 1 体积丙酮中约可溶解 20 体积乙炔）。在气体分析和分离中，可用丙酮作吸收剂。乙炔在空气中的爆炸极限范围比较宽，为 3%～77%，对振动又很敏感，因此在储存和运输过程中，乙炔钢瓶内常盛满用丙酮浸渍的软木屑，以减少爆炸的危险。

4.1.4　炔烃的化学性质

炔烃分子中含"C≡C"三键，与"C=C"双键结构相似，都含有 π 键，与烯烃的化学性质也相似，可发生加成、氧化、聚合等反应。但是，由于碳原子的杂化方式不同，π 键数目不同，炔烃与烯烃的化学性质也有所差别，炔烃还具有特殊的化学反应，例如，可生成金属炔化合物等。

4.1.4.1　加成反应

（1）催化加氢

与烯烃相似，炔烃也可催化加氢，因条件不同，可加成 1 分子或 2 分子氢气，生成相应的烯烃或烷烃。用铂、钯、镍催化剂加氢，难以停留在烯烃阶段，一般加成 2 分子氢气生成烷烃。如用活性较低的林德拉（Lindlar）催化剂（金属钯沉淀在硫酸钡或碳酸钙上，加喹啉或醋酸铅，使部分钯中毒以降低活性）。可使加氢停留在烯烃阶段，称为控制加氢。例如：

$$CH_3-\underset{\underset{CH_3}{|}}{CH}-CH_2C≡CH + 2H_2 \xrightarrow[5MPa]{Ni, 90\sim100℃} CH_3-\underset{\underset{CH_3}{|}}{CH}-CH_2CH_2-CH_3$$

$$CH_3CH_2C≡CCH_2CH_3 + H_2 \xrightarrow[\text{喹啉}]{Pd-BaSO_4} \underset{CH_3CH_2}{\overset{H}{\diagdown}}C=C\underset{CH_2CH_3}{\overset{H}{\diagup}}$$

（2）亲电加成

因为"C≡C"也存在 π 电子云，容易受到亲电试剂的进攻，因此炔烃也可以发生亲电加成反应，但是活性比烯烃要弱。

① 加成卤素：炔烃与卤素加成，可以加成 1 分子卤素，也可加成 2 分子卤素，例如：

$$RC≡CR \xrightarrow{X_2} RCX=CXR \xrightarrow{X_2} RCX_2-CX_2R$$

$$H_3CC≡CCH_3 \begin{cases} \xrightarrow[-20℃]{Br_2, \text{乙醚}} \underset{Br}{\overset{H_3C}{\diagdown}}C=C\underset{CH_3}{\overset{Br}{\diagup}} \\ \xrightarrow[25℃]{2Br_2} CH_3CBr_2-CBr_2CH_3 \end{cases}$$

炔烃与溴进行加成反应，可使溴水褪色。这一方法可用于鉴别乙炔和包含"C≡C"的其他不饱和化合物。

炔烃和烯烃相比较，虽然炔烃的不饱和程度大于烯烃，但是，因为三键 π 电子云呈圆筒形，比双键 π 电子云难极化，因此，炔烃亲电加成的活性不如烯烃，当分子中"C=C"、"C≡C"同时存在时，与卤素的加成反应首先发生在双键上，而三键保持不变，这称为选择性加成。例如：

$$H_2C=CHCH_2C≡CH + Br_2 \xrightarrow{\text{低温}} CH_2BrCHBrCH_2C≡CH$$

② 加成卤化氢：乙炔加成碘化氢的反应容易进行，加成氯化氢需在汞盐存在下进行，是工业上生产氯乙烯的重要反应。不对称炔烃加卤化氢遵守马氏规则。例如：

$$HC\equiv CH + HCl \xrightarrow[150\sim160\text{℃}]{HgCl_2\text{-活性炭}} H_2C=CHCl$$

$$HC\equiv CCH_3 \xrightarrow{HCl} H_2C=CClCH_3 \xrightarrow{HCl} H_3C-CCl_2CH_3$$

不对称炔烃加溴化氢时，与烯烃相似，也存在过氧化效应。例如：

$$CH_3C\equiv CH + HBr \quad \underset{H_2O_2}{\overset{}{\Bigg|}} \quad \begin{array}{c} \longrightarrow H_2C=CBrCH_3 \\ \longrightarrow H_3C-CH=CHBr \end{array}$$

③ 加成水：在硫酸汞-稀硫酸催化下，乙炔加水生成乙烯醇，乙烯醇不稳定，发生重排，生成乙醛。

$$HC\equiv CH + H_2O \xrightarrow{HgSO_4\text{-}H_2SO_4} [H_2C=CH-OH] \longrightarrow CH_3CHO$$

这是工业上生产乙醛的重要方法，称为乙炔的直接水合法。

丙炔用硫酸汞-稀硫酸催化加水遵守马氏规则，最后生成丙酮。除乙炔外，其余炔烃加水都生成酮。

$$CH_3C\equiv CH + H_2O \xrightarrow{HgSO_4\text{-}H_2SO_4} \left[\begin{array}{c} H_2C=C-CH_3 \\ | \\ OH \end{array} \right] \longrightarrow CH_3COCH_3$$

（3）亲核加成

乙炔可与 HCN、RCOOH 等含有活泼氢的化合物发生加成反应，反应的结果可以看做是这些试剂的氢原子被乙烯基（$CH_2=CH-$）所取代，因此这类反应通称为乙烯基化反应，例如：

$$HC\equiv CH + HCN \xrightarrow{CuCl\text{-}NH_4Cl} H_2C=CH-CN$$

乙炔在氯化亚铜催化下，可与氢氰酸加成生成丙烯腈，丙烯腈是合成聚丙烯腈（人造羊毛-腈纶）的单体。

4.1.4.2　聚合反应

炔烃与烯烃相似，在适当条件下也可以发生聚合反应，但与烯烃不同的是，一般情况不易聚合成高聚物。例如：

$$HC\equiv CH + HC\equiv CH \xrightarrow{CuCl\text{-}NH_4Cl} H_2C=CH-C\equiv CH$$

将乙炔通入 $CuCl\text{-}NH_4Cl$ 的强酸溶液中，乙炔立即发生二聚或三聚反应，生成乙烯基乙炔，乙烯基乙炔是合成氯丁橡胶的重要原料。

4.1.4.3　氧化反应

"C≡C"三键被高锰酸钾氧化断裂生成氧化产物，由于炔烃结构不同，其产物各异，因此该反应可用于炔烃的结构分析。例如：

$$RC\equiv CH \xrightarrow{KMnO_4} RCOOH + CO_2 + H_2O$$

$$RC\equiv CR' \xrightarrow{KMnO_4} RCOOH + R'COOH$$

炔烃被 $KMnO_4$ 溶液氧化时，也发生 $KMnO_4$ 溶液褪色的现象，因此，不能用此反应来鉴别烯烃和炔烃。

4.1.4.4　金属炔化物的生成

与三键碳原子直接相连的氢原子具有弱酸性，能被银离子、亚铜离子取代而生成金属炔化物。例如：

$$HC\equiv CH + 2Ag(NH_3)_2NO_3 \longrightarrow AgC\equiv CAg\downarrow + 2NH_4NO_3 + 2NH_3$$
白色

$$HC\equiv CH + 2Cu(NH_3)_2Cl \longrightarrow CuC\equiv CCu\downarrow + 2NH_4Cl + 2NH_3$$
棕色

乙炔银和乙炔亚铜不溶于水,干燥时受热或受撞击时易发生爆炸,生成金属和炭。为避免爆炸危险,可用稀盐酸或硝酸处理使之分解。

4.1.5 乙炔的来源

乙炔的主要来源是煤和石油,工业上制备乙炔的方法有以下几种:

$$CaO + C \xrightarrow{2500\sim3000℃} CaC_2$$
生石灰   电石

$$CaC_2 + H_2O \longrightarrow HC\equiv CH\uparrow + Ca(OH)_2$$

$$2CH_4 \xrightarrow{1500℃} HC\equiv CH + H_2$$

$$2CH_4 + O_2 \xrightarrow{1500℃} HC\equiv CH + CO + H_2$$
合成气

4.2 二烯烃

4.2.1 二烯烃的分类

含有两个"C=C"双键的不饱和烃称为二烯烃。根据两个双键的相对位置不同,可以分为以下三类。

① 累积二烯烃:指两个双键与同一碳原子相连的二烯烃。例如,丙二烯:$H_2C=C=CH_2$。

② 共轭二烯烃:指两个双键被一个单键隔开(双键单键互相交替)的二烯烃。例如,1,3-丁二烯:$H_2C=CH-CH=CH_2$。

③ 孤立二烯烃:指两个双键被两个或两个以上单键隔开的二烯烃。例如,1,4-戊二烯:$H_2C=CH-CH_2-CH=CH_2$。

三种二烯烃中以共轭二烯烃最重要,它具有特殊的结构和性质。

4.2.2 二烯烃的命名

二烯烃的命名与烯烃的命名很相似,只是在命名时,应注明两个双键所在的位次,例如:

$CH_2=CH-CH=CH_2$ $CH_2=C-CH-CH_3$
1,3-丁二烯   1,2-丁二烯

$CH_2=C(CH_3)-CH=CH_2$ $CH_2=CH-CH_2CH_2-CH=CH_2$
2-甲基-1,3-丁二烯(又名异戊二烯)   1,5-己二烯

二烯烃也可能存在顺反异构体,其命名法与单烯烃相似,可用顺/反或 Z/E 两种命名法,但需要对每个可能存在顺反异构的双键标明构型。例如:

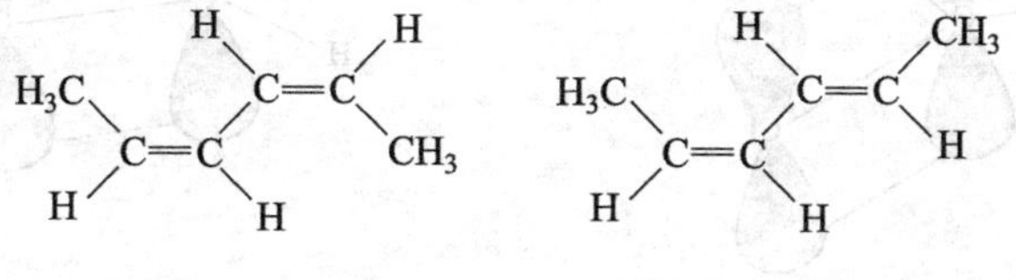

顺,顺-2,4-己二烯   顺,反-2,4-己二烯
(2Z,4Z)-2,4-己二烯   (2Z,4E)-2,4-己二烯

4.2.3　1,3-丁二烯的结构

根据近代物理实验测定，1,3-丁二烯分子为平面结构，键角接近120°，"C—C"单键键长为 0.1483nm，"C=C"双键键长为 0.1337nm，1,3-丁二烯的双键比乙烯的双键（0.1334nm）略长，而单键则比乙烷的单键（0.154nm）略短。如图 4-5 所示。

按照原子轨道杂化理论，1,3-丁二烯分子的碳原子以 sp² 杂化轨道成键，有 3 个"C—C"σ 键和 6 个"C—H"σ 键。所有 σ 键的对称轴在同一平面上，因此，1,3-丁二烯为平面结构。分子中每个碳原子的未参加杂化的 p 轨道互相平行，彼此侧面重叠形成 π 键，除 C1—C2、C3—C4 重叠外，C2—C3 也有一定程度的重叠，π 键的对称面垂直于 1,3-丁二烯分子平面（见图 4-6）。

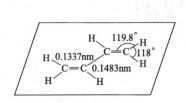

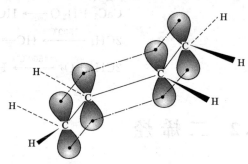

图 4-5　1,3-丁二烯的结构　　　　　图 4-6　1,3-丁二烯 p 键的构成

丁二烯分子中构成 π 键的 p 电子不仅仅局限在 C1—C2 和 C3—C4 之间，而是扩展到 4 个碳原子周围，形成共轭大 π 键，这种现象称为电子的离域。大 π 键的形成，使 1,3-丁二烯分子中的单、双键不同于普通的单、双键，而是发生了键长平均化现象。

4.2.4　共轭体系和共轭效应

（1）共轭体系

在同一平面上的 3 个或 3 个以上原子，除以 σ 键相连外，每个原子上都有 p 轨道，p 轨道相互平行且垂直于这个平面，这些 p 轨道彼此侧面重叠成键，这样的体系称为共轭体系。常见的共轭体系有以下三种。

① π-π 共轭体系：分子中含有交替排列的双键和单键（至少有两个双键）的体系称为π-π 共轭体系。因为 p 电子数与共轭链的原子数相等，也称为等电子共轭体系。例如：$CH_2=CH-CH=CH_2$、$CH_2=CH-CH=O$ 等。

② p-π 共轭体系：p 轨道与 π 键共轭的体系称 p-π 共轭体系。如果参与共轭的 p 电子数多于共轭链的原子数时，称为多电子 p-π 共轭体系，例如，$CH_2=CH-Cl$，见图 4-7。

如果参与共轭的 p 电子数少于共轭链原子数时，称为缺电子 p-π 共轭体系，例如，$CH_2=C-CH_2^+$，见图 4-8。

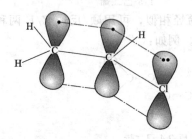

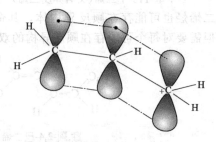

图 4-7　多电子 p-π 共轭　　　　　图 4-8　缺电子 p-π 共轭

③ σ-π 超共轭体系：与"C═C"双键直接相连的 α-碳原子的"C—H"σ 键与 π 键的 p 轨道虽然不平行，但也有较少的重叠（比 p-p 轨道重叠要小），σ 键也有类似的电子离域现象，这种体系称为 σ-π 超共轭体系。这种体系存在的电子的离域作用称为超共轭效应（用 +C′表示）。由于"C—C"σ 键可以绕键轴自由旋转，α-碳原子上所有"C—H"σ 键均产生 σ-π 超共轭效应（见图 4-9）。

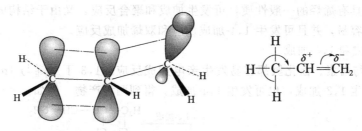

图 4-9　σ-π 超共轭

在取代烯烃中，α-碳的"C—H"σ 键越多，σ-π 超共轭效应越大，烯烃就越稳定。

（2）共轭体系的特点

① 键长平均化　共轭体系分子中的碳碳单键和碳碳双键的键长趋于平均化。

② 共平面性　参与共轭的每个原子都处于同一平面上，才能使未杂化的 p 轨道互相平行侧面重叠。

③ 体系能量降低，分子稳定　将双键与氢气反应生成烷烃所放出的热量叫氢化热，实验证明，共轭二烯的氢化热低于两个双键的氢化热。例如，1,3-戊二烯的氢化热为 $226kJ \cdot mol^{-1}$，而 1,4-戊二烯的氢化热为 $254kJ \cdot mol^{-1}$，两者之差为 $28kJ \cdot mol^{-1}$。说明共轭二烯烃 1,3-戊二烯的能量较低，稳定性较大。一般地，共轭链越长，离域程度越大，体系能量越低，化合物越稳定。

（3）共轭效应

共轭体系中，任何一个原子受到外界影响，由于电子在整个体系中的离域，均会影响到体系中的其他原子，这种电子通过共轭体系传递的现象称为共轭效应。

在共轭体系中，由于原子的电负性不同和形成共轭体系的方式不同，会使共轭体系中电子离域有方向性，共轭效应有吸电子共轭效应（用 −C 表示）和推电子共轭效应（用 +C 表示）。共轭效应在共轭链上传递，出现正负电荷交替现象，并且共轭效应的传递不因共轭链的增长而减弱。

① 吸电子共轭效应（−C 效应）　电负性大的原子以双键形式连在共轭链上，π 电子向电负性大的原子方向离域，产生吸电子共轭效应，例如在丙烯醛体系中：

$$H_2C \overset{\delta^+}{=} HC \overset{\delta^-}{-} \overset{\delta^+}{C} \overset{\delta^-}{\underset{H}{=}O}$$

显然，由 C═O、N═O、C≡N 等构成的共轭体系都有 −C 效应。

② 推电子共轭效应（+C 效应）　含有孤对电子对的原子与双键形成共轭体系，产生推电子共轭效应，例如氯乙烯体系中：

$$H_2C \overset{\delta^-}{=} HC \overset{\delta^+}{-} \overset{\cdots}{C}l$$

常见的具有 +C 效应的原子或基团及其强弱顺序如下：

$$-F > -Cl > -Br > -I \qquad -NR_2 > -OR > -F$$

4.2.5 共轭二烯烃的物理性质

1,3-丁二烯在室温下为气体，2-甲基-1,3-丁二烯在室温下为液体，它们的相对密度都小于1。共轭二烯烃的折射率较相应的烯烃高，也比相应的非共轭二烯烃高，这说明大 π 键的可极化性较高，易被极性物质吸附，较易溶于极性溶剂中，这一点在分析及分离工作中被广泛应用。

4.2.6 共轭二烯烃的化学性质

共轭二烯烃具有烯烃的一般性质，可发生加成和聚合反应，又由于结构的特殊性，加成反应比单烯烃更容易，并且可发生1,4-加成反应和双烯加成反应。

(1) 1,2-加成和1,4-加成

1,3-丁二烯与卤素、卤化氢都容易发生亲电加成反应。1,3-丁二烯与1mol卤素或卤化氢作用时，可发生1,2-加成，也可发生1,4-加成，得到两种产物。例如：

$$\overset{1}{H_2C}=\overset{2}{CH}-\overset{3}{CH}=\overset{4}{CH_2}+Cl_2$$

1,2-加成：

$$H_2C-CH-CH=CH_2$$
$$\quad\ \ |\quad\ |$$
$$\quad\ \ Cl\quad Cl$$
3,4-二氯-1-丁烯

1,4-加成：

$$H_2C-CH=CH-CH_2$$
$$\quad\ |\qquad\qquad\ |$$
$$\quad\ Cl\qquad\qquad Cl$$
1,4-二氯-2-丁烯

1,4-加成也叫共轭加成，是共轭二烯烃具有的特殊加成方式。一般情况下，低温或非极性溶剂有利于1,2-加成，升高温度或在极性溶剂中有利于1,4-加成。例如：

$$\overset{1}{H_2C}=\overset{2}{CH}-\overset{3}{CH}=\overset{4}{CH_2}+HBr$$

−80℃：

$$H_2C-CH-CH=CH_2 + CH_2-CH=CH-CH_2$$
$$\ \ |\quad\ |\qquad\qquad\qquad\quad\ |\qquad\qquad\qquad\ |$$
$$\ \ H\quad Br\qquad\qquad\qquad\ \ H\qquad\qquad\qquad Br$$
$$\qquad\quad 81\%\qquad\qquad\qquad\qquad\quad 19\%$$

40℃：

$$H_2C-CH-CH=CH_2 + CH_2-CH=CH-CH_2$$
$$\ \ |\quad\ |\qquad\qquad\qquad\quad\ |\qquad\qquad\qquad\ |$$
$$\ \ H\quad Br\qquad\qquad\qquad\ \ H\qquad\qquad\qquad Br$$
$$\qquad\quad 15\%\qquad\qquad\qquad\qquad\quad 85\%$$

与烯烃相似，共轭二烯烃与卤素等的加成也是按亲电加成反应机理进行的。

$$\overset{\delta^-}{Cl}-\overset{\delta^+}{Cl}+\overset{1}{H_2C}=\overset{2}{CH}-\overset{3}{CH}=\overset{4}{CH_2}$$

$$H_2C-\overset{+}{CH}-CH=CH_2 \xrightarrow{Cl^-} H_2C-CH-CH=CH_2$$
$$\quad |\qquad\qquad\qquad\qquad\qquad\ \ |\quad\ |$$
$$\quad Cl\qquad\qquad\qquad\qquad\qquad Cl\quad Cl$$
$$\qquad\qquad\qquad (1)$$

$$H_2C-CH=CH-\overset{+}{CH_2} \xrightarrow{Cl^-} H_2C-CH=CH-CH_2$$
$$\quad |\qquad\qquad\qquad\qquad\qquad\ \ |\qquad\qquad\qquad\ |$$
$$\quad Cl\qquad\qquad\qquad\qquad\qquad Cl\qquad\qquad\qquad Cl$$
$$\qquad\qquad\qquad (2)$$

1,3-丁二烯与 Cl_2 反应，先加一个 Cl^+ 生成碳正离子（1）。碳正离子（1）存在 p-π 共轭体系，由于共轭效应的存在，使得正电荷不仅存在于C2上，也会存在于C4上，得到碳正离子（2）。然后 Cl^- 分别进攻C2和C4得到1,2-加成产物和1,4-加成产物。

图4-10是1,3-丁二烯与 Cl_2 加成反应的能量曲线图。

从图4-10可知，由中间体碳正离子形成1,2-加成产物较形成1,4-加成产物所需的活化能低，反应速率快，所以，在低温时，1,2-加成产物为主，而1,4-加成产物的位能低于1,2-加成产物，稳定性较大。因此，在较高温度下1,2-加成产物生成后容易变成1,4-加成产物，达到热力学平衡时，1,4-加成产物为主要生成物。

(2) 狄尔斯-阿尔德（Diels-Alder）反应

共轭二烯烃最重要的反应之一是按1,4-加成方式与另一含重键（双键或三键）的化合

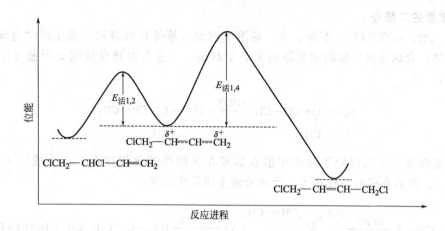

图 4-10　丁二烯与 Cl₂ 加成反应的能量曲线图

物发生加成反应，形成六元环状化合物，这类反应称为 Diels-Alder 反应，也叫双烯合成。在反应中包含"C＝C"双键，"C≡C"三键的烯、炔称为亲双烯体，在亲双烯体的碳原子上有强的吸电子基如—CHO、—CO、—CN、—COOR、—NO₂ 等时，反应容易进行。常见的 Diels-Alder 反应如下：

$$\text{HC}\begin{matrix}\text{CH}_2\\ \\ \text{CH}_2\end{matrix}\quad+\quad\begin{matrix}\text{CH}_2\\ \\ \text{CH}_2\end{matrix}\quad\xrightarrow[\text{17h}]{65℃,\ 91.2\text{MPa}}\quad\bigcirc$$

$$\text{HC}\begin{matrix}\text{CH}_2\\ \\ \text{CH}_2\end{matrix}\quad+\quad\begin{matrix}\text{HC—CO}\\ \quad\quad\ \ \text{O}\\ \text{HC—CO}\end{matrix}\quad\xrightarrow[\text{苯}]{20℃}\quad\begin{matrix}\text{CO}\\ \quad\ \ \text{O}\ \ \text{白↓}\\ \text{CO}\end{matrix}$$

共轭二烯烃与顺丁烯二酸酐反应得到的产物为白色固体，而且反应可逆，在高温时，加成产物又会分解为原来的共轭二烯烃。所以，可以利用共轭二烯烃与顺丁烯二酸酐的反应来检验或提纯共轭二烯烃。

（3）聚合反应

共轭二烯烃可以发生聚合反应，生成高分子化合物。聚合时可以按 1,2-加成方式或 1,4-加成方式进行反应。例如，由 1,3-丁二烯、异戊二烯等共轭二烯烃按 1,4-加成方式进行的顺式加成聚合，分别生成顺丁橡胶和异戊橡胶。

$$n\text{H}_2\text{C}＝\text{CH—CH}＝\text{CH}_2\longrightarrow \left[\begin{matrix}\text{CH}_2\\ \\ \text{C}\end{matrix}＝\begin{matrix}\text{CH}_2\\ \\ \text{C}\\ \\ \text{H}\end{matrix}\right]_n$$

顺-1,4-聚丁二烯(顺丁橡胶)

$$n\text{H}_2\text{C}＝\begin{matrix}\text{C—CH}＝\text{CH}_2\\ \\ \text{CH}_3\end{matrix}\longrightarrow \left[\begin{matrix}\text{CH}_2\\ \\ \text{C}\\ \\ \text{H}_3\text{C}\end{matrix}＝\begin{matrix}\text{CH}_2\\ \\ \text{C}\\ \\ \text{H}\end{matrix}\right]_n$$

顺-1,4-聚异戊二烯(异戊橡胶)

顺丁橡胶具有耐磨、耐高温、耐老化、弹性好的特点，主要用于制造轮胎等橡胶制品。异戊橡胶结构相当于天然橡胶，又称为合成天然橡胶，可替代天然橡胶使用。

4.2.7 重要的二烯烃

异戊二烯，沸点 34℃，不溶于水，易溶于汽油、苯等有机溶剂，是生产"合成天然橡胶"的单体。合成异戊二烯的主要原料来源于石油，工业上由异戊烷或 2-甲基-2-丁烯催化脱氢制得：

$$H_3C-\underset{\underset{CH_3}{|}}{C}=CH-CH_3 \xrightarrow{\text{催化剂}} H_2C=\underset{\underset{CH_3}{|}}{C}-CH=CH_2$$

实验室制备方法则以异丁烯和甲醛水溶液在强酸性催化剂存在下，生成 4,4-二甲基-1,3-二噁烷，然后在磷酸钙作用下，受热分解生成异戊二烯：

$$H_3C-\underset{\underset{CH_3}{|}}{C}=CH_2 \xrightarrow{\text{HCHO} \atop H^+} \overset{}{\underset{}{}} \xrightarrow{Ca_3(PO_4)_2 \atop 300℃} H_2C=\underset{\underset{CH_3}{|}}{C}-CH=CH_3 + HCHO + H_2O$$

【阅读材料】

狄尔斯-阿尔德反应的发现

狄尔斯-阿尔德反应是 1928 年由德国化学家奥托·狄尔斯（Otto Paul Hermann Diels）和他的学生库尔特·阿尔德（Kurt Alder）发现的，他们因此获得 1950 年的诺贝尔化学奖。

最早的关于狄尔斯-阿尔德反应的研究可以上溯到 1892 年。齐克（Zinke）发现并提出了狄尔斯-阿尔德反应产物四氯环戊二烯酮二聚体的结构；稍后列别捷夫（Lebedev）指出了乙烯基环己烯是丁二烯二聚体的转化关系。但这两人都没有认识到这些事实背后更深层次的东西。

1906 年德国慕尼黑大学研究生阿尔布莱希特（Albrecht）按导师蒂勒（Thiele）的要求做环戊二烯与酮类在碱催化下缩合、合成一种染料的实验。当时他们试图用苯醌替代其他酮做实验，但是苯醌在碱性条件下很容易分解，实验没有成功。阿尔布莱希特发现不加碱反应也能进行，但是得到了一个没有颜色的化合物。阿尔布莱希特提了一个错误的结构解释其实验结果。

1920 年德国人冯·欧拉（von Euler）和学生约瑟夫（Joseph）研究异戊二烯与苯醌反应产物的结构。他们正确提出了狄尔斯-阿尔德产物结构，也提出了其反应可能经历的机理。事实上他们离狄尔斯-阿尔德反应的发现已经非常近了。但冯·欧拉并没有深入研究下去，因为他的主业是生物化学（后因研究发酵而获诺贝尔奖），对狄尔斯-阿尔德反应的研究纯属娱乐消遣性质的，所以狄尔斯-阿尔德反应再次沉没下去。

1921 年，狄尔斯和其研究生巴克（Back）研究偶氮二羧酸乙酯与胺发生的酯变胺的反应，当他们用 2-萘胺做实验的时候，根据元素分析，得到的产物是一个加成物而不是期待的取代物。狄尔斯敏锐地意识到这个反应与十几年前阿尔布莱希特做过的古怪反应的共同之处。这使他开始以为产物是类似阿尔布莱希特提出的双键加成产物。狄尔斯很自然地仿造阿尔布莱希特用环戊二烯替代萘胺与偶氮二羧酸乙酯作用，结果又得到第三种加成物。通过计量加氢实验，狄尔斯发现加成物中只含有一个双键。如果产物的结构是如阿尔布莱希特提出的，那么势必要有两个双键才对。这个现象深深地吸引了狄尔斯，他与另一个研究生阿尔德一起提出了正确的双烯加成物的结构。1928 年他们将结果发表。这标志着狄尔斯-阿尔德反应的正式发现。从此狄尔斯、阿尔德两个名字开始在化学史上闪耀。

习　题

1. 写出 C_5H_8 的所有异构体，并用系统命名法命名。

2. 完成下列反应式。

(1) $CH_3CH_2C\equiv CH + HBr \longrightarrow$

(2) $CH_3CH_2C\equiv CH + Br_2 \longrightarrow$

(3) $CH_3CH_2C\equiv CH + Ag(NH_3)_2NO_3 \longrightarrow$

(4) $CH_2=CH-CH=CH_2 + Br_2 \longrightarrow$

(5) $CH_3CH=CH-CH=CH_2 + $ ⬡(马来酸酐) $\longrightarrow$

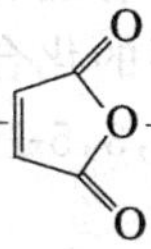

(6) $CH_3CH_2-CH_2-C\equiv CH + H_2O \xrightarrow[H_2SO_4]{HgSO_4}$

(7) $CH_2=CH-CH_2-C\equiv CH + H_2 \xrightarrow[\text{喹啉}]{Pd/BaSO_4}$

(8) $CH_2=\underset{\underset{CH_3}{|}}{C}-CH=CH_2 \xrightarrow[H^+]{KMnO_4}$

3. 用简单的化学方法鉴别下列化合物。

(1) $CH_3CH=CH-CH=CH_2$　　　(2) $CH_3CH_2-CH_2-C\equiv CH$

(3) $CH_3CH=CH-CH_2CH_3$　　　(4) $CH_3CH_2CH_2-CH_2CH_3$

4. 一气体化合物 A，其相对分子质量为 26，A 能使溴的四氯化碳溶液褪色，和硝酸银铵溶液作用生成灰白色沉淀。写出 A 的结构式。

5. 有两个化合物 A 和 B，分子式都为 C_5H_8，当催化加氢时，都生成 2-甲基丁烷，但 B 能与硝酸银的氨溶液反应生成白色沉淀，而 A 无此反应，A 能与顺丁烯二酸酐反应生成白色沉淀，试推断 A 和 B 的结构式。

6. 判断下列分子有无共轭 π 键，有无顺反异构体。

(1) 1,3,5-己三烯　　　(2) 乙烯基乙炔　　　(3) 1,3-戊二烯

(4) 1,3-丁二炔　　　(5) 1,4-戊二烯　　　(6) 烯丙基乙炔

7. 某二烯烃与 1 分子溴加成后，生成 2,5-二溴-3-己烯。该烯烃经高锰酸钾氧化生成两分子乙酸和一分子乙二酸（$HOOC-COOH$）。试写出该二烯烃的结构式。

8. 完成下列转变（可经多步完成），要求写出各步化学反应式。

(1) $CH\equiv C-CH_3 \longrightarrow \underset{\underset{Br}{|}}{CH}-\underset{\overset{\overset{Br}{|}}{\underset{Br}{|}}}{C}-CH_3$

(2) $CH\equiv CH \longrightarrow$ ⬡—CN（环己烯基）

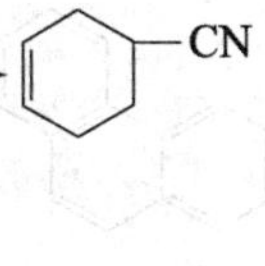

第5章 芳 烃

芳香烃（简称芳烃）最初是指从天然香树脂、香精油中提取出来的有芳香气味的烃类物质，芳烃由此而得名。随着煤焦油工业和石油化学工业的发展，人们合成了大量含有苯环结构的化合物，这些化合物也与早期研究的脂肪族化合物有显著的差异，因此，把这一类含有苯环结构的化合物统称为芳香化合物。生活中很多重要的化合物中都含有苯环结构，如甾族雌激素马奈雌酮、香料香兰素、镇痛剂布洛芬及炸药 1,3,5-三硝基苯（TNB）等。

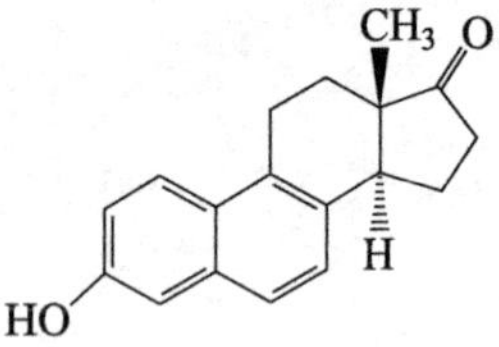

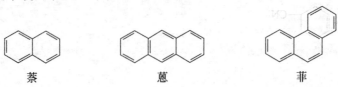

马奈雌酮 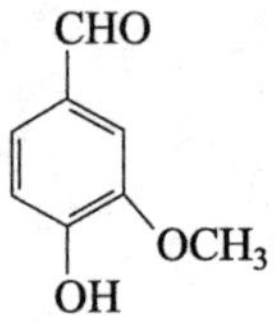　　　　香兰素 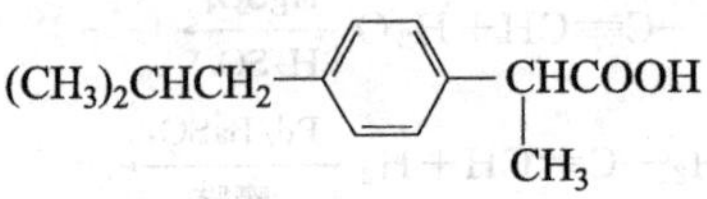　　　　　　　布洛芬 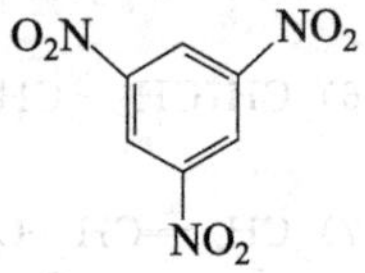　　　　　　1,3,5-三硝基苯

5.1 芳烃的分类及命名

5.1.1 芳烃的分类

根据所含苯环的数目和连接方式的不同，芳烃可以分为三类：单环芳烃、多环芳烃和稠环芳烃。

（1）单环芳烃

含一个苯环的芳烃称为单环芳烃。例如：

苯 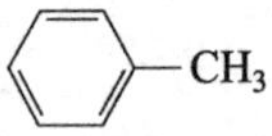　　　　　　　甲苯 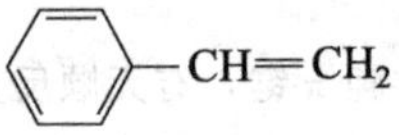　　　　　　　　苯乙烯

（2）多环芳烃

多环芳烃分子中含有两个或两个以上的苯环，这些苯环之间彼此独立。例如：

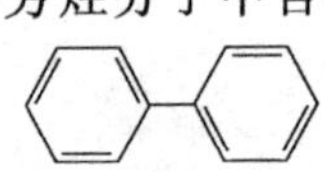

联苯 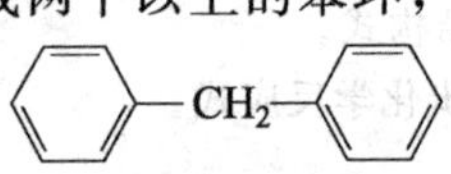　　　　　　二苯甲烷 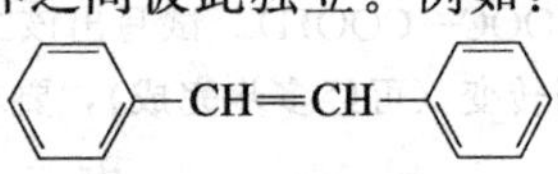　　　　　　1,2-二苯乙烯

（3）稠环芳烃

分子中含有两个或两个以上的苯环，彼此间通过共用相邻碳原子稠合而成。例如：

萘　　　　　　　蒽　　　　　　　　　菲

5.1.2 芳烃的命名

（1）单环芳烃的命名

单环芳烃一般以苯环为母体，将其他烃基看做芳环上的取代基；编号时首先保证取代基的位次和最小，若编号一致时，应使较不优先的取代基编号最小；命名时优先基团后列出。

一元取代苯根据取代基的名称，命名为"某烷基苯"。例如：

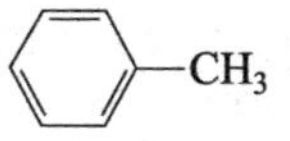

甲苯 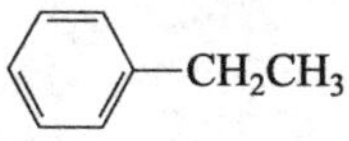　　　　　　乙苯 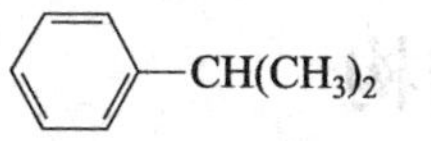　　　　　　　异丙苯

二元取代苯有三种同分异构体，常用"邻、间、对"表示两取代基的相对位置，也可用数字表示。例如：

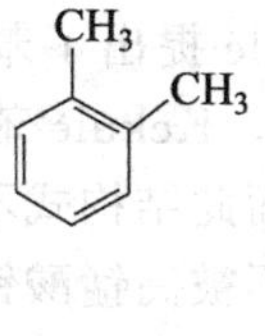

邻二甲苯　　　　间二甲苯　　　　对二甲苯　　　　邻甲乙苯
1,2-二甲苯　　　1,3-二甲苯　　　1,4-二甲苯　　　1-甲基-2-乙基苯

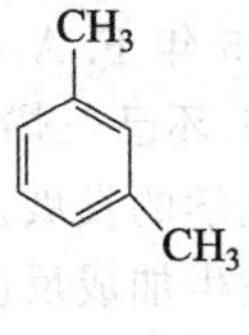

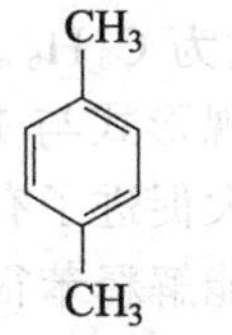

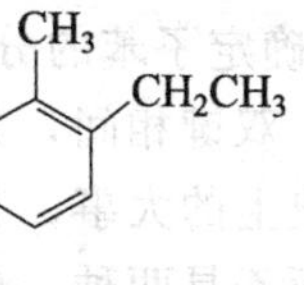

三元取代苯一般用数字表示其相对位置。三个取代基相同时，也可以用"连、偏、均"表示。例如：

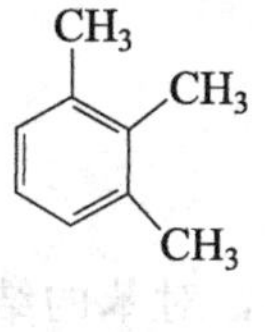

连三甲苯　　　　偏三甲苯　　　　均三甲苯　　　　1-甲基-2-乙基-4-异丙基苯
1,2,3-三甲苯　　1,2,4-三甲苯　　1,3,5-三甲苯

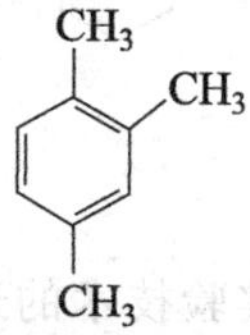

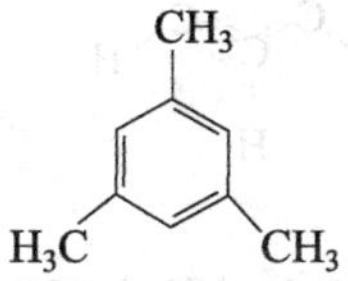

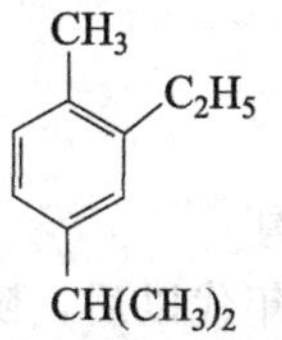

当苯环连有不饱和烃基或取代基比较复杂时，常把苯环作为取代基来命名。例如：

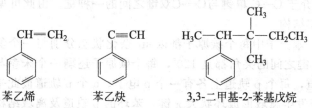

苯乙烯　　　　　苯乙炔　　　　　3,3-二甲基-2-苯基戊烷

（2）常见芳基的命名

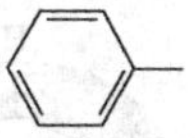

苯基 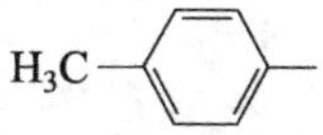　　　　　　对甲苯基 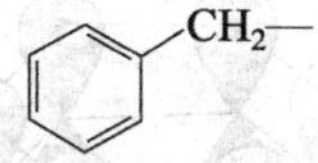　　　　苄基(或苯甲基)

（3）一些常见芳烃衍生物的命名

① 当苯环上连有—NO_2、—X 时，以苯环为母体命名。

② 当苯环上连有—COOH、—SO_3H、—CHO、—COR、—OH、—NH_2 等官能团时，以苯环为取代基命名，并将与母体相连的芳环碳原子编号为1。同时含有多个基团时，按官能团的优先次序，排在前面的为母体（即优先官能团为母体）。

官能团优先次序：—COOH＞—SO_3H＞—COOR＞—COCl＞—$CONH_2$＞—CN＞—CHO＞—COR＞—OH＞—SH＞—NH_2＞—C≡C—＞C=C＞—R＞—X＞—NO_2。例如：

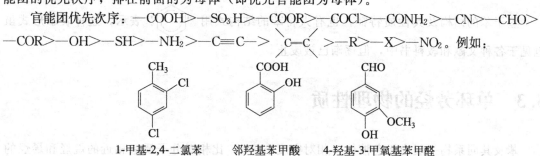

1-甲基-2,4-二氯苯　　　邻羟基苯甲酸　　　4-羟基-3-甲氧基苯甲醛

5.2　苯的结构

5.2.1　凯库勒结构

　　苯是 M. Faraday 在 1825 年首次从照明气中分馏得到的一个化合物，1833 年 E. Mitscherlich 确定了苯的分子式为 C_6H_6。1865 年 F. A. Kekulé 提出了苯的六元环状结构式，分子中单、双键相间，其表现形式与 1,3,5-环己三烯相同。Kekulé 苯结构式的诞生是有机化学发展史上的大事，它大大促进了有机化学的发展。然而此结构式不能说明邻二取代苯只有一种，而不是两种，也不能解释苯很难发生加成反应及不被高锰酸钾等氧化剂氧化的实验事实。苯环的 Kekulé 结构式如下：

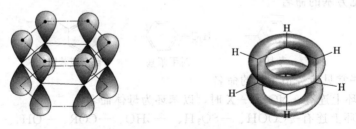

简写为：

5.2.2　离域结构

　　20 世纪 30 年代以后，随着量子力学的应用和实验技术的进步，对苯的结构有了进一步的认识。通过 X 射线衍射及电子衍射光谱的研究可以得知，苯具有平面正六边形结构，所有键角都是 120°，所有碳碳键长都是 0.1397nm，比烷烃中的 C—C 单键短，而又比烯烃中的 C=C 双键长，是介于 C—C 单键与 C=C 双键之间的一种键。由此可见，Kekulé 结构式不能代表苯分子的真实结构。

　　根据价键理论，苯分子中每个碳原子都以 sp^2 杂化状态分别与一个氢原子和两个碳原子以 σ 键结合，3 个 σ 键之间的夹角都是 120°，每个碳原子还剩一个未参与杂化、并且与苯环平面相垂直的 p 轨道，每个 p 轨道上各有一个 p 电子。6 个 p 轨道彼此平行，相互重叠贯通成圆环，6 个 p 电子发生离域形成环状大 π 键，苯环的 p 轨道及离域结构如图 5-1 所示。

图 5-1　苯的 p 轨道及电子离域 π 分子轨道

　　鉴于苯的结构及其性质特征，也有人将苯的结构式用 "⬡" 表示，这种表示形式虽也见于各种文献和教科书中，但逐渐已被废止。

5.3　单环芳烃的物理性质

　　苯及其同系物一般为无色液体，相对密度小于 1，比相对分子质量相近的烷烃和烯烃的相对密度大，沸点随相对分子质量增加而升高。不溶于水，可溶于有机溶剂，其中二甘醇（一缩二乙二醇）、环丁砜、N-甲基吡咯烷酮、N,N-二甲基甲酰胺等特殊溶剂，对芳烃有很高的选择性，因此它们常被用来抽提芳烃。

单环芳烃有特殊的气味，蒸气有毒，对呼吸道、中枢神经和造血器官产生损害。苯的毒性大于烷基苯的毒性，高浓度的苯蒸气作用于中枢神经，引起急性中毒；长期接触低浓度的苯蒸气能损害造血器官。因此，应尽量注意少接触苯。用作溶剂时，常用甲苯代替。

在苯的二取代异构体中，对位异构体的对称性最好，熔点较高，而邻位异构体往往有较高的沸点。由于苯环具有闭合的 π-π 共轭体系及较高的 π 电子云密度，故芳烃的折射率较烯烃、炔烃都大。一些常见的单环芳烃的物理常数见表 5-1。

表 5-1 一些常见单环芳烃的物理常数

名　称	沸点/℃	熔点/℃	相对密度 d_4^{20}	名　称	沸点/℃	熔点/℃	相对密度 d_4^{20}
苯	80.1	5.5	0.8787	对二甲苯	138	13	0.8611
甲苯	110.6	−95	0.8669	连三甲苯	176.1	−25.5	0.8940
乙苯	136.1	−95	0.8670	偏三甲苯	169.2	−44	0.8760
丙苯	159.3	−99	0.8620	均三甲苯	164.6	−45	0.8652
异丙苯	152.4	−96	0.8618	1,2,4,5-四甲苯	197	79	0.8875
邻二甲苯	144	−25	0.8802	苯乙烯	145	−31	0.9060
间二甲苯	139	−48	0.8642	苯乙炔	142	−45	0.9030

5.4 单环芳烃的化学性质

5.4.1 亲电取代反应

苯环的 π 电子云均匀分布在苯环平面的上、下两侧，电子云暴露在外，碳原子被电子云包围在内，因此，苯环很容易受到亲电试剂的进攻，发生亲电反应。由于苯环的结构很稳定，因此，不易像烯烃那样发生亲电加成反应，而容易发生保留苯环结构的亲电取代反应。这个性质是芳香化合物的共同点，通常称为"芳香性"。反应通式如下：

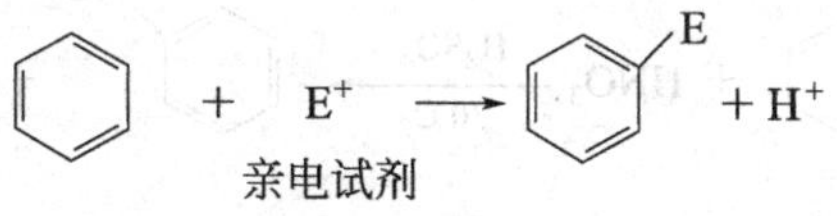

芳烃所发生的亲电取代反应根据亲电试剂的不同，可分为卤化（代）、硝化、磺化、烷基化、酰基化等。

（1）卤化反应

苯与氯、溴（氟活性太强，难以控制；碘活性太差，不易发生反应）在铁或铁盐等催化下反应，形成氯苯或溴苯，该反应称为卤化反应。例如：

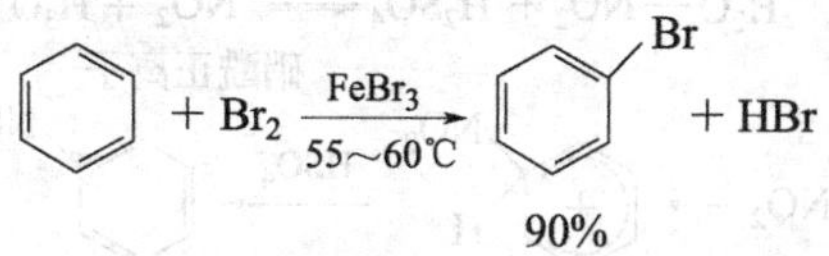

90%

烷基苯与卤素可以发生类似的反应，反应比苯容易，产物以邻、对位取代为主。例如：

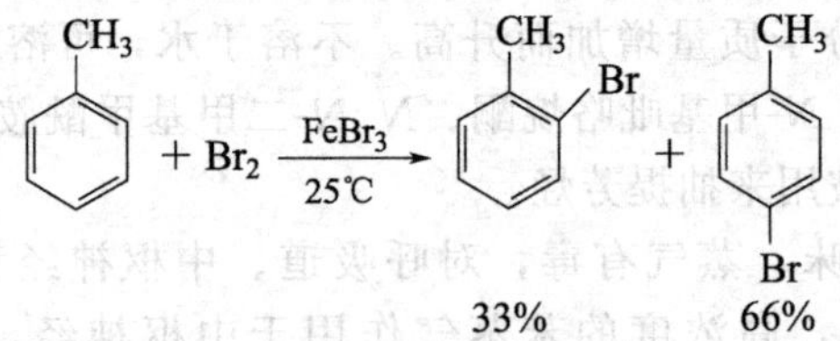

$$33\% \qquad 66\%$$

应用卤化反应，可以在芳环上引入氯原子或溴原子。溴化反应活性比氯化反应活性高。

卤化反应的机理：在 Lewis 酸 FeX_3（使用铁作催化剂时，铁首先与卤素作用生成 FeX_3）作用下，Br—Br 键或 Cl—Cl 键发生极化，一个卤素原子带部分正电荷，另一个卤素原子带部分负电荷。其中带部分正电荷的卤素原子（亲电试剂）进攻苯环形成 σ-络合物和 $[FeX_4]^-$，$[FeX_4]^-$ 与解离出来的质子形成 HX，使 FeX_3 催化剂再生。

$$Fe + Br_2 \longrightarrow FeBr_3$$

$$FeBr_3 + Br_2 \Longleftrightarrow \overset{\delta^+}{Br} \longrightarrow \overset{\delta^-}{Br} \cdots FeBr_3$$

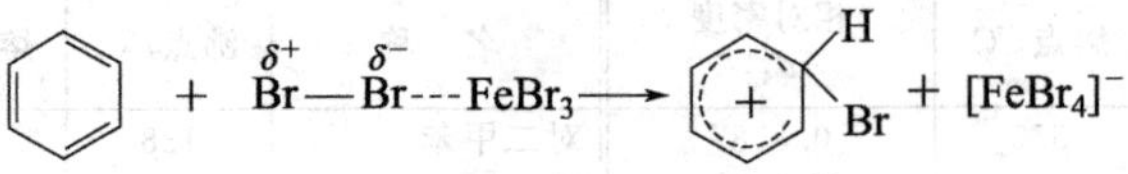

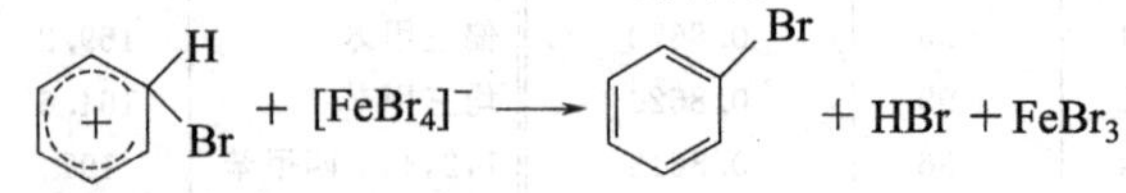

（2）硝化反应

在浓硝酸和浓硫酸（通常称为混酸）作用下，单环芳烃苯环上的氢原子被硝基（—NO$_2$）取代，生成相应的硝基化合物。例如：

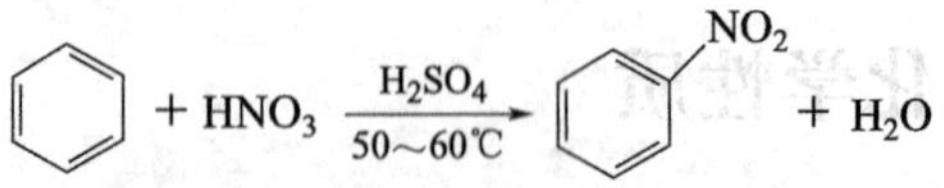

硝基苯在较高温度下可以继续硝化，生成间二硝基苯；甲苯比苯容易硝化，生成邻硝基甲苯和对硝基甲苯两种主要产物。

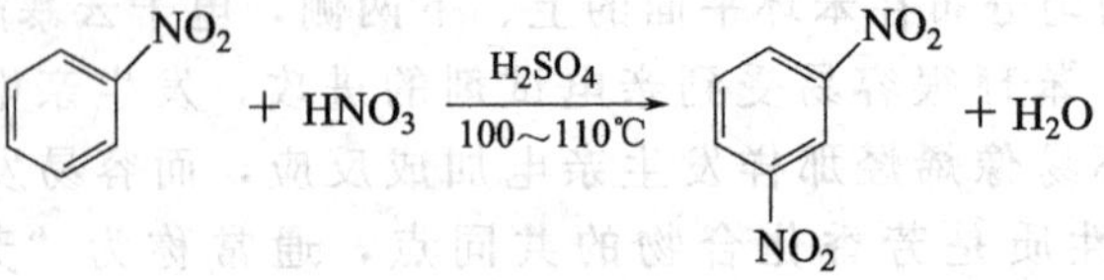

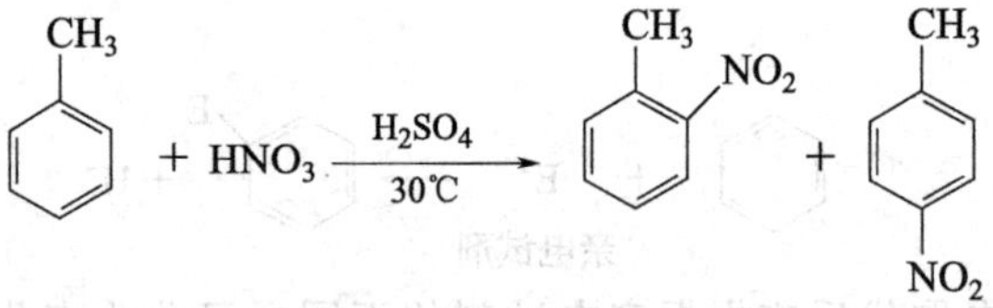

通过硝化反应可以在芳环上引入硝基，合成芳香族硝基化合物。芳香族硝基化合物是重要化工原料及有机合成中间体。

硝化反应的机理如下：

$$HNO_3 + H_2SO_4 \Longleftrightarrow H_2O \overset{+}{-} NO_2 + HSO_4^-$$

$$H_2\overset{+}{O} - NO_2 + H_2SO_4 \Longleftrightarrow {}^+NO_2 + H_3O^+ + HSO_4^-$$

硝酰正离子

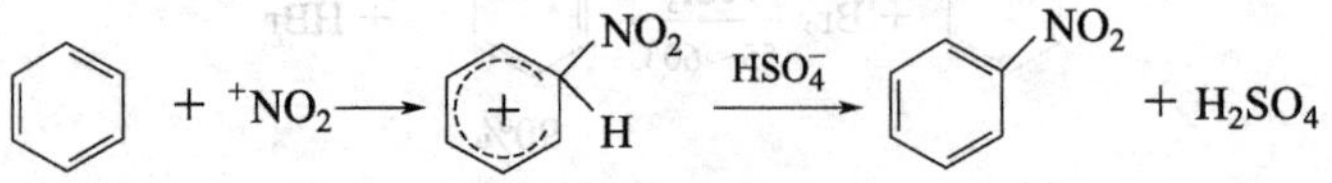

反应是由硝酰正离子（$\overset{+}{N}O_2$）进攻苯环而引起的，也是亲电取代反应。

（3）磺化反应

在浓硫酸或发烟硫酸作用下，芳环上的氢原子被磺酸基（—SO₃H）取代，生成相应的芳香磺酸。例如：

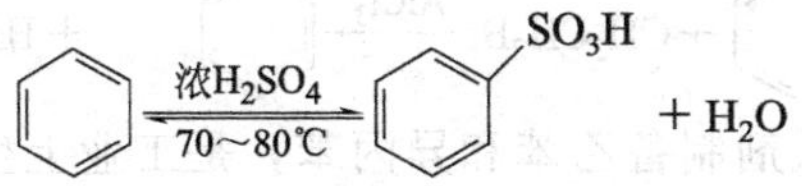

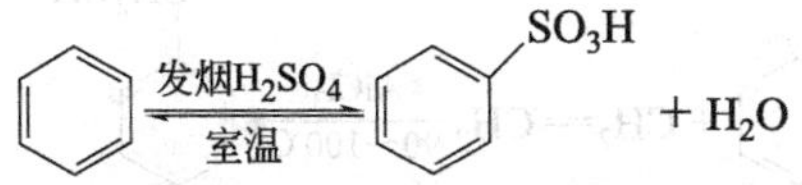

烷基苯的磺化主要得到邻、对位产物，反应比苯容易。例如：

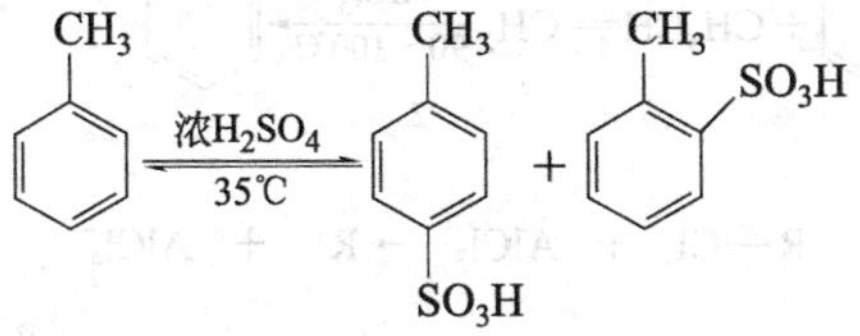

与卤化反应及硝化反应不同，磺化反应为可逆反应。芳香磺酸与水共热，可脱去磺酸基。

磺化反应的机理：

$$2H_2SO_4 \longrightarrow SO_3 + H_3O^+ + HSO_4^-$$

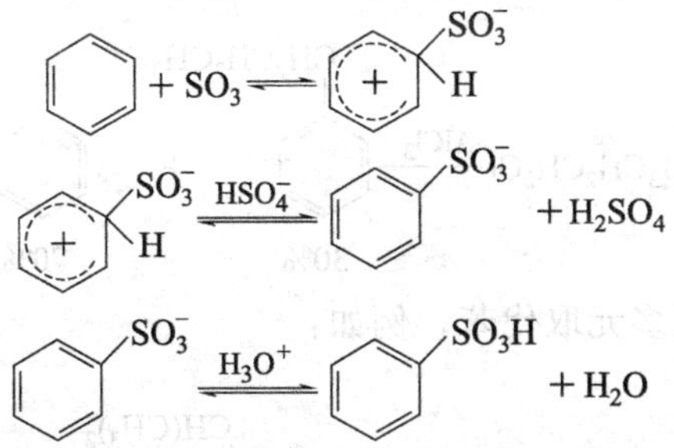

磺化反应的应用主要有以下两个方面。

① 引入—SO₃H 基，增加底物的水溶性。例如：由不溶于水的十二烷基苯磺化，生成十二烷基苯磺酸，中和后得到应用广泛的阴离子表面活性剂十二烷基苯磺酸钠。

② 保护苯环上的某一位置，一般用作对位封闭基团，实现邻位化合物的选择性合成。例如，由甲苯选择性合成邻氯甲苯。由于甲基是邻对位定位基，直接氯化得到两种产物，可以利用磺酸基的对位封闭作用及磺化反应的可逆性，实现邻氯甲苯的选择性合成。合成路线如下：

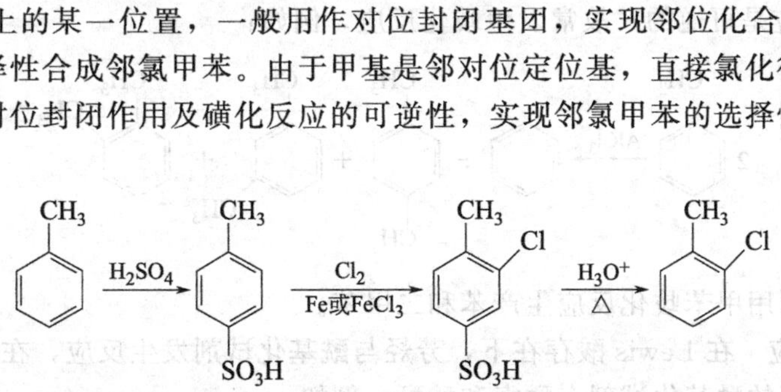

（4）烷基化及酰基化反应

在路易斯酸，如无水 AlCl₃ 催化剂作用下，芳环上的氢原子被烷基（R—）或酰基（RCO—）取代，生成相应的烷基或酰基芳香化合物的反应，分别称为烷基化反应和酰基化反应。此反应又称为付瑞德尔-克拉夫茨（Friedel-Crafts，付-克）反应。

① 烷基化反应　在 Lewis 酸存在下，芳烃与烷基化试剂发生反应生成烷基苯。常用的烷基化试剂有卤代烷、烯烃和醇。例如：

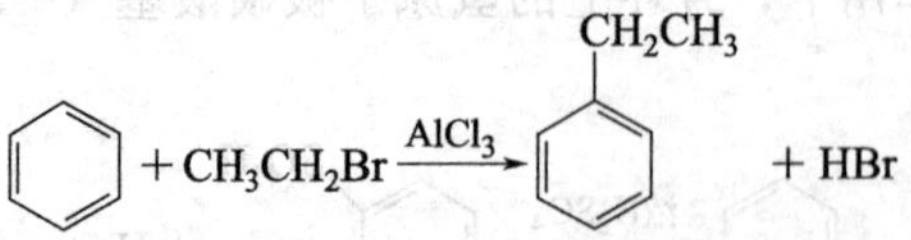

以乙烯、丙烯为烷基化试剂制备乙苯和异丙苯，是工业上生产乙苯和异丙苯的方法。

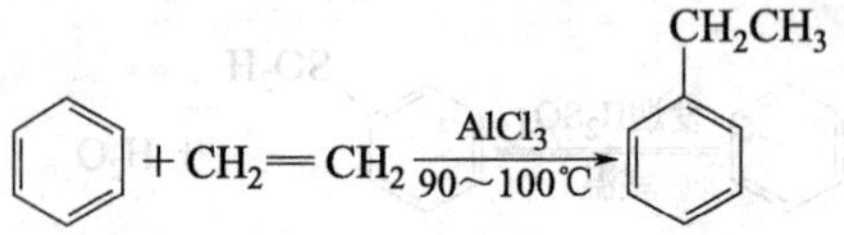

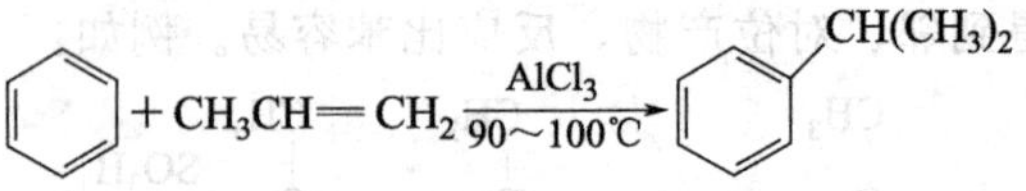

烷基化反应机理如下：

$$R—Cl + AlCl_3 \longrightarrow R^+ + AlCl_4^-$$

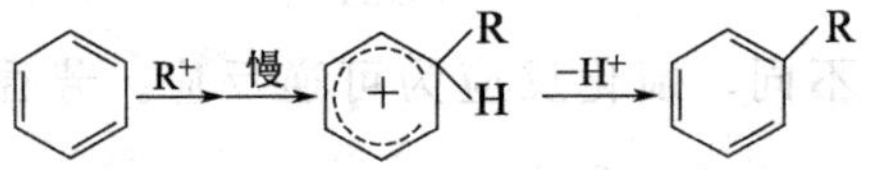

烷基化反应有以下三个特点。

a. 当所用烷基化试剂含有三个或三个以上碳原子时，反应中常发生烷基的异构化（碳正离子重排的结果）。例如：

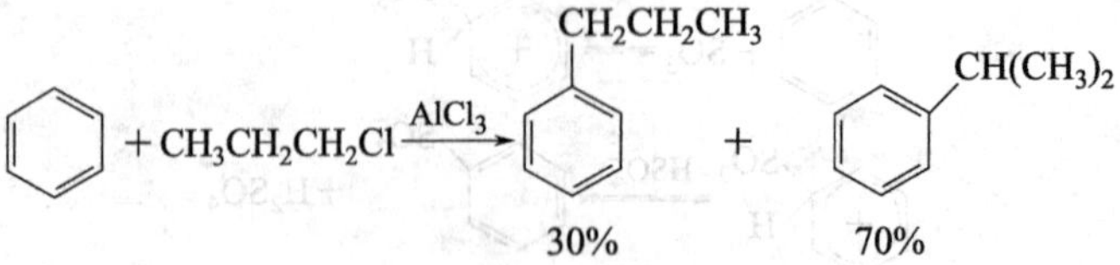

b. 烷基化反应通常得到多元取代苯，例如：

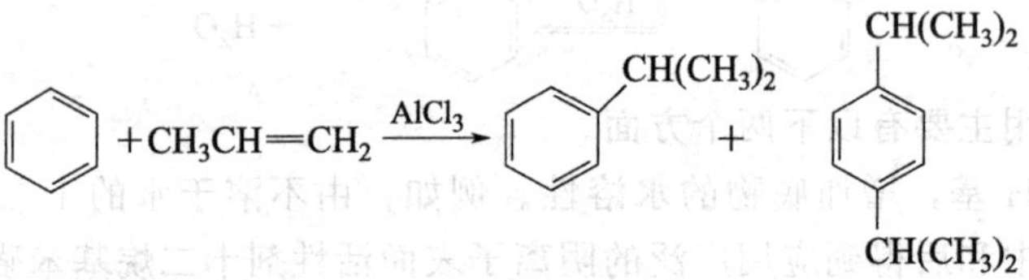

c. 烷基化反应是可逆的，故常发生歧化反应。例如：

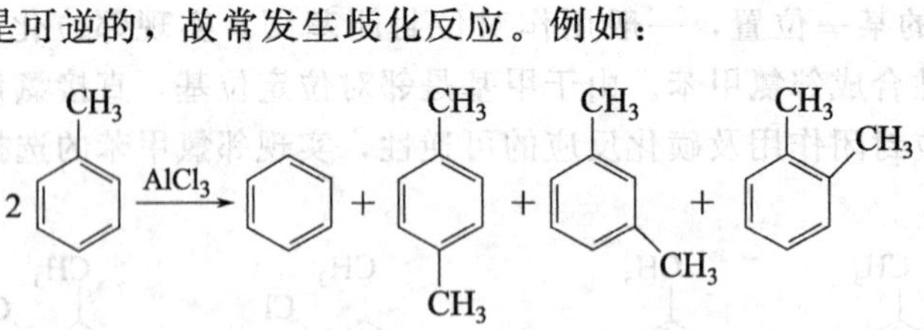

目前工业上利用甲苯歧化反应生产苯和二甲苯。

② 酰基化反应　在 Lewis 酸存在下，芳烃与酰基化试剂发生反应，在芳环上引入酰基，生成芳香酮。常用的酰基化试剂有酰卤和酸酐。例如：

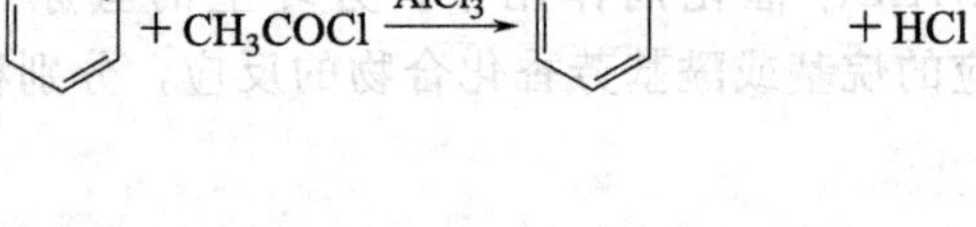

$$\text{（苯环）} + (CH_3CO)_2O \xrightarrow{AlCl_3} \text{（对位 COCH}_3\text{苯环）} + CH_3COOH$$

酰基化反应的机理如下：

$$CH_3\text{-}\overset{O}{\underset{\|}{C}}\text{-}Cl + AlCl_3 \longrightarrow CH_3\text{-}\overset{O}{\underset{\|}{C^+}} + AlCl_4^-$$

$$CH_3\text{-}\overset{O}{\underset{\|}{C^+}} + \text{（苯环）} \longrightarrow \text{（COCH}_3\text{苯环）} + H^+$$

酰基化反应的特点：a. 没有异构化产物；b. 酰基化只得到一取代物；c. 催化剂用量多。

烷基化及酰基化反应的共同点：苯环上只有硝基、羧基、醛基、磺酸基等强吸电子基的化合物，不能进行烷基化与酰基化反应。

芳烃酰基化反应是制备芳酮的重要方法之一，同时也是合成长链烷基苯的一个重要方法，因为生成的芳酮可以用克莱门森（E. Clemmensen）反应（参见 9.4.4）将羰基还原成亚甲基而得到长链烷基苯。例如：

$$\text{（苯环）} + CH_3CH_2CH_2COCl \xrightarrow{AlCl_3} \text{（COCH}_2CH_2CH_3\text{苯环）} \xrightarrow[HCl]{Zn\text{-}Hg} \text{（CH}_2CH_2CH_2CH_3\text{苯环）}$$

5.4.2 苯环侧链的反应

和芳环直接相连的碳原子上的氢原子（α-氢原子），由于受苯环的影响变得很活泼，在一定条件下，容易发生取代或氧化反应。

（1）α-H 的卤代反应

$$\text{（CH}_3\text{苯环）} + Cl_2 \xrightarrow[\text{或500℃}]{h\nu} \text{（CH}_2Cl\text{苯环）} + HCl$$

$$\text{（CH}_2CH_3\text{苯环）} + Cl_2 \xrightarrow[\text{或500℃}]{h\nu} \text{（CHCl\text{-}CH}_3\text{苯环）} + HCl$$

反应历程为自由基取代反应，由于苄基自由基比较稳定，取代反应容易控制在一氯代阶段。

（2）氧化反应

不管侧链的碳链多长，只要有 α-H，即可被 $KMnO_4$ 等强氧化剂氧化成—COOH。例如：

$$H_3C\text{—}\text{（苯环）}\text{—}CH_2CH_3 \xrightarrow[②H^+]{①KMnO_4,\ \triangle} HOOC\text{—}\text{（苯环）}\text{—}COOH$$

$$(CH_3)_3C\text{—}\text{（苯环）}\text{—}CH_3 \xrightarrow[②H^+]{①KMnO_4,\ \triangle} (CH_3)_3C\text{—}\text{（苯环）}\text{—}COOH$$

5.4.3 苯环的加成反应和氧化反应

苯环较稳定，不易发生加成和氧化，但在特定的条件下也能反应。

（1）加氢反应

$$\text{（苯环）} + 3H_2 \xrightarrow[180\sim250℃]{Ni,\ 4MPa} \text{（环己烷）}$$

苯加氢是工业上制备环己烷的主要方法。

（2）加卤素反应

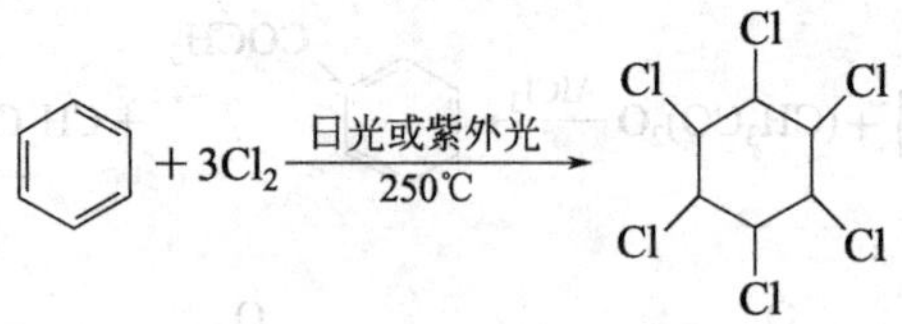

$$\text{（苯）} + 3Cl_2 \xrightarrow[250℃]{\text{日光或紫外光}} \text{（六氯化苯）}$$

苯与氯气在光照下发生自由基加成反应，生成六氯化苯。六氯化苯俗称"六六六"，也叫六氯环己烷，是一种有效杀虫剂，但由于其化学性质稳定，不容易代谢，残存毒性大，已于 20 世纪 80 年代被禁止使用。

(3) 氧化反应

苯在一般条件下不被氧化，在特殊条件下能发生氧化而使苯环破裂。例如：在高温和催化剂作用下，苯可被空气氧化生成顺丁烯二酸酐（简称顺酐）：

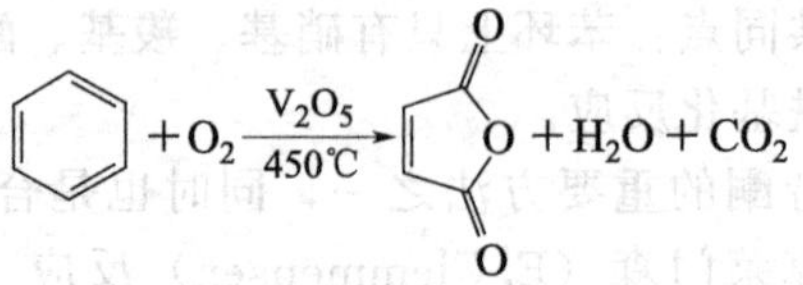

$$\text{（苯）} + O_2 \xrightarrow[450℃]{V_2O_5} \text{（顺酐）} + H_2O + CO_2$$

这是工业上生产顺酐的主要方法，顺酐是重要的有机化工原料，可用于树脂及水阻垢剂等的合成。

5.5 亲电取代反应的定位规律及其应用

5.5.1 定位基及定位规律

在讨论芳环上的取代反应时已经看出：甲苯取代时，主要生成邻位和对位取代产物，且比苯易于取代；而硝基苯硝化时，得到间二硝基苯，且比苯难以硝化。由此可见，苯环上的原有取代基对苯环的亲电取代反应难易程度（或反应速度）及新引入取代基进入芳环的位置有很大影响。根据大量的实验事实，提出了芳烃亲电取代反应定位规律，并对定位规律进行了合理的理论解释。

取代苯在进行亲电取代反应时，苯环上原有的取代基叫定位基，它指示新引入取代基进入苯环的位置，并影响取代反应的活性。常见的取代基分为邻、对位定位基（或第一类定位基）和间位定位基（或第二类定位基）。

邻、对位定位基（或第一类定位基）：$-O^-$、$-NH_2$（$-NHR$、$-NR_2$）、$-OH$、$-OR$、$-NHCOCH_3$、$-OCOR$、$-R$、$-C_6H_5$、$-H$、$-X$（$-I$、$-Br$、$-Cl$）等。

间位定位基（或第二类定位基）：$-NH_3^+$、$-NO_2$、$-CF_3$、$-CN$、$-SO_3H$、$-CHO$、$-COR$、$-COOH$、$-COOR$ 等。

除卤原子外（卤素具有钝化芳环的能力），其他邻、对位定位基可使苯环活化，且排在前面的活化能力更强，当再引入一个取代基时，主要进入它们的邻、对位。间位定位基可使苯环钝化，且排在前面的钝化能力更强，当再引入一个取代基时，主要进入它们的间位。因此，可以根据芳环上原有取代基的类型及性质，预测主要产物及判断亲电取代反应的难易程度。

5.5.2 定位规律的理论解释

苯环是一个封闭的共轭体系，在无外界影响下，六个碳原子上的电子云密度是相同的。但是，当苯环上的氢原子被取代基取代后，取代基可通过电子效应，增加或降低苯环的电子云密度，并且使某些碳原子的电子云密度增加或降低更多，即苯环上碳原子电子云密度分布不再均匀，亲电取代反应更易发生在电子云密度高的碳原子上。现以邻、对位定位基甲基、羟基、卤素和间位定位基硝基为例加以说明。

（1）甲基

甲基通过供电子诱导效应和 σ-π 超共轭效应使苯环上的电子云密度增加，而且邻位和对位电子云密度增加更多。因此甲苯主要在邻位和对位发生亲电取代反应，且比苯的亲电取代反应容易进行。可用弯箭头表示甲苯分子中电子转移的情况，如右图所示。

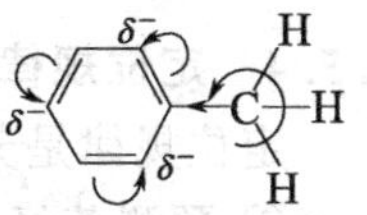

（2）羟基

羟基与苯环相连后，由于氧原子的电负性比碳原子的电负性大，羟基具有吸电子诱导效应，但同时由于存在推电了的 p-π 共轭效应，使氧原子上的孤对电子向苯环离域，增加苯环的电子云密度，即羟基对苯环具有供电子共轭效应。因为共轭效应大于诱导效应，总的结果是羟基使苯环（尤其邻、对位）上电子云密度增加，亲电取代反应比苯易于进行，且主要在邻位和对位反应。苯酚中电子转移情况如右图所示。

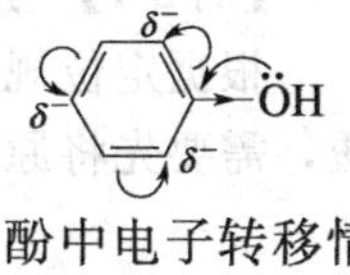

（3）氯原子

氯原子与苯环相连时，同样具有吸电子诱导效应和推电子共轭效应，但由于氯原子半径比碳原子半径大，共轭作用较差。因此，氯原子的吸电子诱导效应占优势，结果使苯环上电子云密度降低，亲电取代反应比苯难。但氯原子的共轭效应又使其邻位和对位的电子云密度高于间位，因此亲电取代反应仍主要在邻位和对位进行。氯苯中电子转移情况如右图所示。

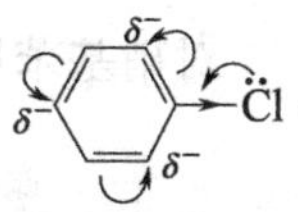

（4）硝基

硝基与苯环相连后，硝基对苯环具有吸电子诱导效应和吸电子共轭效应，使苯环上的电子云密度降低，而且使苯环上硝基的邻位和对位电子云密度降低得更明显，间位电子云密度相对较高，因此，亲电取代反应比较难，且主要得到间位产物。硝基苯中电子转移情况如右图所示。

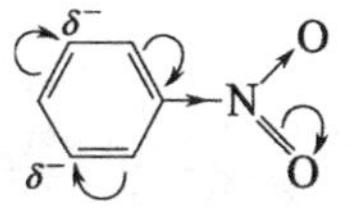

5.5.3 二取代苯的定位规律

当苯环上已有两个取代基，再进行亲电取代反应时，第三个取代基进入苯环的位置是原有两个取代基共同作用的结果。

① 原有两个取代基的定位作用一致，由它们共同作用定位。例如：

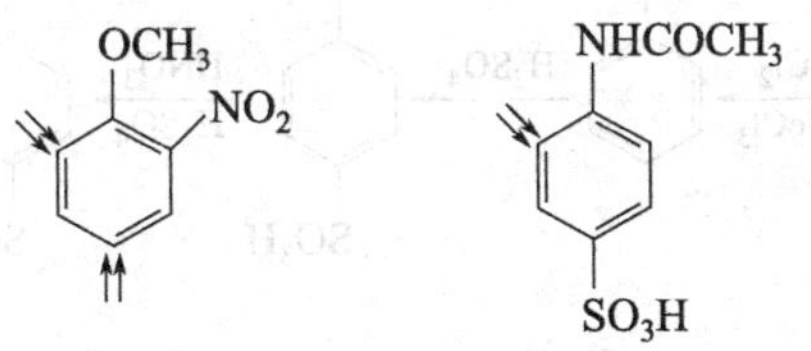

② 取代基定位作用不一致时，主要由第一类定位基定位；若同为第一类或同为第二类定位基，由定位能力强的定位；二者定位能力相当时，得到混合物。例如：

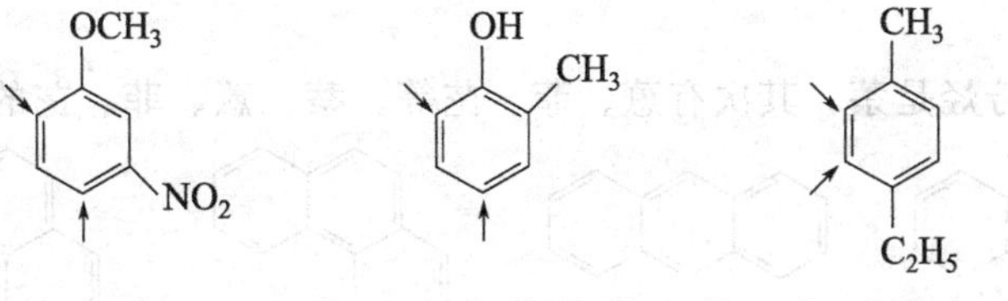

③ 第三个取代基较难进入 1,3 位两个定位基的 2 位，主要是由于空间因素的影响。例如：

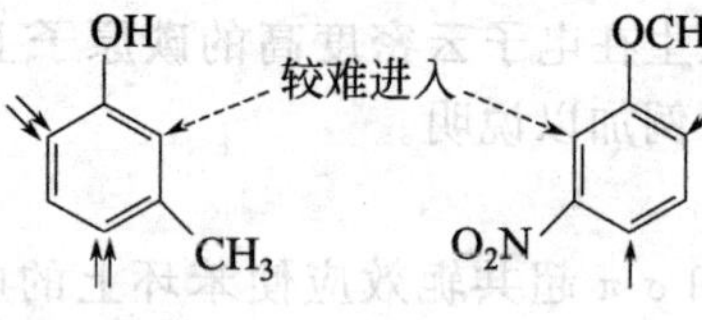

5.5.4　定位规律的应用

定位规律是芳烃亲电取代反应的核心内容，其应用主要表现在以下三个方面：

① 预测芳烃及其衍生物亲电取代反应的主要产物；

② 预测不同芳烃及其衍生物亲电取代反应的活性；

③ 有助于选择最合理的合成路线，对于合成苯的衍生物具有指导意义。

【例 5-1】　用甲苯为原料合成间硝基苯甲酸和对硝基苯甲酸。

根据定位规律，甲基是邻、对位定位基，而羧基是间位定位基，要想合成间硝基苯甲酸，需要先将原料甲苯中的甲基转化成羧基。因此，间硝基苯甲酸的合成路线如下：

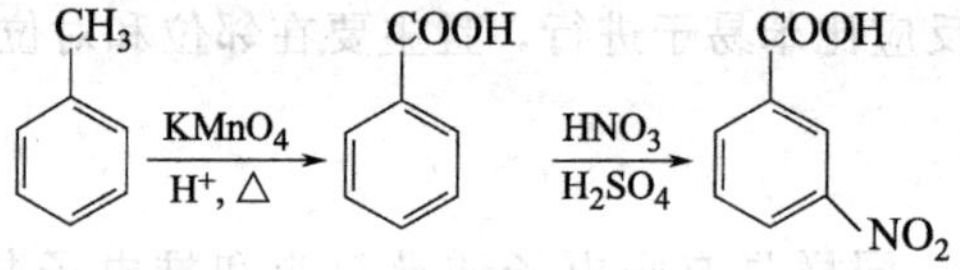

对硝基苯甲酸的合成路线如下：

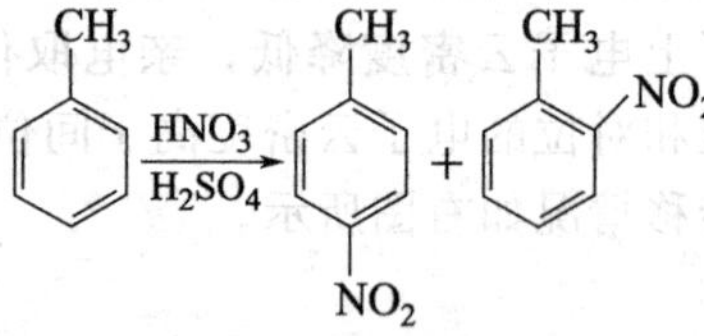

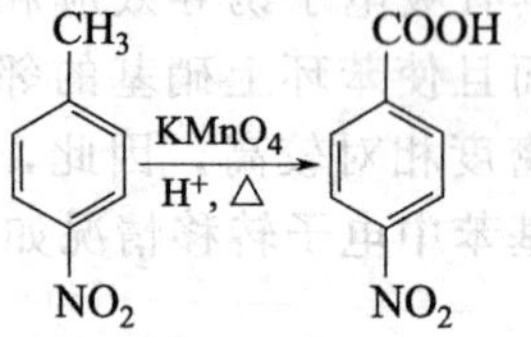

【例 5-2】　由苯合成 3-硝基-4-氯苯磺酸。

根据定位规律，3-硝基-4-氯苯磺酸的合成路线如下：

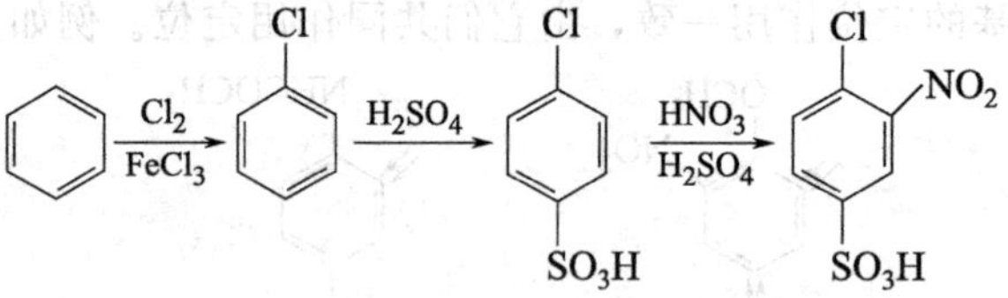

5.6　稠环芳烃

最简单的稠环芳烃是萘，其次有蒽、菲、芘等。萘、蒽、菲、芘的结构式如下：

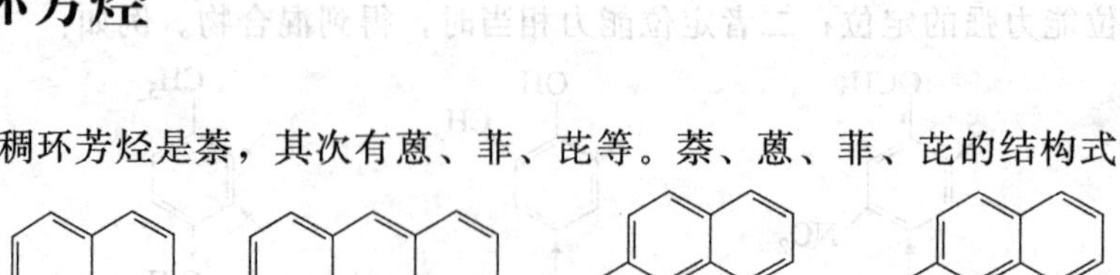

萘　　　　　　蒽　　　　　　菲　　　　　　芘

研究发现,稠环芳烃的生成与有机物在高温、缺氧条件下的不完全燃烧关系密切,一般认为在 800～1200℃供氧不足的燃烧中产生最多,所以不仅在煤的焦化及半焦化、石油的热裂解过程中有大量稠环芳烃生成,而且,汽油和柴油在内燃机中的燃烧、甚至煤和木柴在炉膛中燃烧以及在吸烟过程中烟草的燃烧、熏烤食品的过程中都有一定量的稠环芳烃产生。近年来,有人也从地层的动植物化石中检测出了稠环芳烃,而萘系、菲系稠环芳烃对研究石油的形成原因也有重要价值。

5.6.1 萘及其衍生物

稠环芳烃中最重要的是萘,萘是无色片状结晶,有特殊气味,熔点 80.5℃,沸点 218℃,易升华。不溶于水,易溶于热的乙醇和乙醚。萘主要从煤焦油中分离得到,在煤焦油中萘的含量最高,约为 5%。萘是有机化学工业的基础原料之一。

(1) 萘的结构及命名

萘的分子式为 $C_{10}H_8$,萘环是平面结构,环上的十个碳原子形成大 π 键。但萘环与苯环不同的是:萘环由于两个苯环的相互影响,键长并不完全平均化。萘环上没有稠合的八个碳原子按位置的对称性分成两类,1,4,5,8 位又称 α-位;2,3,6,7 位又称 β-位。因此,萘的一元取代物有两种,即 α-取代物和 β-取代物。萘环上有两个或两个以上取代基时,需要进行编号。

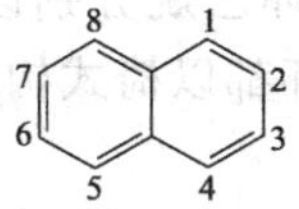

例如:

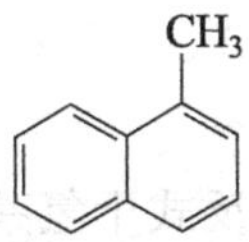

α-甲基萘 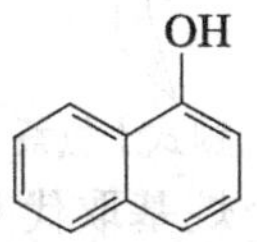　　　α-萘酚 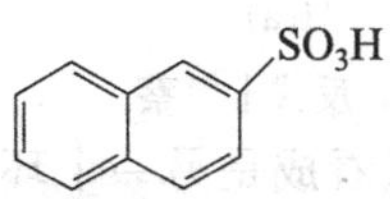　　　β-萘磺酸 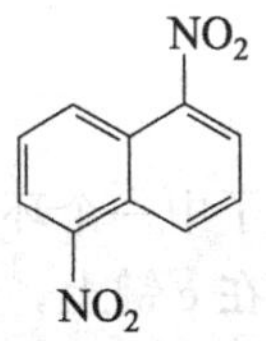　　　1,5-二硝基萘

(2) 亲电取代反应

萘比苯更容易发生亲电取代反应,且萘的 α-位比 β-位活泼。例如:

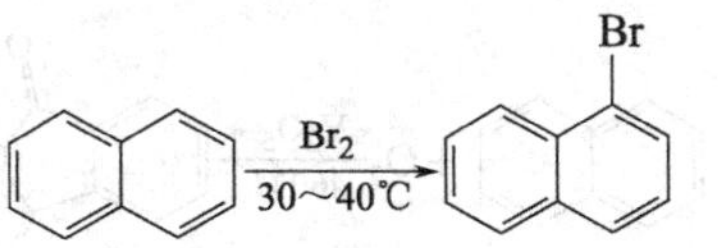

在工业上,α-硝基萘主要用于制备 α-萘胺,α-萘胺是合成偶氮染料的中间体。

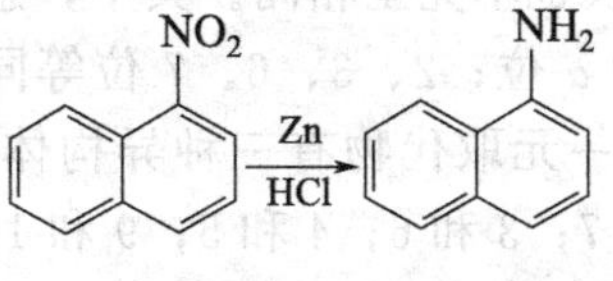

萘的磺化反应同苯的磺化反应一样,也是可逆反应,其产物与反应条件有关。

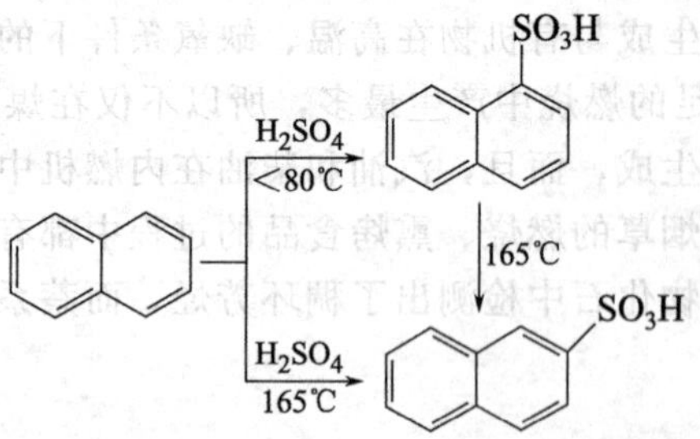

萘的亲电取代反应一般主要得到 α-取代产物，只有 β-萘磺酸比较容易得到，因此，萘的其他 β-衍生物常通过 β-萘磺酸来制取。例如，由 β-萘磺酸碱熔可得 β-萘酚。

（3）加氢还原

萘部分催化加氢可以得到四氢萘，完全加氢可以得到十氢萘。

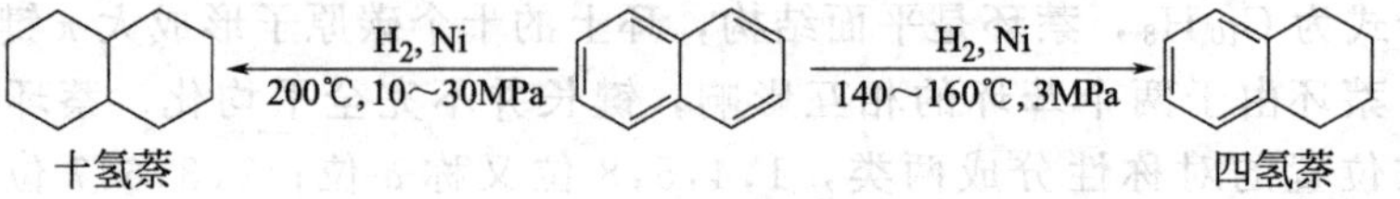

四氢萘又叫萘满，沸点 270.2℃，十氢萘又叫萘烷，沸点 191.7℃，两者都可以作为高沸点有机溶剂。

十氢萘有两种构象异构体，即两个环己烷分别以顺式或反式相稠合。顺式沸点 194℃，反式沸点 185℃，电子衍射证明这两个环都以椅式构象存在。它们的构象可以表示如下：

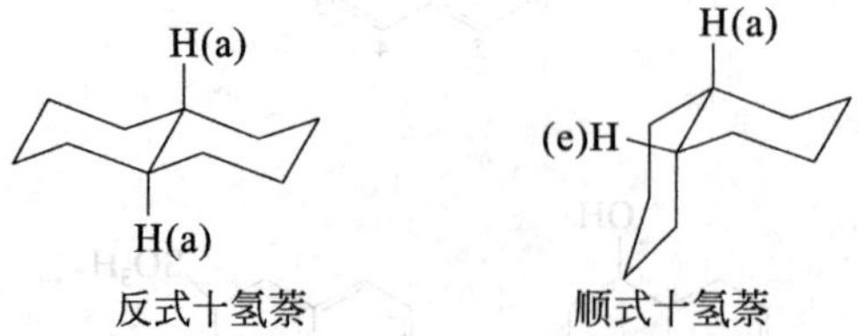

十氢萘分子中一个环可以看成是另一个环的两个烷基取代基。在反式十氢萘中，这两个烷基取代基都在 e 键上，体积较小的两个 H 原子都在 a 键上，而在顺式异构体中，两个烷基一个在 e 键上，一个在 a 键上，因此反式比顺式稳定。

（4）氧化反应

萘比苯易于发生氧化反应，在 V_2O_5 作用下，于 460℃ 萘可被空气氧化，生成邻苯二甲酸酐。邻苯二甲酸酐是合成树脂、染料、增塑剂的原料。

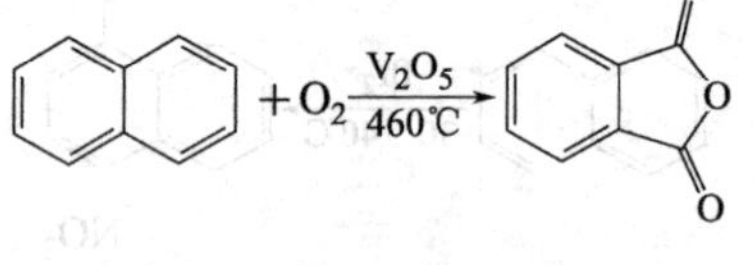

5.6.2 蒽和菲

蒽和菲主要是从煤焦油的蒽油馏分中分离得到，分子式均为 $C_{14}H_{10}$，互为同分异构体。蒽和菲分子中都含有三个稠合的苯环，X 射线衍射法证明，蒽、菲所有的碳原子都在同一个平面上。但菲和蒽不同的是，蒽分子中三个苯环呈线性排列，而菲分子中三个苯环形成了一个角度。

与萘相似，蒽和菲的碳碳键长也不完全相同。其中，蒽环上的碳原子可以分成三类：其中 1、4、5、8 位是相同的，称为 α-位；2、3、6、7 位等同，称为 β-位；9、10 位等同，叫做 γ-位，或称中位。因此，蒽的一元取代物有三种异构体。菲分子中有五种碳原子，与此对应的五个位置是：1 和 8；2 和 7；3 和 6；4 和 5；9 和 10。因而菲的一取代物有五个同分异构体。蒽和菲的结构及碳原子的编号如下：

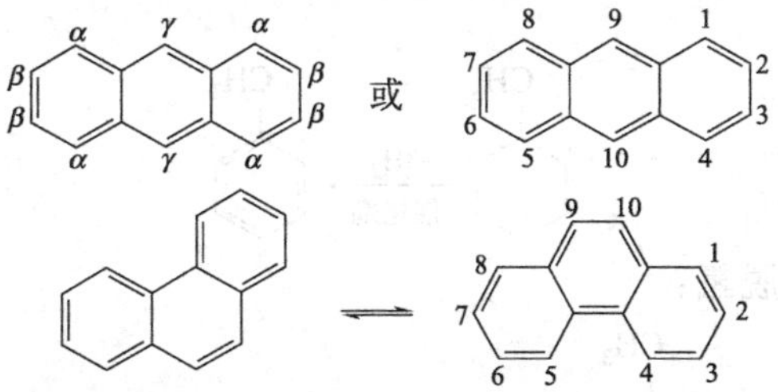

蒽为白色片状晶体，熔点 216℃，沸点 340℃。不溶于水，难溶于乙醇和乙醚，能溶于苯，溶液具有蓝紫色的荧光。

菲是白色片状晶体，熔点 100℃，沸点 340℃，易溶于苯和乙醚，溶液呈蓝色荧光。菲的某些衍生物具有特殊的生理作用，从 20 世纪 30 年代起，不断发现许多类型菲的衍生物，例如维生素 D、胆固醇、甾族性激素、皂角素等，都含有一个 1,2-氢化环戊菲的结构。

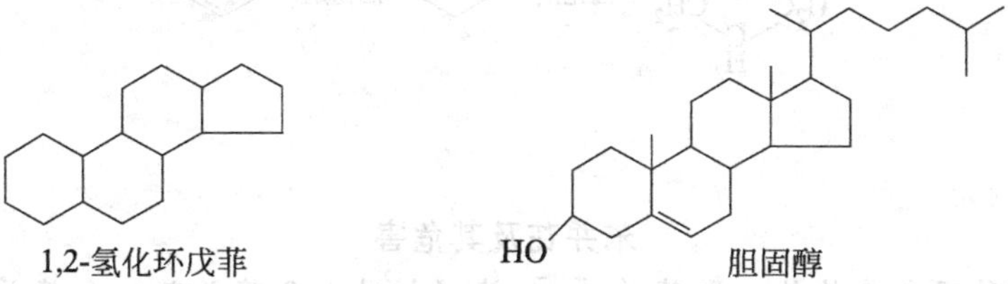

1,2-氢化环戊菲　　　　　　　胆固醇

在石油中检测到菲及其衍生物，也是石油有机成因的一个重要证据。

5.7 芳烃的来源

5.7.1 煤的干馏

煤干馏（分为高温煤干馏和低温煤干馏）指煤在隔绝空气条件下加热、分解，生成焦炭（或半焦）、煤焦油、粗苯、煤气等产物的过程。煤焦油为黑色黏稠液体，其中含有大量的芳香族化合物，表 5-2 给出了高温煤干馏煤焦油分馏的各种馏分及所含主要化合物。

表 5-2　高温煤干馏煤焦油的分馏产物

馏分	沸点范围/℃	平均含量/%	所含主要化合物	
			烃 类	非 烃 类
轻油	约 170	0.5	苯、甲苯、二甲苯	吡啶、吡咯、噻吩等
酚油	170～210	1.5	萘	苯酚、甲酚、二甲酚
萘油	210～230	9.0	萘、甲基萘、二甲基萘	三甲酚、四甲基吡啶、喹啉等
洗油	230～300	9.0	蒽、芴	茚、喹啉衍生物
蒽油	300～360	23.0	蒽、菲	喹啉衍生物、咔唑及其衍生物、二苯并噻吩等
沥青	＞360	57.0	沥青、游离碳	

5.7.2 从石油裂解产品中分离

在以多产汽油、柴油为目的的催化裂化过程和以生产乙烯、丙烯为目的的催化裂解过程中，也有一定量的芳烃生成，可以从富含芳烃的裂解汽油和裂解柴油中分离芳烃。

5.7.3 从催化重整产品中分离

催化重整是在金属催化剂铂等作用下从石油轻馏分生产高辛烷值汽油组分或芳香烃的工艺过程。催化重整所得液体为含芳烃 30%～70% 的重整汽油，它的辛烷值高达 90 以上，可作为高辛烷值汽油组分，也可以送往芳烃抽提装置，用一缩二乙二醇、二缩三乙二醇、二甲亚砜或环丁砜为溶剂抽出其中的芳烃，经过精馏可得到苯、甲苯、二甲苯等有机化工原料。

催化重整芳构化是目前芳烃的主要生产方法，重整过程主要包括下列几种反应。

（1）环烷烃催化脱氢

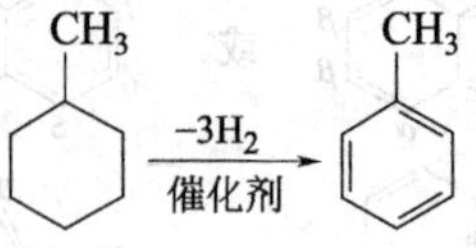

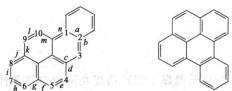

（2）环烷烃异构化和脱氢：

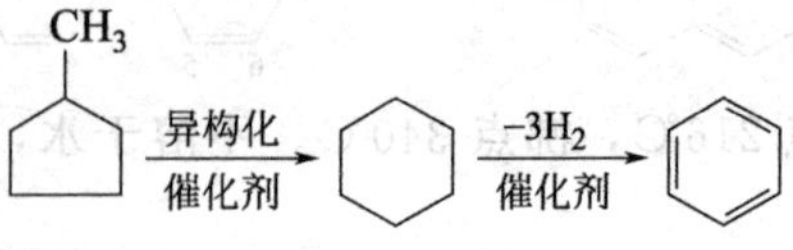

（3）烷烃脱氢环化和再脱氢：

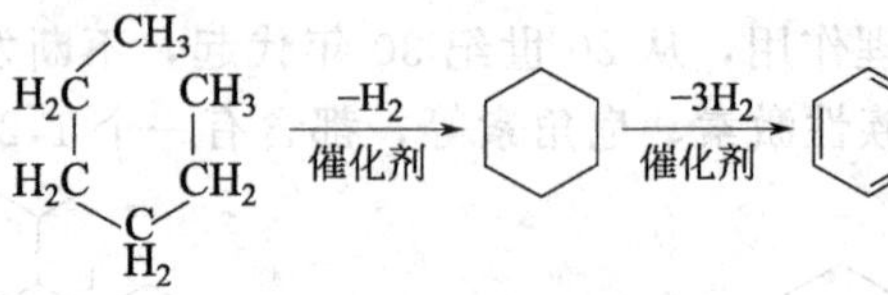

【阅读材料】

苯并芘及其危害

苯并芘有两种同分异构体，即苯并 [a] 芘（也叫 1,2-苯并芘）和苯并 [e] 芘（也叫 4,5-苯并芘）。苯并芘是一个由 5 个苯环稠合而成的稠环芳烃，分子式为 $C_{20}H_{12}$，相对分子质量为 252，结构式如下所示：

苯并[a]芘或1,2-苯并芘　　　　苯并[e]芘或4,5-苯并芘

1,2-苯并芘有强烈的致癌作用，4,5-苯并芘没有致癌作用，通常所说的苯并芘主要是指苯并 [a] 芘。英文名是 Benzo [a] pyrene，缩写为 BaP。

常温下苯并 [a] 芘为浅黄色针状结晶，可分为单斜晶或斜方晶，性质稳定，沸点 495℃，熔点 179℃，在水中溶解度为 0.004～0.012mg·L^{-1}，易溶于环己烷、己烷、苯、甲苯、二甲苯、丙酮等有机溶剂，微溶于乙醇、甲醇。苯并 [a] 芘在碱性条件下较稳定，在常温下不与浓硫酸作用，但能溶于浓硫酸；能与硝酸、氯磺酸起化学反应，人们可利用这一性质来除去苯并 [a] 芘。苯并 [a] 芘在有机溶剂中，用波长 360nm 紫外线照射时，可产生典型的紫色荧光。

目前，世界公认的三大强致癌物质是黄曲霉毒素、苯并芘和亚硝胺。苯并芘释放到大气中以后，总是和大气中各种类型微粒所形成的气溶胶结合在一起，在 8μm 以下的可吸入尘粒中，吸入肺部的概率较高，经呼吸道吸入肺部，进入肺泡甚至血液，导致肺癌和心血管疾病。

苯并芘是一种常见的高活性间接致癌物，其致癌机理是：在芳烃羟化酶作用下生成环氧化物，特别是转化成 7,8-环氧化物，7,8-环氧化物再代谢产生 7,8-二氢二羟基-9,10-环氧化苯并 [a] 芘（见图 5-2）。这些环氧化物与 DNA 内的脱氧嘌呤碱基形成加合物，再连接到鸟嘌呤或腺嘌呤的氮上，形成共价键结合，造成 DNA 损伤，如果 DNA 不能修复或修而不复，细胞就可能发生癌变。

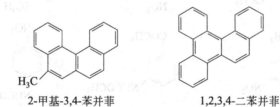

图 5-2　苯并［a］芘转化为致癌物 7,8-二氢二羟基-9,10-环氧化苯并［a］芘的过程

苯并［a］芘主要存在于煤焦油、各类炭黑和煤、石油等燃烧产生的烟气、香烟烟雾、汽车尾气中，也存在于焦化、炼油、沥青、塑料等工业污水中。肉和鱼中苯并［a］芘含量取决于烹调方法，经过多次使用的高温植物油、烤焦的食物、油炸过火的食品都会产生苯并芘，焦糊的食物中苯并芘的含量比普通食物要多 10～20 倍，所以应尽量少吃烟熏、油炸食品。

除苯并［a］芘外，煤焦油中还有很多强致癌的稠环芳烃，大多是菲和蒽的衍生物，结构如下。

1,2,5,6-二苯并蒽　　　　10-甲基-1,2-苯并蒽　　　　6-甲基-5,10-亚乙基-1,2-苯并蒽

2-甲基-3,4-苯并菲　　　　　　　1,2,3,4-二苯并菲

习　题

1. 写出分子式为 C_9H_{12} 的单环芳烃所有的异构体，并命名之。

2. 写出下列化合物的结构式
   (1) 1,3,5-三甲苯
   (2) 2,4,6-三硝基甲苯
   (3) 异丙苯
   (4) 3,5-二甲基苯乙烯

3. 将下列各组化合物按苯环上亲电取代反应的活泼性顺序由大到小排列。
   (1) A. 苯　B. 乙苯　C. 苯乙酮　D. 对二甲苯
   (2) A. 苯　B. 氯苯　C. 硝基苯　D. 甲苯　E. 苯酚
   (3) A. 对苯二甲酸　B. 甲苯　C. 对甲苯甲酸　D. 对二甲苯
   (4) A. 苯　B. 硝基苯　C. 甲苯　D. 苯酚　E. 乙酰苯胺

4. 完成下列各反应式（写出主要产物、试剂或反应条件）

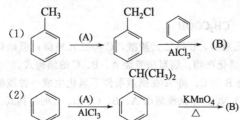

(3) H_3C-⟨苯环⟩-C_2H_5 $\xrightarrow[\triangle]{KMnO_4}$

(4) H_3C-⟨苯环⟩-NO_2 $\xrightarrow{\dfrac{HNO_3}{H_2SO_4}}$ (A) $\xrightarrow[\triangle]{KMnO_4}$ (B)

(5) H_3C-⟨苯环⟩ $\xrightarrow{\dfrac{Br_2}{Fe}}$ (A) + (B) $\xrightarrow{\dfrac{Cl_2}{h\nu}}$ (C) + (D)

(6) ⟨苯环⟩ + CH_3CH_2COCl $\xrightarrow{AlCl_3}$

(7) Cl-⟨苯环⟩-$NHCOCH_3$ $\xrightarrow{\dfrac{HNO_3}{H_2SO_4}}$

(8) ⟨苯环⟩ + $CH_2\text{=}CH_2$ $\xrightarrow{AlCl_3}$ (A) $\xrightarrow{\dfrac{Cl_2}{h\nu}}$ (B)

(9) ⟨苯环⟩-CH_3 + $CH_2\text{=}C(CH_3)_2$ $\xrightarrow{AlCl_3}$ (A) $\xrightarrow[\triangle]{KMnO_4}$ (B)

(10) ⟨萘⟩ $\xrightarrow{\dfrac{HNO_3}{H_2SO_4}}$

5. 用箭头标出下列化合物进行一氯化时氯原子主要进入的位置

(1) ⟨苯环⟩-COOH

(2) ⟨苯环 m-CH₃, OCH₃⟩

(3) ⟨苯环 OH, NO₂⟩

(4) ⟨苯环 CH₃, SO₃H⟩

(5) ⟨苯环 COOH, CH₃ 对位⟩

(6) ⟨苯环 CH₃, NO₂ 间位⟩

(7) ⟨苯环 COCH₃, NHCOCH₃⟩

(8) ⟨苯环 NO₂, NHCOCH₃⟩

6. 完成下列转化，所需要的脂肪族或无机试剂可任意选用。

(1) 甲苯→4-硝基苯甲酸，3-硝基苯甲酸

(2) 苯→间硝基溴苯

(3) 对二甲苯→2-硝基-1,4-苯二甲酸

(4) 间二甲苯→5-硝基-1,3-苯二甲酸

(5) 苯→对氯苯乙酮

7. 指出下列反应中的错误。

(1) ⟨苯环⟩ $\xrightarrow[\text{(A)}]{CH_3CH_2CH_2Cl/AlCl_3}$ ⟨苯环⟩-$CH_2CH_2CH_3$ $\xrightarrow[\text{(B)}]{Cl_2/h\nu}$ ⟨苯环⟩-$CH_2CH_2CH_2Cl$

(2) ⟨苯环⟩-NO_2 $\xrightarrow[\text{(A)}]{CH_2\text{=}CH_2/AlCl_3}$ ⟨苯环 NO₂, CH₂CH₃ 间位⟩ $\xrightarrow[\text{(B)}]{KMnO_4}$ ⟨苯环 NO₂, CH₂COOH 间位⟩

8. A、B、C 三种芳烃分子式均为 C_9H_{12}，氧化时 A 得一元羧酸，B 得二元羧酸，C 得三元羧酸；但硝化时，A 和 B 分别得到两种一硝化产物，而 C 只得一种一硝化产物。请写出芳烃 A、B、C 的结构式。

9. 某芳烃 A（$C_{10}H_{14}$），在铁催化下溴化得两种一溴化产物 B 和 C，将 A 在剧烈条件下氧化生成一种羧酸 D（$C_8H_6O_4$），D 硝化只得到一种一硝化产物 E（$C_8H_5O_4NO_2$），试推测出 A、B、C、D、E 的结构式。

第6章 旋光异构

同分异构包括构造异构和立体异构，构造异构是指分子中原子或原子团的连接顺序或方式不同而产生的异构，包括碳骨架异构、官能团异构和官能团位置异构。立体异构是指分子中原子或原子团的连接顺序或方式相同，但空间的排列方式不同而产生的异构，包括构象异构、顺反异构和旋光异构（也称对映异构）。顺反异构和旋光异构又称为构型异构，它与构象异构的区别是：构型异构体的相互转化需要断裂价键，室温下能够分离异构体；而构象异构体的相互转化是通过碳碳单键的旋转来完成，不需要断裂价键，室温下不能够分离出异构体。本章主要学习旋光异构。

6.1 物质的旋光性和比旋光度

6.1.1 偏振光和物质的旋光性

光波是一种电磁波，它振动的方向与传播方向垂直，如图 6-1 所示。

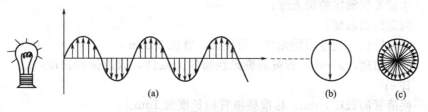

(a)　　　　　　　　　　　(b)　　(c)

图 6-1　普通光的振动情况

普通光或单色光的光线里，光波在一切可能的平面上振动，若使单色光通过一种特制的尼科尔（Nicol）棱镜，通过棱镜的光线只在一个平面上振动，这种光称为偏振光。偏振光通过某些晶体或物质的溶液时，其振动面以光的传播方向为轴线发生旋转的现象，称为旋光现象。偏振光是 1808 年由德国 E. Malus 首先发现的，随后人们发现石英晶体有两种形式（见图 6-2），它们之间的关系犹如实物和镜像的关系，非常相似，但不能完全重叠，当一束偏振光分别通过这两种晶体时，其中的一种能使偏振光振动平面向右旋转一定的角度，而另一种则使偏振光振动平面向左旋转相等的角度。后来发现在乳酸、糖溶液等液体中和其他一些晶体中都有此现象，像乳酸、葡萄糖这样能够使偏振光振动平面旋转一定角度的物质称为旋光性物质。这种能使偏振光振动平面旋转的性质叫做物质的旋光性。1848 年巴斯德（L. Pasteur）提出物质的旋光性是由于分子的不对称结构引起的，他对酒石酸钠铵进行了研究，并首次成功地将酒石酸钠铵拆分为具有实物和镜像关系的两种晶体（见图 6-3），一种使偏振光振动平面向右旋转，另一种使偏振光振动平面向左旋转，即使在溶液中也是如此。这些事实说明了物质的旋光性是分子本身所固有的，证明了旋光性与分子的不对称结构有关。

6.1.2 旋光度和比旋光度

当偏振光通过某一旋光性物质时，其振动平面会向着某一方向旋转一定的角度，这一角度叫做旋光度，通常用"α"表示。

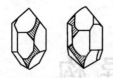

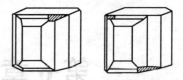

图 6-2　两种石英晶体　　　　　　　　　图 6-3　左旋、右旋酒石酸钠铵晶体

测定物质对偏振光振动平面旋转角度的仪器称为旋光仪，旋光仪的构造见图 6-4。

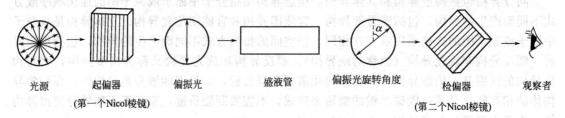

光源　　　　起偏器　　　　偏振光　　　　盛液管　　　偏振光旋转角度　　　　检偏器　　　观察者

(第一个Nicol棱镜)　　　　　　　　　　　　　　　　　　　　　　　　　　　(第二个Nicol棱镜)

图 6-4　旋光仪的工作原理

在测定物质的旋光度时，温度、光源的波长，样品溶液所用的溶剂、浓度、盛液管的长度等对旋光度的大小都会产生影响。为了消除其他外界因素的干扰，而只考虑物质本身的结构对旋光度的影响，提出了比旋光度 $[\alpha]$ 的概念：

$$[\alpha]_{\lambda}^{t} = \frac{\alpha}{cl}$$

式中　　α——用旋光仪测定的旋光度；

　　　　t——测定时的温度；

　　　　λ——光源波长，通常用钠光灯，写作 D，波长 589nm；

　　　　c——质量浓度，g/mL，若被测旋光性物质为液体，以液体的密度ρ（$g \cdot cm^{-3}$）代替 c；

　　　　l——盛液管的长度，dm；标准盛液管的长度为 1dm。

比旋光度就是 1mL 含 1g 旋光性物质的溶液在 1dm 长的盛液管中的旋光度。

像物质的熔点、沸点、相对密度、折射率一样，比旋光度是旋光性物质的一个物理常数，可以定量地表示旋光物质的一个特性——旋光性。

6.2　对映异构、手性与对称性

6.2.1　对映异构与手性

α-羟基丙酸（$CH_3CHOHCOOH$）俗名乳酸，存在两种异构体：从肌肉中得到的乳酸能使偏振光振动的平面向右旋转，称为右旋乳酸，表示为（＋）-乳酸；葡萄糖在细菌作用下发酵得到的乳酸，使偏振光振动的平面向左旋转，称为左旋乳酸，表示为（－）-乳酸。这两种异构体，除了旋光方向相反外，其他性质都相同，这类异构体属于旋光异构体，左旋乳酸和右旋乳酸在空间呈实物与镜像的关系，且彼此不能重叠，所以这种异构体也称为对映异构体，如图 6-5 所示。

这两种旋光异构体犹如左手和右手的关系，互为物像但无论如何也不能重合。像乳酸分子这样，凡是与自己的镜像不能重合的分子，称为手性分子。只有具有手性的分子才具有旋光性，存在对映异构体。

图 6-5　乳酸的两种旋光异构体的模型图

　　乳酸分子的中心碳原子上连有四个不相同的原子或原子团（—H、—CH₃、—OH、—COOH），具有不对称性，这样的碳原子称为不对称性碳原子或手性碳原子，通常用"＊"标出。例如：

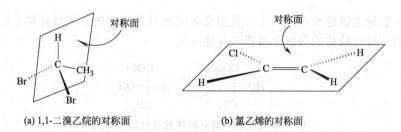

6.2.2　分子的对称因素与手性

　　判断化合物分子是否有手性，除了看其分子中有无手性碳原子外，还需要观察分子是否具有对称因素。与分子是否存在手性有关的对称因素主要是对称面和对称中心。

　　（1）分子的对称面

　　分子的对称面就是能将分子分成互为实物和镜像关系两部分的一个平面。例如，在1,1-二溴乙烷分子中，通过 H—C—C 三个原子所构成的平面能将分子分成互为实物和镜像关系的两部分，因此该平面就是它的对称面，见图 6-6(a)；又如，氯乙烯分子是一个平面结构的分子，分子所在的这个平面也能将分子分成互为实物和镜像关系的两"片"，所以该平面也是它的对称面，见图 6-6(b)。

    (a) 1,1-二溴乙烷的对称面

    (b) 氯乙烯的对称面

图 6-6　分子的对称面

　　由于1,1-二溴乙烷和氯乙烯的分子中都存在对称面，所以它们都是非手性分子，都没有旋光性。

　　（2）分子的对称中心

　　分子的对称中心就是假设分子中存在一个点，过该点作任一条直线，若在该点等距离的两端有相同的原子或基团，则该点就是分子的对称中心，见图 6-7。

　　由于上述分子中存在对称中心，所以它是非手性分子，没有旋光性。

　　一般来说，含有一个手性碳原子的分子是手性分子，而含有两个或两个以上手性碳原子，要判断其是否具有手

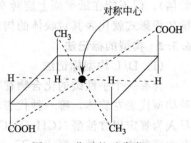

图 6-7　分子的对称中心

性，还要考虑分子的对称性。如果分子中既无对称面，又无对称中心，一般就可以判断该分子是手性分子，也就具有旋光性。

6.3 构型的表示方法和构型的标记法

6.3.1 构型的表示方法

描述旋光异构体分子中的原子或基团在空间的排列方式，可以用两种方法表示，一种是立体透视式，另一种是费歇尔（E. Fischer）投影式。

（1）立体透视式

以乳酸分子为例，其立体透视式如图 6-8 所示。

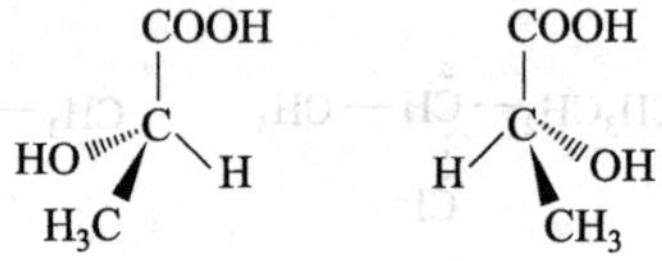

图 6-8 乳酸的一对对映体的立体透视式

其中虚线表示基团在纸平面后，楔形线表示基团在纸平面前，实线表示基团在纸平面上，总结成一句话就是"楔前虚后实平面"。这种表示方法比较直观，但书写起来比较麻烦，尤其是结构复杂的分子。

（2）费歇尔（Fischer）投影式

费歇尔投影式是将模型投影到纸平面上得到的表达式，书写简便，其投影规则如下：

① 把手性碳原子置于纸平面，并以横线与竖线的交点代表手性碳原子；

② 横线表示伸向纸平面前方的两个原子或基团，竖线表示伸向纸平面后方的两个原子或基团。

此外，一般把主碳链放在竖线上，并把命名时编号最小的碳原子放在最上端。按此投影规则，乳酸的一对对映体的费歇尔投影式见图 6-9。

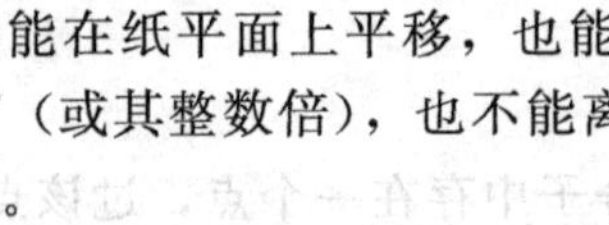

图 6-9 乳酸的一对对映体的费歇尔投影式

费歇尔投影式是用平面式来表示分子的立体结构，看费歇尔投影式时必须注意"横前竖后"，即与手性碳原子相连的两个横键是伸向纸平面前方的，两个竖键是伸向纸平面后方的。表示某一化合物的费歇尔投影式只能在纸平面上平移，也能在纸平面上旋转 180°（或其整数倍），但不能在纸平面上旋转 90°（或其整数倍），也不能离开纸平面翻转，否则得到的费歇尔投影式就代表其对映体的构型。

6.3.2 构型的标记法

（1）D/L 构型标记法

含有一个手性碳的化合物存在两种构型：一个代表左旋体；一个代表右旋体。究竟哪一种构型代表左旋体，哪一种代表右旋体，根据旋光方向难以确定。为了确定分子的构型，最早人为规定以甘油醛（CH₂OHCHOHCHO）为标准来确定。甘油醛含有一个手性碳原子，存在两种构型，其投影式如下：

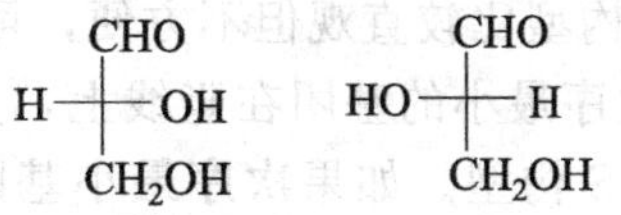

$$\begin{array}{c}
\text{CHO} \\
\text{H} \;—\!\!|\!\!—\; \text{OH} \\
\text{CH}_2\text{OH} \\
\text{I}
\end{array}
\qquad
\begin{array}{c}
\text{CHO} \\
\text{HO} \;—\!\!|\!\!—\; \text{H} \\
\text{CH}_2\text{OH} \\
\text{II}
\end{array}$$

D-(+)-甘油醛　　　　D-(-)-甘油醛

人为规定"OH"在手性碳原子的右边为 D 型，"OH"在左边的构型为 L 型，其中（＋）、（－）表示旋光方向。凡是可以由 D-（＋）-甘油醛通过化学反应衍生得到的化合物，或者是通过化学反应可以转变成 D-（＋）-甘油醛，只要反应过程中不涉及手性碳原子的构型改变，就可认为与 D-（＋）-甘油醛具有相同的构型，都是 D 构型的，同理，与 L-（－）-甘油醛具有相同构型的化合物就是 L 构型的，例如：

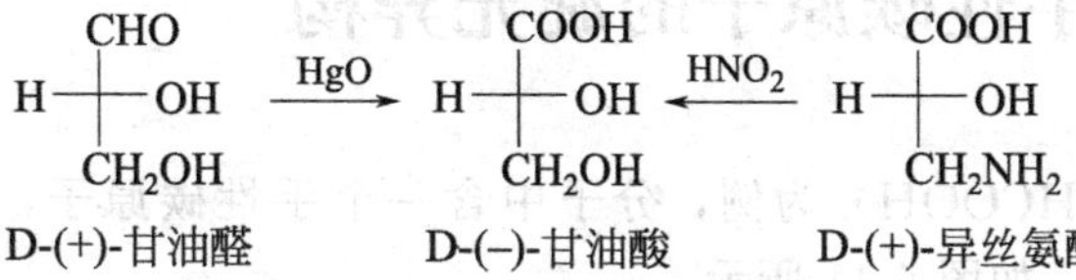

$$\begin{array}{c}
\text{CHO} \\
\text{H}\;—\!|\!—\;\text{OH} \\
\text{CH}_2\text{OH}
\end{array}
\xrightarrow{\text{HgO}}
\begin{array}{c}
\text{COOH} \\
\text{H}\;—\!|\!—\;\text{OH} \\
\text{CH}_2\text{OH}
\end{array}
\xleftarrow{\text{HNO}_2}
\begin{array}{c}
\text{COOH} \\
\text{H}\;—\!|\!—\;\text{OH} \\
\text{CH}_2\text{NH}_2
\end{array}$$

D-(+)-甘油醛　　　　D-(-)-甘油酸　　　　D-(+)-异丝氨酸

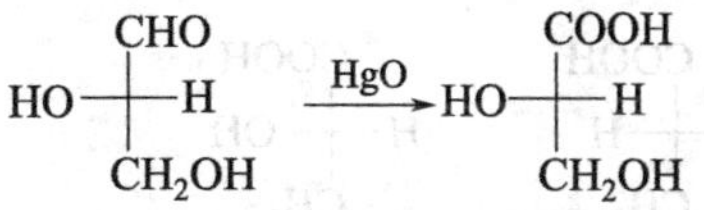

$$\begin{array}{c}
\text{CHO} \\
\text{HO}\;—\!|\!—\;\text{H} \\
\text{CH}_2\text{OH}
\end{array}
\xrightarrow{\text{HgO}}
\begin{array}{c}
\text{COOH} \\
\text{HO}\;—\!|\!—\;\text{H} \\
\text{CH}_2\text{OH}
\end{array}$$

L-(-)-甘油醛　　　　L-(+)-甘油酸

D/L 标记法一般适用于含一个手性碳原子的化合物，对于含多个手性碳原子的化合物很不方便；且有些化合物不易同甘油醛联系。因此，D/L 标记法有很大的局限性。为了克服这个缺点，IUPAC 于 1970 年建议采用 R/S 标记法。但目前在标记氨基酸和糖类化合物的构型时，仍普遍采用 D/L 标记法。

（2）R/S 构型标记法

R 和 S 是拉丁文 Rectus 和 Sinister 的首字母，分别意为"右"和"左"。按 R/S 法表示构型，首先按次序规则，将直接与手性碳原子连接的四个原子或原子团依次确定顺序，用①～④标出来。次序规则中最优先的原子或基团标号为④，其次为③，依此类推。例如：

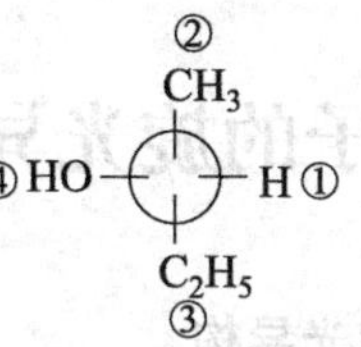

$$\begin{array}{c}
② \\
\text{CH}_3 \\
④\,\text{HO} \;—\!\!\bigcirc\!\!—\; \text{H}\,① \\
\text{C}_2\text{H}_5 \\
③
\end{array}$$

然后将最不优先（标明①）的原子或原子团放在距观察者最远的位置，再从原子或原子团④开始，沿④→③→②的顺序画圈，若是顺时针方向，即向右旋转，称为 R 型，若是反时针方向即向左旋转，称为 S 型。如图 6-10 所示，箭头为顺时针方向，因此为 R 构型，写作（R）-2-丁醇。

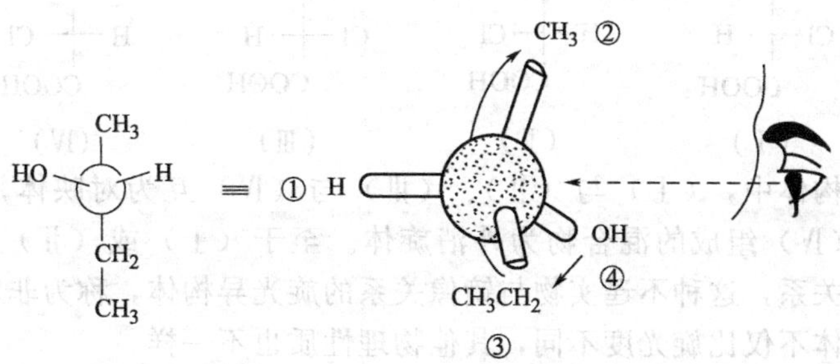

图 6-10　（R）-2-丁醇

从模型图来确定 R 构型或 S 构型比较直观但不方便，可以由 Fischer 投影式直接确定构型。在 Fischer 投影式中，如果次序最小的基团在竖线上，其他三个基团由大到小按顺时针方向排列，则为 R 构型；反之为 S 构型。如果次序最小基团在横线上，其他三个基团由大到小按顺时针方向排列，则为 S 构型；反之为 R 构型。例如：

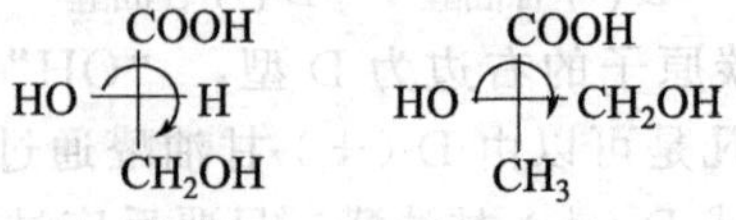

$$
\begin{array}{cc}
\text{COOH} & \text{COOH} \\
\text{HO——H} & \text{HO——CH}_2\text{OH} \\
\text{CH}_2\text{OH} & \text{CH}_3 \\
S\text{构型} & R\text{构型}
\end{array}
$$

6.4　含有一个手性碳原子的旋光异构

以乳酸（$CH_3CHOHCOOH$）为例，分子中含一个手性碳原子，是手性分子，具有旋光性，存在一对对映体，如图 6-11 所示。

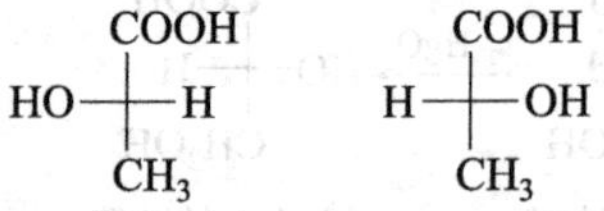

$$
\begin{array}{cc}
\text{COOH} & \text{COOH} \\
\text{HO——H} & \text{H——OH} \\
\text{CH}_3 & \text{CH}_3
\end{array}
$$

图 6-11　乳酸的一对对映体

对映体的物理性质如熔点、沸点、溶解度等相同，比旋光度大小相等，只是旋光方向相反，一个左旋，另一个右旋。它们的化学性质也相同，但是当与另一个具有旋光性的化合物反应时，左旋异构体和右旋异构体的反应速率往往不同。另一个重要差别表现在不同的生理效能上，例如，（＋）-葡萄糖具有营养价值，但其对映体（－）-葡萄糖在动物体内不起作用，（－）-氯霉素有抗菌作用，（＋）-氯霉素无抗菌作用，又如（－）-烟碱比其对映体的毒性大。

对映体的左旋体和右旋体等量混合后，它们的旋光性互相抵消，不再显旋光性，称为外消旋体，以（±）表示。

6.5　含有两个手性碳原子的旋光异构

6.5.1　含有两个不同手性碳原子的旋光异构

含两个不同手性碳原子的化合物存在四个旋光异构体，以氯代苹果酸为例，它的 4 个旋光异构体的投影式如下：

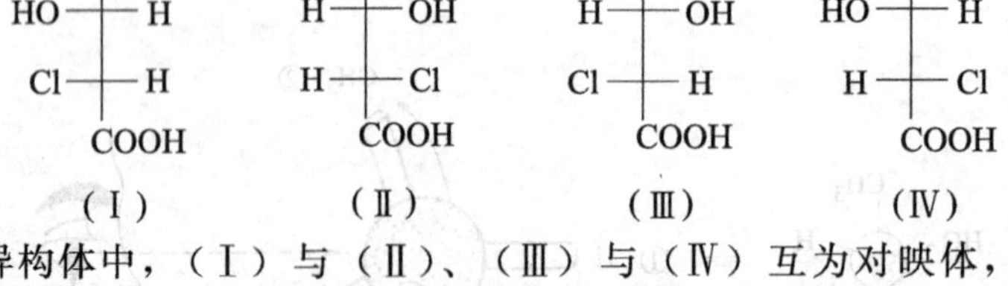

$$
\begin{array}{cccc}
\text{COOH} & \text{COOH} & \text{COOH} & \text{COOH} \\
\text{HO——H} & \text{H——OH} & \text{H——OH} & \text{HO——H} \\
\text{Cl——H} & \text{H——Cl} & \text{Cl——H} & \text{H——Cl} \\
\text{COOH} & \text{COOH} & \text{COOH} & \text{COOH} \\
（Ⅰ） & （Ⅱ） & （Ⅲ） & （Ⅳ）
\end{array}
$$

在上面四个异构体中，（Ⅰ）与（Ⅱ）、（Ⅲ）与（Ⅳ）互为对映体，等量的（Ⅰ）与（Ⅱ）或（Ⅲ）与（Ⅳ）组成的混合物为外消旋体。至于（Ⅰ）或（Ⅱ）与（Ⅲ）或（Ⅳ）之间不是对映体的关系，这种不逞实物与镜像关系的旋光异构体，称为非对映异构体，简称非对映体。非对映体不仅比旋光度不同，其他物理性质也不一样。

分子中包含手性碳原子的数目越多，旋光异构体的数目也越多，含两个不同手性碳原子的化合物按上面推导的组合方式共有 2^2，即四个旋光异构体，其中有两对对映体。含 3 个不同手性碳原子的化合物共有 2^3，即 8 个旋光异构体，有 4 对对映体，含 n 个不同手性碳原子的化合物共有 2^n 个旋光异构体，其中包括 2^{n-1} 对对映体。

6.5.2 含有两个相同手性碳原子的旋光异构

对于含有两个相同手性碳原子的分子，会出现另一种情况。例如，2,3-二羟基丁二酸（俗名酒石酸）可以写出四种 Fischer 投影式：

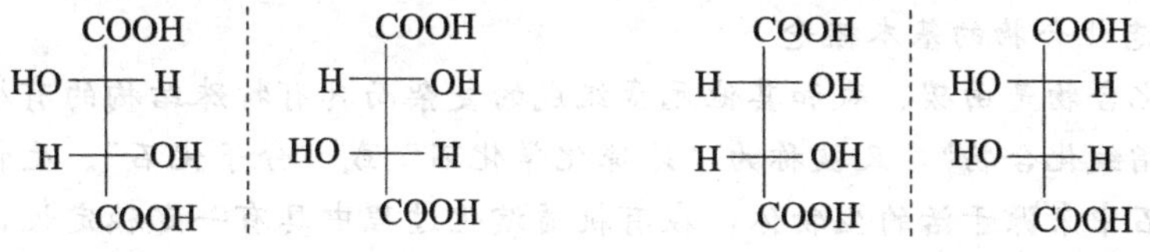

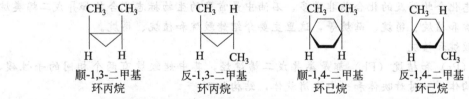

（Ⅰ）和（Ⅱ）互为对映体。（Ⅲ）和（Ⅳ）表面看来似乎是对映体关系，但两者完全重叠，它们是同一构型，代表一种化合物。实际上（Ⅲ）或（Ⅳ）分子中有一对称面，是不旋光的。这种不旋光的异构体称为内消旋体，以 m（希腊字头 meso-的首字母）表示。

当分子内含有一个以上手性碳原子时，按照 R/S 法描述其构型，需分别确定各手性碳原子的构型是 R 型或 S 型，并用阿拉伯数字标明该手性碳原子的位次，以酒石酸为例：

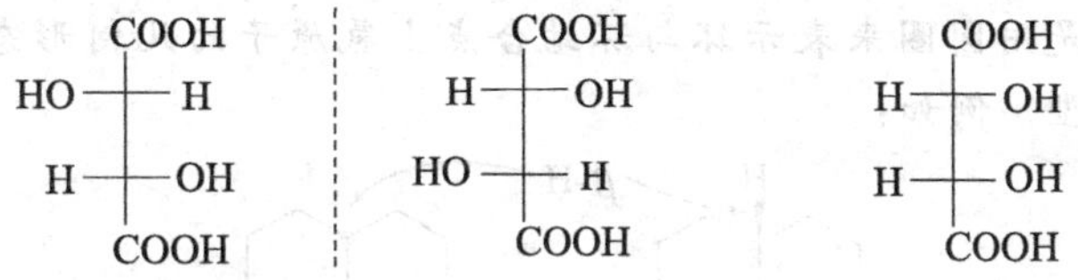

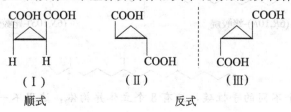

$(2S,3S)$-$(-)$-酒石酸　　　$(2R,3R)$-$(+)$-酒石酸　　　$(2R,3S)$-酒石酸

6.6　脂环化合物的立体异构

脂环化合物由于环的限制，环上所连的原子或原子团不能自由旋转，如果环上有两个或两个以上的碳原子各连接不同的原子或基团时，就会有顺反异构现象。例如：

顺-1,3-二甲基环丙烷　　　反-1,3-二甲基环丙烷　　　顺-1,4-二甲基环己烷　　　反-1,4-二甲基环己烷

在上式中，两个甲基在环平面同侧者称为顺式，在异侧者称为反式。在表示环烷烃分子的顺反异构时，一般用平面表示环的结构。

某些脂环化合物不仅存在顺反异构现象，如果环上有手性碳原子时，则可能存在对映异构现象。

例如，1,2-环丙烷二甲酸有三个立体异构体，其中既有顺反异构体，也有对映异构体。

（Ⅰ）　　　（Ⅱ）　　　（Ⅲ）

顺式　　　　　　反式

（Ⅰ）与（Ⅱ）、（Ⅲ）是顺反异构体，它们不是镜像关系，故是非对映异构体。其中（Ⅰ）分子中有一对称面，无旋光性；（Ⅱ）和（Ⅲ）互为对映异构体，均有旋光性，等量混合组成外消旋体。

【阅读材料】

生物标志化合物及其在有机地球化学研究中的应用

1. 生物标志化合物的基本概念

生物标志化合物是由碳、氢和其他元素组成的复杂而具有特殊结构的有机化合物。它最初叫做"生物指纹化合物"，又被称为"地球化学化石"或"分子化石"。生物标志化合物是指沉积物或岩石中来源于活的生物体，在有机质演化过程中具有一定稳定性，没有或较少发生变化，基本保存了原始生化组分的碳骨架，记载了原始生物母质的特殊分子结构信息的有机化合物。

2. 生物标志物 α-构型和 β-构型的确认

当几个饱和环稠合在一起时，如甾烷分子，位于环与环结合点上的基团可以指向读者或背向读者，一种常用的方法是用楔形线或虚线来表示这两种几何构型，背向读者的基团用虚线表示，称为 α-构型，指向读者的基团用楔形线表示，称为 β-构型。

第二种表示方法是用圆圈来表示环与环结合点上氢原子的几何形态，空心圆表示 α-构型，实心圆表示 β-构型。例如：

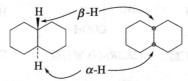

一般的环状生物标记物都有许多（n 个）手性碳，相应的就有不多于 2^n 个立体异构体。但通常生物合成物仅在每个手性中心产生一种最适合生物分子功能的构型（生物构型），它在地质过程中将会逐步向其他构型（地质构型）转化，这是生物标志化合物作为地球化学指标的一个重要基础。

3. 石油中最常见的生物标志化合物及其 R、S 构型

生物标志化合物涉及的化合物非常多，石油中最常见的生物标志化合物如异戊二烯类烷烃中的姥鲛烷和植烷、甾烷、萜烷等，这里主要介绍姥鲛烷和植烷、甾烷。

（1）姥鲛烷和植烷

姥鲛烷（Pr）和植烷（Ph）都是类异戊二烯烷烃，其中姥鲛烷有两个相同的手性碳，存在三个异构体，一对对映体和一个内消旋体，结构如下：

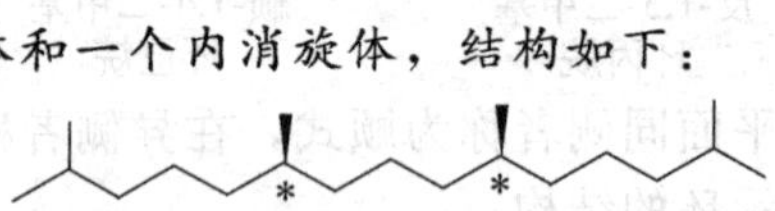

(6R,10S)-姥鲛烷

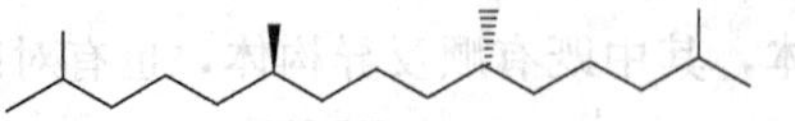

(6R,10R)-姥鲛烷　　　　　　　(6S,10S)-姥鲛烷

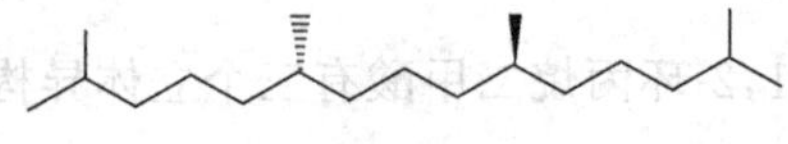

植烷的构造式如下：

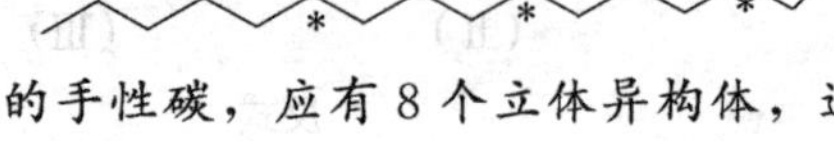

植烷分子中有 3 个不同的手性碳，应有 8 个立体异构体，这里不一一介绍了。

在沉积物的缺氧条件下，植基侧链断裂而产生植醇，姥鲛烷、植烷都是由植醇演化而来的。

在缺氧的沉积环境中，植醇被还原为二氢植醇，继续加氢还原成植烷。在含氧条件下，植醇先氧化成植烷酸，接着脱官能团（脱羧基）形成姥鲛烯，然后还原为姥鲛烷。植醇结构如下：

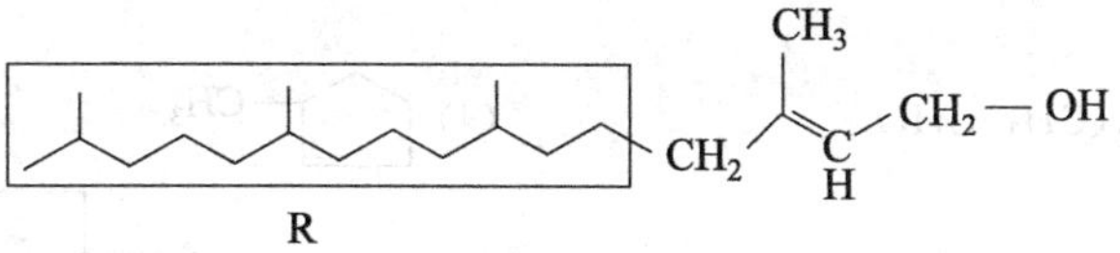

植醇

因此，姥鲛烷和植烷的分布特征可以反映沉积环境。在 Pr 与 Ph 主要来源于叶绿素的情况下，Pr/Ph<1 或 Pr/Ph>1 分别指示还原性和氧化性沉积环境。

（2）甾烷类

甾烷类是另一大类生物标志化合物，是具有一烷基侧链的四环化合物，四环结构又称甾核（环戊并全氢化菲）。沉积物和石油中甾烷的先质几乎都来源于真核生物中的甾醇。例如：

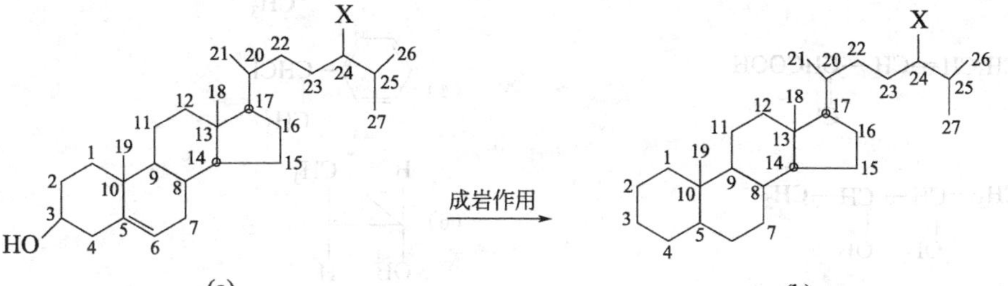

真核生物中的甾醇αα(20R)
X=H, CH₃, C₂H₅

沉积物中的甾烷
(生物构型)αα(20R)

甾醇成岩转化成甾烷

在甾类结构中，环上有七个手性碳原子：C5、C8、C9、C10、C13、C14、C17，链上的手性碳原子有 C20、C24（X＝CH₃、CH₂CH₃）。因此存在十分复杂的立体构型混合物，其中，具有重要地球化学意义的构型在 C5、C14、C17、C20 位。甾醇在 C5 位上的双键在成岩早期还原时，形成 5α(H)-构型和 5β(H)-构型。其中，5β(H)-构型为生物构型，主要存在于未成熟的沉积物中。

目前生物标志化合物主要应用在烃源岩沉积有机质的来源和类型、成熟度、油气源对比以及油气藏形成与保存等方面。人们可以用沉积有机质中生物标志化合物来追溯古生态环境，探讨原始有机质的生源构成，利用其对映体的异构化变化，判断有机质的热演化程度，根据生物标志化合物具有稳定碳骨架的特点，建立油气与源岩的亲缘关系。在具体应用过程中，还需要结合实际的地质、地球化学条件。

习　题

1. 下列各对化合物属于构造异构、顺反异构、对映异构，还是同一化合物？

（1）$(CH_3)_2CHCH_2OH$ 与 $(CH_3)_2C(OH)CH_3$　　　（2）$(CH_3)_2CHOCH_3$ 与 $(CH_3)_3COH$

（3）

（4）

(5) 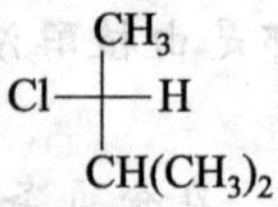
$$Cl-\overset{\overset{\displaystyle CH_3}{|}}{\underset{\underset{\displaystyle CH(CH_3)_2}{|}}{C}}-H$$
　与　
$$H_3C-\overset{\overset{\displaystyle Cl}{|}}{\underset{\underset{\displaystyle CH(CH_3)_2}{|}}{C}}-H$$

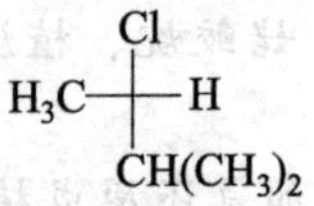

2. 以"*"标出下列化合物的手性碳原子。

(1) 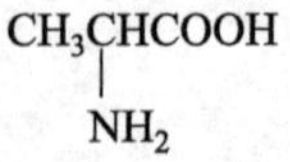
$$\underset{\underset{\displaystyle NH_2}{|}}{CH_3CHCOOH}$$

(2) $HOCH_2CH(OH)COOH$

(3) $CH_3CHClCH_2CH(CH_3)CHO$

(4)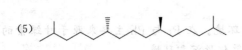

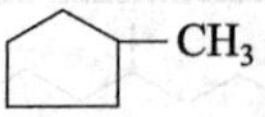

(5)

(6)

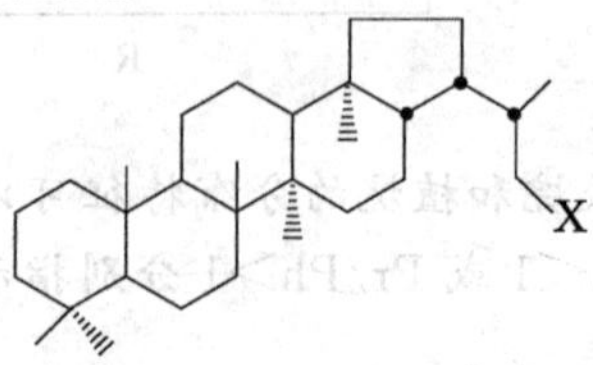

3. 下列化合物哪些存在顺反异构体，哪些属于旋光性化合物？

(1) $CH_3CH_2CH(CH_3)_2$

(2) 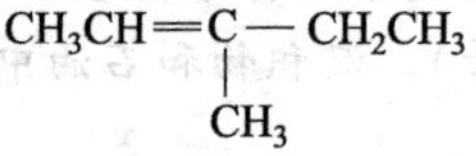
$$CH_3CH=\overset{\overset{\displaystyle }{}}{\underset{\underset{\displaystyle CH_3}{|}}{C}}-CH_2CH_3$$

(3)
$$CH_3CH=CH-\underset{\underset{\displaystyle Cl}{|}}{CHCOOH}$$

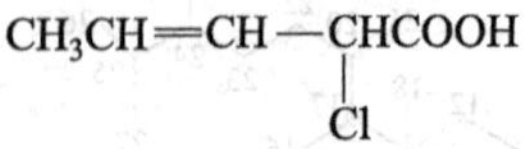

(4) 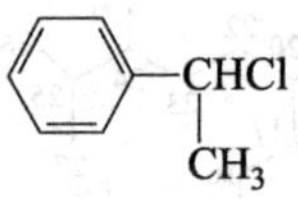
$$C_6H_5-\underset{\underset{\displaystyle CH_3}{|}}{CHCl}$$

(5)
$$CH_3-\underset{\underset{\displaystyle OH}{|}}{CH}-\underset{\underset{\displaystyle OH}{|}}{CH}-CH_3$$

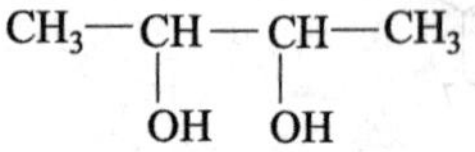

(6)

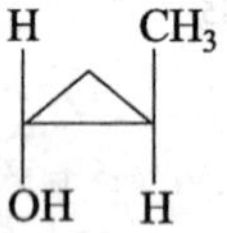

4. 写出下列化合物的 Fischer 投影式。

(1) (R)-2-溴丁烷

(2) (S)-2-氯丙酸

(3) (2R，3S)-2-氯-3-溴丁烷

5. 下列化合物各有多少立体异构体，写出各投影式，并指出对映体、非对映体、内消旋体。

(1) $CH_3-CHBr-CHBr-CH_3$

(2) $CH_3-CHBr-CHBr-CH_2CH_3$

6. 于 20℃下在 20cm 的盛液管中测得蔗糖水溶液的旋光度为＋10.75°，试计算比旋光度（蔗糖溶液浓度为 0.284g·mL^{-1}）。

第7章 卤 代 烃

烃分子中氢原子部分或全部被卤素原子取代的化合物称为卤代烃，卤素原子是卤代烃的官能团。由于氟代烃的化学性质和制备方法比较特殊，通常所说的卤代烃是指氯代烃、溴代烃和碘代烃。卤代烃用途广泛，其中最有价值的就是作为工业溶剂、吸入式麻醉剂、制冷剂和杀虫剂。

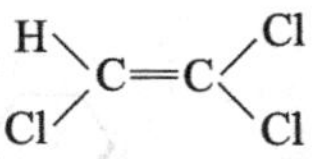

$$
\begin{array}{cccc}
\underset{\text{三氯乙烯}}{\underset{(\text{溶剂})}{\ce{H\,C=C\,Cl}}} &
\underset{\text{三氟氯溴乙烷}}{\underset{(\text{吸入式麻醉剂})}{}} &
\underset{\text{二氟二氯甲烷}}{\underset{(\text{制冷剂})}{}} &
\underset{\text{溴甲烷}}{\underset{(\text{熏蒸剂})}{}}
\end{array}
$$

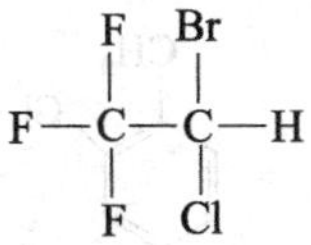

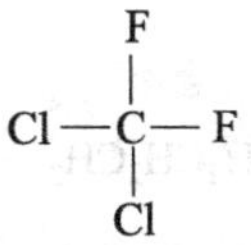

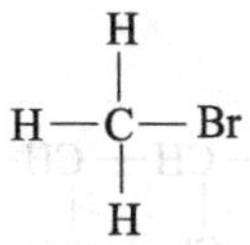

7.1 卤代烃的分类及命名

7.1.1 卤代烃的分类

根据卤代烃中卤原子的个数，可将卤代烃分为一卤代烃、二卤代烃和多卤代烃，例如 CH_3Cl（一卤代烃）、CH_2Cl_2（二卤代烃）、$CHCl_3$、CCl_4（多卤代烃）。

根据卤代烃分子中烃基结构的不同，卤代烃可分为卤代烷烃、卤代烯烃和卤代芳烃。例如：

$$
\begin{array}{ccc}
CH_3CH_2Cl & CH_2{=}CHCl & \text{（苯基）}{-}Br \\
(CH_3)_3CBr & CH_2{=}CHCH_2Cl & \text{（苯基）}{-}CH_2Br \\
\text{卤代烷烃} & \text{卤代烯烃} & \text{卤代芳烃}
\end{array}
$$

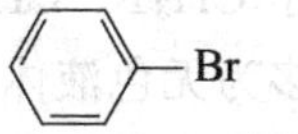

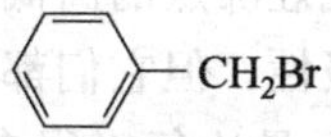

对于卤代烷，还可根据卤素所连接碳原子的种类分为伯卤代烷（1°RX）、仲卤代烷（2°RX）和叔卤代烷（3°RX）。例如：

$$
\begin{array}{ccc}
CH_3CH_2Cl & \underset{\underset{Cl}{|}}{CH_3CHCH_3} & (CH_3)_3CCl \\
\text{伯卤代烷} & \text{仲卤代烷} & \text{叔卤代烷}
\end{array}
$$

在卤代烯烃和卤代芳烃中，根据卤原子与双键或苯环在分子中相对位置的不同，卤代烯烃又有乙烯型、烯丙型之分，卤代芳烃有卤苯型和苄基型之分。例如：

$$
\begin{array}{cccc}
CH_3CH{=}CHCl & \text{乙烯型} & CH_3CH{=}CHCH_2Cl & \text{烯丙型} \\
H_3C{-}\text{（苯基）}{-}Br & \text{卤苯型} & \text{（苯基）}{-}CH_2Cl & \text{苄基型}
\end{array}
$$

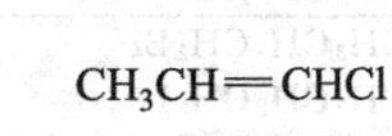

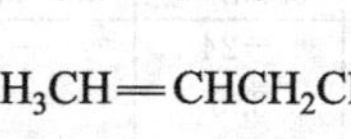

乙烯型或卤苯型卤代烃与烯丙型或苄基型卤代烃由于结构的差别，在化学性质上差别较大。

7.1.2 卤代烃的命名

卤代烃的命名主要采用普通命名法和系统命名法。

（1）普通命名法

简单卤代烃采用普通命名法，根据卤代烃中烃基的名称命名为"某烃基卤"。例如：

$(CH_3)_3C—Cl$ $(CH_3)_2CH—Cl$ $CH_2=CH—Cl$ $PhCH_2—Cl$

叔丁基氯   异丙基氯   乙烯基氯   苄基氯

另外，多卤代烷还有一些习惯的特殊名称。例如：$CHCl_3$、$CHBr_3$、CHI_3 称为卤仿或三卤甲烷；CCl_4 可称为四氯化碳或四氯甲烷。

（2）系统命名法

系统命名法是把卤素作为取代基，烃作为母体来命名。例如：

$CH_3-CH-CH-CH_2CH_2CH_3$
       | |
      Cl CH_3

3-甲基-2-氯己烷   1-甲基-2,4-二氯苯   反-1-甲基-2-氯环己烷

$CH_3-CH_2-CH-CH-CH_2-CH_3$
           | |
          Cl   Br

3-氯-4-溴己烷   1-氯-4-溴苯 $CH_3CHClCH_2I$

                                                      2-氯-1-碘丙烷

7.2 卤代烃的物理性质

在常温常压下，除了 CH_3F、CH_3Cl、CH_3Br、C_2H_5F、C_2H_5Cl、C_3H_7F 等卤代烃为气体外，其他常见卤代烃大多为无色液体，高级卤代烃是固体。卤代烃的熔、沸点比相应的烃高。卤素原子不同时，卤代烃沸点的高低顺序为：$RI>RBr>RCl>RF$，与相对分子质量大小次序相同。虽然卤代烃有极性，但它们都不溶于水，而易溶于醚、醇、烃类等有机溶剂。

卤素的相对原子质量比氢大得多，故卤代烃的密度比相应的烃大。卤代烃的密度随着卤素原子个数的增加而增加，随着碳原子数的增加而减小。具有相同烃基的卤代烃的密度按氟代烃、氯代烃、溴代烃、碘代烃依次增大。含 Br、I 的卤代烃，相对密度大于 1，所有的卤代芳烃相对密度都大于 1。表 7-1 列出了一些常见卤代烃的物理常数。

卤代烃的蒸气有毒，应尽量避免吸入。碘代烃稳定性较差，纯碘代烷是无色的，见光容易分解而产生游离 I_2。因此，RI 一般放久后都有颜色，故碘代烷应保存在棕色瓶中。

表 7-1 一些常见卤代烃的物理常数

名称	结构式	沸点/℃	相对密度	名称	结构式	沸点/℃	相对密度
氯甲烷	CH_3Cl	-24	—	1-溴丙烷	$CH_3CH_2CH_2Br$	71	1.335
溴甲烷	CH_3Br	3.6	—	1-碘丙烷	$CH_3CH_2CH_2I$	102	1.747
碘甲烷	CH_3I	42.5	2.279	二氯甲烷	CH_2Cl_2	40.0	1.327
氯乙烷	CH_3CH_2Cl	12.5	0.8978	三氯甲烷	$CHCl_3$	61.7	1.483
溴乙烷	CH_3CH_2Br	38.0	1.440	氯苯	C_6H_5Cl	132	1.1058
碘乙烷	CH_3CH_2I	72.0	1.933	溴苯	C_6H_5Br	156	1.4950
氯乙烯	$CH_2=CHCl$	-13.4	—	碘苯	C_6H_5I	188.3	1.8308
1-氯丙烷	$CH_3CH_2CH_2Cl$	47.0	0.890	对二氯苯	$p\text{-}ClC_6H_4Cl$	174	1.2475

7.3　卤代烃的化学性质

在卤代烷中，碳原子为 sp^3 杂化态，存在 C—C、C—H 和 C—X 三种 σ 键，由于卤原子的电负性大于碳原子，C—X 键是强极性键，有较大的偶极矩，与卤素相连的碳原子带部分正电荷（C^{δ^+}—X^{δ^-}）。又因为 C—X 键的键能较小，容易断键发生反应。因此，卤代烃的化学性质比较活泼，卤原子容易被其他原子或原子团取代，生成含氧、含氮等其他类型的化合物；在一定条件下，卤代烃也容易脱除卤化氢，生成不饱和烃，即发生消除反应。

7.3.1　取代反应

卤代烷与 NaOH、NaOR、NaCN、NH_3、$AgNO_3$ 等试剂反应，分子中的卤原子被—OH、—OR、—CN、—NH_2、—ONO_2 等基团所取代，生成相应的有机化合物。取代反应是卤代烃的一个特征反应。

（1）被羟基取代（水解）

卤代烷与 NaOH 水溶液共热，卤原子则被羟基（—OH）取代，产物是醇，这个反应也叫做卤代烃的水解反应。NaOH 可以加速水解反应，并使水解反应进行完全。

$$R—X + NaOH \xrightarrow{H_2O} ROH + NaCl$$

由于醇易于制备、来源广泛，故对于较简单的卤代烷，这个反应的合成价值不大。

（2）被烷氧基取代（醇解）

卤代烷与醇钠作用，卤原子被烷氧基（—OR）取代而生成醚。这是制备混合醚的重要方法，叫做威廉姆森（Williamson）醚合成法：

$$RX + R'ONa \longrightarrow R'OR + NaX$$

卤代烷一般是伯卤代烷，若用叔卤代烷与醇钠反应，往往发生消除反应得到烯烃，而不是发生取代反应（卤代烷的水解、氰解及氨解反应一般也用伯卤代烷为原料）。若想合成含有叔烃基的醚，可以采用叔醇钠与伯卤代烷反应，例如：

$$\underset{\underset{CH_3}{|}}{\overset{\overset{CH_3}{|}}{CH_3—CH_2—C—ONa}} + CH_3CH_2Br \longrightarrow \underset{\underset{CH_3}{|}}{\overset{\overset{CH_3}{|}}{CH_3—CH_2—C—OCH_2CH_3}} + NaBr$$

（3）被氰基取代（氰解）

卤代烷与 NaCN 或 KCN 的醇溶液共热，则氰基（—CN）取代卤原子得到腈：

$$RX + NaCN \longrightarrow RCN + NaX$$

腈水解可以得到羧酸，腈还原可以得到伯胺。生成的产物比反应物多一个碳原子，这是有机合成中增长碳链的方法之一。

$$RCN \xrightarrow[\triangle]{H_3O^+} RCOOH$$

$$RCN \xrightarrow{H_2/Ni} RCH_2NH_2$$

（4）被氨基取代（氨解）

卤代烷与过量氨共热生成胺。

$$RX + NH_3（过量）\xrightarrow{\triangle} RNH_2 + NH_4X$$

由于生成的胺具有更强的反应活性，故氨不过量时，此反应得到的伯胺（RNH_2）会进一步与卤代烷反应生成仲胺（R_2NH）、叔胺（R_3N）及季铵盐（$R_4N^+X^-$），这将在 11.1.4 中讨论。

$$RX+NH_3 \longrightarrow RNH_2 \xrightarrow{RX} R_2NH \xrightarrow{RX} R_3N \xrightarrow{RX} R_4N^+X^-$$

（5）与 $AgNO_3$ 的醇溶液反应

卤代烃与 $AgNO_3$ 的乙醇溶液作用生成硝酸酯和卤化银沉淀，这个反应常用于鉴别不同烃基结构及不同卤素原子的卤代烃：

$$RX+AgNO_3 \xrightarrow{C_2H_5OH} \underset{\text{硝酸酯}}{RONO_2} + AgX\downarrow$$

RX、$AgNO_3$ 和硝酸酯都能溶于乙醇，但 AgX 不溶。卤代烃中烃基结构不同，生成 AgX 沉淀的速率不同。烯丙型卤代烃、苄基型卤代烃和叔卤代烃与硝酸银的乙醇溶液反应，立即生成沉淀；仲卤代烃 $10min$ 后出现沉淀；伯卤代烃加热后生成沉淀；乙烯型卤代烃、卤苯型卤代芳烃加热也很难反应。因此，可以根据反应速率鉴别不同烃基结构的卤代烃；还可以根据 AgX 沉淀的颜色（$AgCl$ 白色沉淀，$AgBr$ 浅黄色沉淀，AgI 黄色沉淀）鉴别是氯代烃、溴代烃还是碘代烃。

7.3.2 消除反应

具有 β-氢原子的卤代烃，在碱的醇溶液中加热，能从卤代烃分子中脱出一分子卤化氢而形成烯烃，此反应叫消除反应，又称消去反应（Elimination，简写为 E）。

$$R-\underset{\underset{H}{|}}{CH}-\underset{\underset{X}{|}}{CH_2} \xrightarrow[\triangle]{KOH/C_2H_5OH} R-CH=CH_2 + KCl + H_2O$$

卤代烃的消除反应有以下特点。

① 含有两个或两个以上 β-碳原子的卤代烃脱卤化氢时，主要是脱去 X 及含氢较少的 β-碳原子上的氢原子，得到双键碳上含支链较多的烯烃，这叫做查依采夫（Saytzeff）规则。例如：

$$CH_3CH_2\underset{\underset{Cl}{|}}{CH}CH_3 \xrightarrow[\triangle]{KOH-C_2H_5OH} \underset{81\%}{CH_3CH=CHCH_3} + \underset{19\%}{CH_3CH_2CH=CH_2}$$

② 不同结构的卤代烃，脱卤化氢的难易程度为：

$$\text{叔卤代烃} > \text{仲卤代烃} > \text{伯卤代烃}$$

③ 消除反应与取代反应为竞争反应，前者是碱进攻 β-氢原子生成烯烃，后者是亲核试剂进攻 α-碳原子得到取代产物。一般来说，稀碱水溶液有利于取代反应，而浓碱的醇溶液或高温有利于消除反应。

$$RCH_2CH_2X \begin{cases} \xrightarrow{NaOH/H_2O} RCH_2CH_2OH \quad \text{（取代反应）} \\ \xrightarrow{NaOH/C_2H_5OH} RCH=CH_2 \quad \text{（消去反应）} \end{cases}$$

由于叔卤代烃中的卤原子非常活泼，往往在碱水溶液中容易发生消除反应。因此，如前所述，叔卤代烃与 NaOH、NaOR、NaCN、NH_3 等碱性试剂作用时，主要发生消除反应形成烯烃。

有些二卤代烃在碱的醇溶液中消去两分子卤化氢生成炔烃。这是在分子中引入碳碳三键的方法之一。例如：

$$RCH_2CHX_2+2KOH \xrightarrow[\triangle]{C_2H_5OH} R-C\equiv CH$$

$$RCHXCH_2X + 2KOH \xrightarrow[\triangle]{C_2H_5OH} R-C\equiv CH$$

7.3.3 与金属的反应

卤代烃能与多种金属反应，形成金属有机化合物。金属有机化合物由于其结构和性质的特殊性，在有机合成中具有重要的应用。

（1）与金属钠反应

卤代烷与金属钠很容易反应生成烷烃，此反应称为武尔茨（Wurtz）反应，是合成对称烷烃的常用方法。普遍认为反应首先形成非常活泼的有机钠化合物（RNa），RNa 容易进一步与卤代烷反应生成烷烃。RNa 很活泼，无法分离出来。

$$2RX + Na \longrightarrow R-R + NaX$$

（2）与金属镁反应

卤代烃与金属镁在无水乙醚或无水四氢呋喃中反应得到有机镁化合物（RMgX）。

$$RX + Mg \xrightarrow{干醚} RMgX$$

由于此反应是 V. Grignard 于 1900 年发现的，故有机镁化合物（RMgX）称为格利雅（Grignard）试剂，简称格氏试剂。格氏试剂非常活泼，能与含活泼氢的化合物反应而分解，也能与活泼卤代烃反应，还易被空气中的氧气氧化。具体反应物及产物如表 7-2 所示。

表 7-2 格氏试剂与含活泼氢化合物及活泼卤代烃的反应

格氏试剂	反应物	产 物
RMgX	H_2O	$RH + MgX(OH)$
	ROH	$RH + MgX(OR)$
	HX	$RH + MgX_2$
	NH_3, RNH_2, R_2NH	$RH + MgXNH_2(MgXNHR, MgXNR_2)$
	$RCOOH$	$RH + MgX(OCOR)$
	$RC\equiv CH$	$RH + RC\equiv CMgX$
	$CH_2CH=CHCH_2X$	$CH_2CH=CHCH_2-R + MgX_2$
	O_2	$ROMgX$

因此，在制备和保存格氏试剂时，必须严格注意防止有活泼氢的物质，特别是 H_2O 的进入，同时还要隔绝空气。

由于格氏试剂（RMgX）中烃基带部分负电荷，故 RMgX 具有较强的亲核性，能与许多化合物反应。特别是进攻一些化合物中带部分正电荷的碳，增长碳链，转换官能团等，在有机合成上有广泛的用途。

（3）与金属锂反应

卤代烃与金属锂作用生成有机锂化合物，有机锂试剂的活泼性比格氏试剂更强，制备有机锂所用的卤代烃为氯代烃或溴代烃（包括溴代芳烃）。有机锂试剂一般在 N_2 下保存于烷烃中。

$$CH_3CH_2CH_2CH_2Br + 2Li \xrightarrow[N_2, -10℃]{n-C_6H_{14}} CH_3CH_2CH_2CH_2Li + LiBr$$

有机锂试剂与格氏试剂的化学性质相似，但价格上比格氏试剂昂贵。在合成上除非遇到空间位阻大的反应物不易与格氏试剂反应外，通常用格氏试剂进行反应。

7.4 亲核取代反应历程及其影响因素

7.4.1 亲核取代反应历程

在上述卤代烃的取代反应中，由于卤素原子的电负性大于碳原子，与卤素原子直接相连的碳原子带部分正电荷，卤素原子带部分负电荷，即：$C^{\delta+}$—$X^{\delta-}$，而进攻试剂都是以孤对电子（如 H_2O、NH_3）或负离子（如 CN^-、RO^-、HO^-）的形式进攻分子中带部分正电荷的碳原子，导致卤原子以负离子的形式离去，生成取代产物。因此，把这类取代反应叫做亲核取代反应（nucleophilic substitution，简称 S_N）。其中，进攻试剂叫做亲核试剂，用 Nu^- 表示。

大量实验事实证明，卤代烃的亲核取代反应主要有两种历程。这两种历程是从亲核试剂 Nu^- 的进攻与离去基团 X^- 离去的先后顺序来划分的。

(1) 单分子亲核取代反应历程（S_N1 历程）

在 S_N1 历程中，反应是分两步进行的。第一步是卤代烃在溶剂作用下离解为碳正离子 R_3C^+ 及卤素负离子 X^-；第二步是亲核试剂进攻碳正离子形成产物。例如：

$$(CH_3)_3C—Br \xrightarrow{慢} (CH_3)_3C^+ + Br^-$$
$$(CH_3)_3C^+ + OH^- \xrightarrow{快} (CH_3)_3C—OH$$

反应中形成碳正离子的一步速率较慢，是决定整个反应速率的步骤。因为在这一步中，参加反应形成碳正离子中间体的仅是卤代烃一种分子，因此叫单分子亲核取代反应，用 S_N1 表示。

(2) 双分子亲核取代反应历程（S_N2 历程）

在 S_N2 历程中，亲核试剂 Nu^- 的进攻与离去基团 X^- 的离去同时进行，并且亲核试剂 Nu^- 从离去基团 X^- 的背面进攻。这个反应只有一步，有两个分子参与了过渡态的形成，称为双分子亲核取代反应，用 S_N2 表示。

$$Nu^- + R^2{-}\underset{R^3}{\overset{R^1}{C}}{-}X \longrightarrow \left[Nu{---}\underset{R^2 \quad R^3}{\overset{R^1}{\underset{\delta^-}{C}}}{-}X \right]^{\delta^-} \longrightarrow Nu{-}\underset{R^3}{\overset{R^1}{C}}{-}R^2 + X^-$$

过渡态

当取代反应按 S_N2 历程进行时，亲核试剂 Nu^- 从离去基团 X^- 的背面进攻 α-碳原子，在过渡态时，Nu^- 与 X^- 在同一条直线上，而 α-碳原子上其他三个基团在同一平面内。随着 Nu^- 与 α-碳原子的结合，X^- 从后面离去，α-碳原子又恢复四面体构型，而其他三个基团则向后翻转，Nu^- 在原来 X^- 对面的位置上。生成的产物与原来的卤代烃相比，构型发生了翻转，这种构型的翻转叫瓦尔登（Walden）转化。

7.4.2 影响亲核取代反应的因素

卤代烃的亲核取代反应可按 S_N1 和 S_N2 两种历程进行。亲核取代反应的两种历程在反应中同时存在，相互竞争。研究表明，反应历程与反应物的结构、离去基团性质、亲核试剂性质以及溶剂性质等因素都有关系，下面主要讨论烃基结构及离去基团对卤代烃亲核取代反应的影响。

(1) 烃基结构的影响

影响反应历程的因素很多，卤代烃本身的结构是主要因素之一。在卤代烃分子中，反应中心是 α-碳原子，α-碳原子上电子云密度的高低及空间位阻的大小直接影响反应历程。如果 α-碳原子上电子云密度低，所连基团的空间位阻小，则有利于 Nu^- 进攻，有利于反应按 S_N2 历程进行；反之，则有利于卤素原子夺取电子而以 X^- 的形式离解，有利于按 S_N1 历程进行反应。从反应中间体来看，如果能形成稳定的碳正离子，则有利于反应按 S_N1 历程进行；反之，则有利于 S_N2 历程。因此，卤代烃结构对亲核取代反应历程和反应活性的影响，可以简单归纳如下。

进行 S_N1 反应活性高低顺序为：

$$烯丙基，苄基型卤代烃 > 3°RX > 2°RX > 1°RX > CH_3X$$

进行 S_N2 反应活性高低顺序为：

$$烯丙基，苄基型卤代烃 > CH_3X > 1°RX > 2°RX > 3°RX$$

（2）离去基团性质的影响

S_N1 和 S_N2 反应都遵循同样的规律：被取代的基团越易离去，反应速率越快。

由于离去基团总是带着一对电子离开中心碳原子，这与亲核试剂总是带着一对电子向中心碳原子进攻的情况正好相反，离去基团的碱性越弱，负离子越稳定，离去倾向越大。卤代烃中卤素负离子离去能力大小顺序为：$I^- > Br^- > Cl^- > F^-$。所以卤素原子不同时，卤代烃亲核取代反应的活性顺序是：$RI > RBr > RCl > RF$。

S_N1 历程的关键步骤是碳正离子的形成，有重排产物生成，且手性底物的产物外消旋化。S_N2 历程中亲核试剂的进攻与离去基团的离去同时进行，产物构型反转。易于离解成稳定碳正离子的卤代烷倾向于按 S_N1 历程进行，好的离去基团对 S_N1 和 S_N2 反应都有利。

7.5 重要的卤代烃

（1）溴甲烷（CH_3Br）

常温下，溴甲烷为无色气体，通常无味，高浓度时有甜味。沸点 3.6℃，蒸气与空气混合物的爆炸极限为 13.5%～14.5%。微溶于水，易溶于乙醇、乙醚、氯仿和苯等有机溶剂。

溴甲烷是一种强烈的神经毒剂，具有强烈的熏蒸作用，能高效、广谱地杀灭各种有害生物，可用作土壤熏蒸剂及仓库、温室、建筑物、船只和飞行器的消毒剂。由于溴甲烷无色无味，为了保证使用者的安全，常常在这种熏蒸剂中加入约 2% 的催泪剂，用作警报剂。

（2）三氯甲烷（$CHCl_3$）

三氯甲烷俗称氯仿，是一种无色透明易挥发液体，有特殊甜味。相对密度 1.489，沸点 61.7℃。易溶于乙醚、乙醇、苯等有机溶剂，微溶于水，不易燃烧。可溶解油脂、蜡、树脂和橡胶等多种有机物，是常用的低沸点有机溶剂。油气地球化学研究中常用氯仿为溶剂抽提岩石样品中的有机质，抽提出的有机质称为氯仿沥青 "A"。氯仿也是生产氟里昂-22（一氯二氟甲烷）的原料。

三氯甲烷有麻醉性，有毒，被认为是致癌物质。三氯甲烷在光照下，能被空气中的氧气氧化成氯化氢和有剧毒的光气：

$$2CHCl_3 + O_2 \xrightarrow{\text{日光}} 2Cl\!-\!\underset{\underset{光气}{\|}}{\overset{O}{C}}\!-\!Cl + 2HCl$$

（3）四氯化碳（CCl_4）

四氯化碳为无色、易挥发、不易燃的液体，具氯仿的微甜气味，沸点 76.8℃。不溶于水，可与乙醇、乙醚、氯仿及石油醚等混溶。能溶解脂肪、油漆、树脂和橡胶等多种有机物，是常用有机溶剂。四氯化碳的蒸气有毒，它的麻醉性较氯仿低，但毒性较高，吸入人体 2～4mL 就可使人死亡。四氯化碳用作灭火剂时，不能扑灭活泼金属的火，因为活泼金属可以与之反应。灭火时四氯化碳和水在高温下能产生光气，因此要注意空气流通，防止中毒。

$$CCl_4 + H_2O \xrightarrow{500℃} COCl_2 + 2HCl$$

　　(4) 氯乙烯

　　氯乙烯是无色具有微弱芳香气味的气体，沸点－13.9℃，难溶于水，易溶于 CCl_4、CH_2ClCH_2Cl 等有机溶剂，是生产聚氯乙烯的单体。

　　工业上生产氯乙烯主要有乙炔法和乙烯法两种，反应式如下：

$$HC\equiv CH + HCl \xrightarrow[150\sim160℃]{HgCl_2/C} CH_2=CHCl$$

$$CH_2=CH_2 + Cl_2 \xrightarrow[40℃]{FeCl_3} CH_2ClCH_2Cl \xrightarrow{500℃} CH_2=CHCl + HCl$$

　　(5) 氟里昂

　　氟里昂是几种氟氯代甲烷和氟氯代乙烷的总称，其中最重要的是二氟二氯甲烷（CCl_2F_2，F-12）。氟里昂在常温下都是无色气体或易挥发液体，略有香味，低毒，化学性质稳定。二氟二氯甲烷在常温常压下为无色气体，沸点－29.8℃，相对密度 1.486（－30℃），稍溶于水，易溶于乙醇、乙醚。二氟二氯甲烷可由四氯化碳与无水氟化氢在催化剂存在下反应制得，反应产物主要是 CCl_2F_2，还有 CCl_3F 和 $CClF_3$，可通过分馏将 CCl_2F_2 分离出来。

　　由于氟氯烷类物质对大气臭氧层具有破坏作用，1987 年的《蒙特利尔协议》已明确规定发达国家和发展中国家分别在 1996 年和 2010 年停止使用氟氯烷类产品。氟里昂对臭氧层产生破坏的反应机理如下：

$$CF_2Cl_2 \xrightarrow{h\nu} CF_2Cl\cdot + Cl\cdot$$

$$Cl\cdot + O_3 \longrightarrow ClO\cdot + O_2$$

$$ClO\cdot + O_3 \longrightarrow Cl\cdot + 2O_2$$

　　(6) 四氟乙烯

　　四氟乙烯常温下为无色无臭的气体，沸点－76.3℃，可加压液化。与其他多种氟代烃不同，四氟乙烯有毒。四氟乙烯主要用于生产使用温度范围广、化学稳定性高的聚四氟乙烯，也可与乙烯或六氟丙烯共聚制备含氟绝缘材料，或与偏氟乙烯共聚生产含氟纤维。

　　聚四氟乙烯是四氟乙烯的聚合物，商品名为"特氟隆"。聚四氟乙烯具有优良的耐热耐寒性能，可在－195～250℃温度范围内使用；机械强度高，耐酸、碱、有机溶剂等，具有突出的化学稳定性，被誉为"塑料之王"。

$$nCF_2=CF_2 \xrightarrow{引发剂} \{CF_2-CF_2\}_n$$

　　四氟乙烯主要由氯仿制得，也可由四氟二氯乙烷在三氟化铝存在下催化脱氯而制得。由氯仿制备四氟乙烯的反应式如下：

$$CHCl_3 + 2HF \xrightarrow{SbCl_5} CHF_2Cl + 2HCl$$

$$2CHF_2Cl \xrightarrow{600\sim800℃} CF_2=CF_2 + 2HCl$$

【阅读材料】

天然有机卤化物

　　直到 1970 年，已知的天然有机卤化物只有 30 余种，人们普遍认为卤代物主要是人工合成的。当时氯仿和卤代苯酚被称作 PCBs 的多氯代芳烃类，以及在自然环境中发现的其他一些诸如此类的物质都被简单地视为工业"污染物"。而今发现的天然有机卤化物已经超过3000 种，并且确信还有成千上万种存在于自然界。有机卤化物涵盖的范围非常广泛，从简单的氯甲烷到非常复杂的化合物广泛地存在于植物、动物和细菌中。许多有机卤化物甚至还参与了一些不寻常的生理活动。例如，甲状腺素（也称四碘甲状腺原氨酸）就是动物甲状腺体产生的一种调节体内物质代谢的激素，自然状态下是 L-型，是甲状腺球蛋白组分之一。再如，加利福尼亚大学的 C. Phillip 发现了一种叫 Jasplakinolide 的含溴物质，它能阻止用于制造细胞器官骨架的肌动蛋白微管的生成。

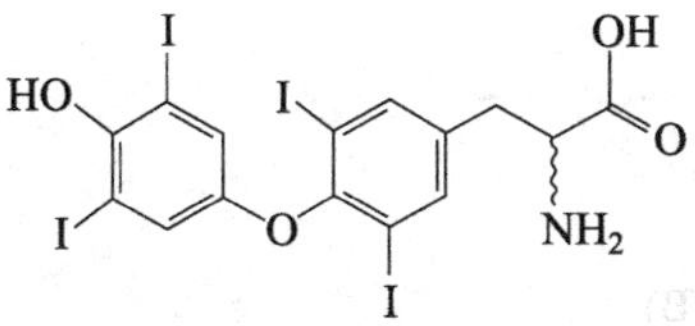

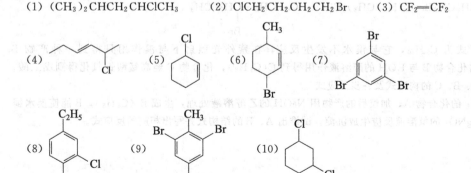

甲状腺素 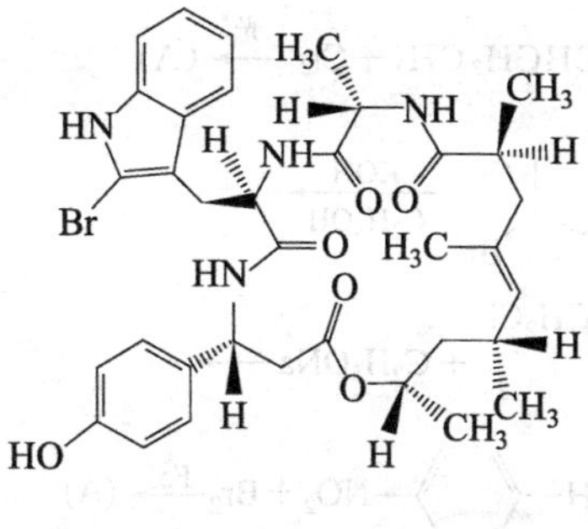　　　　　　　　　　　　　　Jasplakinolide

　　一些天然有机卤化物的生成量巨大。如森林大火、火山爆发和海草每年释放出的氯甲烷高达 500 万吨，而每年工业排放的废气只有 2.6 万吨。对日本冲绳岛 $1km^2$ 范围内橡树果虫进行的详细研究表明：它们每天释放 100lb（1lb＝0.45359kg）的卤代苯酚，而这种物质先前被视为非天然污染物。

　　为什么生物体会产生有机卤化物，而其中许多无疑都具有毒性？似乎生物体很可能是利用有机卤化物进行自我防御，作为摄取食物时的威慑物、针对外来入侵者的刺激物或作为天然杀虫剂。例如，海洋中的海绵、珊瑚虫、海兔就是通过释放带臭味的有机卤化物来阻止鱼、海星及其他掠食者吞食它们。更引人注意的是，人类似乎也会产生有机卤化物并将其作为抵御感染的一种手段。人类的免疫系统中含有一种过氧化酶，它能对真菌和细菌进行卤代反应进而杀死病原体。

习 题

1. 命名下列化合物。

(1) $(CH_3)_2CHCH_2CHClCH_3$　　　(2) $ClCH_2CH_2CH_2CH_2Br$　　　(3) $CF_2\!=\!CF_2$

(4)　　　　　(5)　　　　　(6) 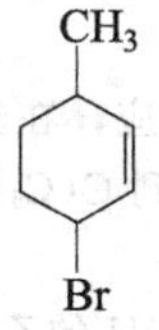　　　　　(7)

(8)　　　　　(9)　　　　　(10)

2. 写出下列化合物的构造式。

(1) 烯丙基溴　　　(2) 苄氯　　　(3) 4-甲基-5-溴-2-戊炔　　　(4) 氯乙烯

(5) 二氟二氯甲烷　　　(6) 叔丁基氯　　　(7) 一溴环戊烷（环戊基溴）　　　(8) 1-苯基-2-氯乙烷

3. 完成下列反应式。

(1) $CH_3CH\!=\!CH_2 + HBr \xrightarrow{H_2O_2} (A) \xrightarrow{NaCN} (B)$

(2) $CH_2=CHCH_3 + Cl_2 \xrightarrow{500℃} (A) \xrightarrow{Cl_2} (B)$

(3) $CH_3CH=CH_2 + HBr \xrightarrow{ROOR} (A) \xrightarrow[H_2O]{NaOH} (B)$

(4) $(CH_3)_3CBr + Mg \xrightarrow{干乙醚}$

(5) $CH_2=CHCH_2CH_3 + Cl_2 \xrightarrow{光} (A) \xrightarrow[C_2H_5OH]{KOH} (B)$

(6)

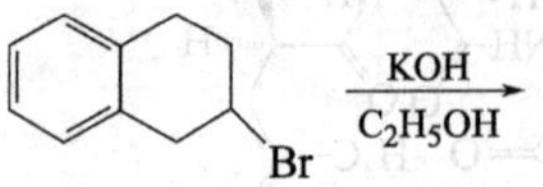

(7)

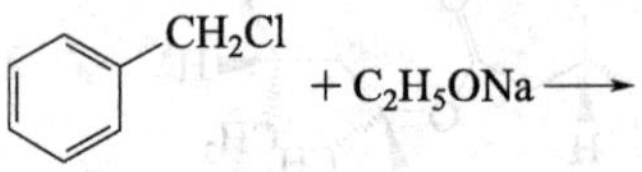

(8) 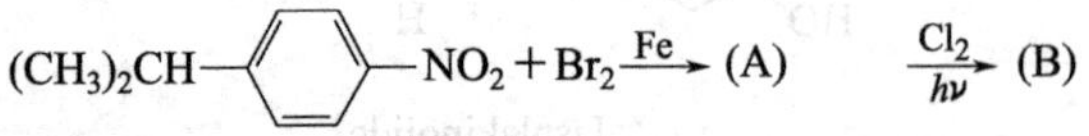 $(CH_3)_2CH-\!\!\!\bigcirc\!\!\!-NO_2 + Br_2 \xrightarrow{Fe} (A) \xrightarrow{Cl_2}{h\nu} (B)$

4. 用化学方法区别下列各组化合物。

(1) $CH_3CH=CHBr$、$CH_2=CHCH_2Br$ 和 $CH_3CH_2CH_2Br$

(2) 苄氯、氯苯和氯代环己烷

(3) 1-氯戊烷、1-溴丁烷和1-碘丙烷

5. 合成下列化合物（除指定原料外，其他无机、有机试剂任选）。

(1) 用苯为原料合成1,2-二氯-1-苯基乙烷

(2) 用甲苯为原料，分别合成苯乙腈和苄基乙基醚

6. 将以下各组化合物按照不同要求排列成序。

(1) 消除反应速率由快到慢排序

　　A. $CH_3CH_2CH_2CH_2Br$　　B. $CH_3\underset{\underset{Br}{|}}{C}HCH_2CH_3$　　C. $CH_3CH_2C(CH_3)_2\underset{\underset{Br}{}}{}$

(2) 水解速率由快到慢排序

　　A. 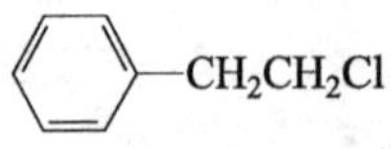 $\bigcirc\!-CH_2CH_2Cl$　　B. 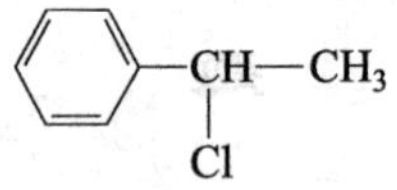 $\bigcirc\!-\underset{\underset{Cl}{|}}{C}H-CH_3$　　C. $CH_3CH_2-\!\!\!\bigcirc\!\!\!-Cl$

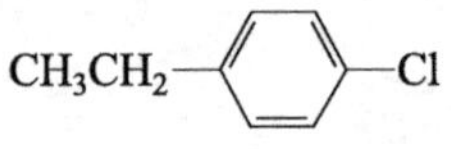

(3) 与 $AgNO_3$-乙醇溶液反应由难到易排序

　　A. $CH_3CH_2CH_2Br$　　B. $(CH_3)_3CBr$　　C. $CH_3-\underset{\underset{Br}{|}}{C}H-CH_3$

7. 某烃 A，分子式为 C_5H_{10}，它与溴水不发生反应，在紫外光照射下与溴作用只得到一种产物 B（C_5H_9Br）。将化合物 B 与 KOH 的醇溶液作用得到 C（C_5H_8），化合物 C 经高锰酸钾氧化得到戊二酸。写出化合物 A、B、C 的构造式及各步反应式。

8. 分子式为 C_4H_8 的化合物 A，加溴后的产物用 NaOH 的乙醇溶液处理，生成 B（C_4H_6），B 能使溴水褪色，并能与 $AgNO_3$ 的氨溶液反应生成沉淀，试推出 A、B 的结构式并写出相应的反应式。

第8章　醇、酚、醚

醇、酚、醚属于含氧化合物，都可以看做是水分子中的氢原子被烃基取代的化合物。其中，水分子中一个氢原子被脂肪烃基或脂环烃基取代称为醇（R—OH），一个氢原子被芳香基取代称为酚（Ar—OH），若两个氢原子都被烃基取代称为醚（R—O—R′、R—O—Ar、Ar—O—Ar）。

8.1　醇

与卤代烃不同，醇广泛存在于自然界中，由于其廉价易得且性质活泼，因此在有机合成中常用作起始原料。

8.1.1　醇的分类及命名

醇也可看做是脂肪或脂环烃分子中的氢原子被羟基取代的化合物，醇的官能团是羟基（—OH）。

（1）分类

根据羟基所连接的烃基结构的不同，可将醇分为脂肪醇、脂环醇、芳香醇；根据烃基是否饱和，又有饱和醇与不饱和醇之分。例如：

脂肪醇　　CH_3CH_2OH　　　　　　$CH_2{=}CHCH_2OH$
　　　　　　　乙醇　　　　　　　　　　烯丙醇

脂环醇　　⬡—OH　　　　　　　⬡—OH
　　　　　　环己醇 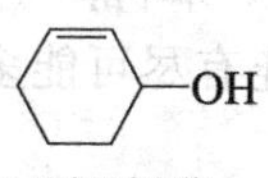　　　　　　　　2-环己烯醇

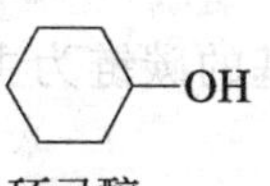

芳香醇　　⬡—CH_2OH
　　　　　苯甲醇(苄醇)

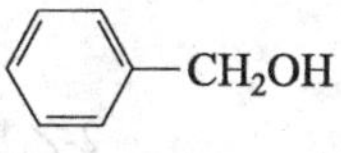

根据醇分子中羟基数目不同分为一元醇、二元醇、三元醇等。例如：

$(CH_3)_2CHOH$　　　　$HOCH_2CH_2OH$

$$
\begin{array}{c}
CH_2{-}OH \\
| \\
CH{-}OH \\
| \\
CH_2{-}OH
\end{array}
$$

异丙醇　　　　　　乙二醇(甘醇)　　　　丙三醇(甘油)

（一元醇）　　　　（二元醇）　　　　（三元醇）

二元及二元以上的醇称为多元醇。最常见的多元醇除乙二醇、丙三醇外，还有季戊四醇。

在一元醇中，根据羟基所连接的碳原子不同分为：伯醇（RCH_2—OH）、仲醇（R_2CH—OH）、叔醇（R_3C—OH），分别指羟基与伯（1°）、仲（2°）、叔（3°）碳原子相连的醇。

本章主要讨论饱和一元醇，通式为 $C_nH_{2n+1}OH$。

（2）命名

简单的一元醇可用普通（习惯）命名法命名，即在烃基的后面加"醇"字。例如：

$$CH_3CH_2CHCH_3$$
$$\qquad\quad | $$
$$\qquad\quad OH$$

仲丁醇

$$H_3C-\overset{\displaystyle CH_3}{\underset{\displaystyle CH_3}{\overset{|}{\underset{|}{C}}}}-OH$$

叔丁醇

构造比较复杂的醇，通常采用系统命名法，其命名要点如下：

① 选主链　选择连有羟基的最长碳链为主链，支链作为取代基，根据主链所含碳原子数称"某醇"；

② 编号　使羟基所在碳原子有尽可能小的位次；

③ 命名　将取代基的位次、名称及羟基的位次写在母体名称的前面。例如：

$$CH_3CH_2CHCH_2CHCH_3$$
$$\qquad\quad | \qquad\quad | $$
$$\qquad\quad CH_3 \quad\ OH$$

4-甲基-2-己醇

$$(CH_3)_3CCH_2CH_2OH$$

3,3-二甲基-1-丁醇

对于不饱和醇，应选择连有羟基和不饱和键在内的最长碳链为主链，尽可能使羟基编号最小，且以醇作母体。对于脂环醇，当羟基与脂环碳原子直接相连时，则可命名为"环某醇"，编号时应从羟基所连接的碳原子开始；当羟基与脂环支链上的碳原子相连时，脂环作取代基，其他原则与饱和醇相同。例如：

$$CH_3CH_2CH_2CHCH_2CH_2CH_2OH$$
$$\qquad\qquad\qquad | $$
$$\qquad\qquad\qquad CH=CH_2$$

4-丙基-5-己烯-1-醇

3-甲基环己醇

环己甲醇

对于芳香醇，将芳基作为取代基，然后按脂肪醇来命名。例如：

苯甲醇

2-苯基乙醇

对于多元醇，应选择连有尽可能多的羟基的碳链为主链，根据羟基的数目称为二醇、三醇等。例如：

$$HOCH_2CH_2CH_2OH$$

1,3-丙二醇

$$CH_3CH_2CHCH_2CH_2OH$$
$$\qquad\qquad | $$
$$\qquad\qquad CH_2OH$$

2-乙基-1,4-丁二醇

有些醇存在于自然界中，由于存在和来源等不同常用俗名，例如木醇（甲醇）、酒精（乙醇）、甘油（丙三醇）、甘醇（乙二醇）等。

8.1.2　醇的结构

饱和醇分子中的氧原子和碳原子都是 sp^3 杂化，氧原子用两个 sp^3 杂化轨道分别与碳原子和氢原子形成 C—O σ 键和 O—H σ 键，其余两个 sp^3 杂化轨道分别含有一对未共用电子对。甲醇的结构如图 8-1 所示。

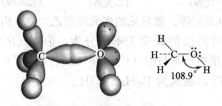

图 8-1　甲醇的结构示意

由于氧原子的电负性较大，因此醇分子中 C—O 及 O—H 键都是强极性键，醇具有较高极性。例如，甲醇的偶极矩 $\mu = 5.7 \times 10^{-30}$ C·m。醇羟基及醇分子本身的极性对醇的物理性质和化学性质有较大的影响。

8.1.3　醇的物理性质

直链饱和一元醇中，$C_1 \sim C_4$ 的醇为具有酒味的液体，$C_5 \sim C_{11}$ 的醇为具有不愉快气味的油状液体，C_{12} 以上的醇为无嗅、无味的蜡状固体。有些醇具有特殊香气，可用于配制香精，如叶醇（顺-3-己烯醇）、肉桂醇（3-苯基丙烯醇）等。一些醇的物理常数见表 8-1。

表 8-1　一些醇的物理常数

名　称	熔点/℃	沸点/℃	相对密度 d_4^{21}	溶解度/g·(100g 水)$^{-1}$	名　称	熔点/℃	沸点/℃	相对密度 d_4^{21}	溶解度/g·(100g 水)$^{-1}$
甲醇	−97.8	65.0	0.7914	∞	叔丁醇	25.5	82.2	0.7887	∞
乙醇	−114.7	78.5	0.7893	∞	正戊醇	−79.0	138	0.8144	2.2
正丙醇	−126.5	97.4	0.8035	∞	正己醇	−46.7	158	0.8136	0.7
异丙醇	−89.5	82.4	0.7855	∞	环己醇	25.1	161.5	0.9624	3.6
正丁醇	−89.5	117.3	0.8098	8.0	苄醇	−15.3	205.4	1.046	4.0
异丁醇	−108.0	107.9	0.8021	11.1	乙二醇	−11.5	198	1.1132	∞
仲丁醇	−114.7	99.5	0.8063	12.5	丙三醇	18	290	1.2613	∞

直链饱和一元醇的沸点变化规律和烷烃相似，也是随碳原子数增加而升高；在同分异构体中，支链越多，沸点越低（见表 8-1）。

醇的沸点比相对分子质量相近的烷烃的沸点要高。这是因为醇的分子间能通过氢键而缔合（图中虚线表示氢键）：

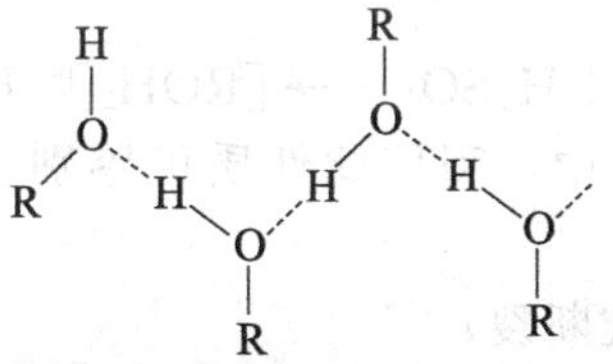

由于醇分子间存在着氢键，因此醇分子间除了存在范德华力外，还增加了由于氢键而产生的作用力，因而使醇从液态变为气态，不仅要破坏分子间的范德华力，还必须消耗能量破坏氢键，因此醇的沸点比烷烃高。例如：甲醇（相对分子质量 32）比乙烷（相对分子质量 30）的沸点高 153.0℃。但随碳数的增加，这种差距逐渐缩小。另外，醇的沸点也比相对分子质量相近的卤代烃、醚、醛、酮、酯等的沸点要高。

由于醇也能与水分子之间形成氢键，因此 $C_1 \sim C_3$ 的醇与水互溶，随着烃基的增大，羟基形成氢键的能力减弱，因而醇在水中的溶解度逐渐减小。例如，1-丁醇在水中的溶解度为 8.0g·(100g 水)$^{-1}$，C_9 以上的醇基本不溶于水，而易溶于有机溶剂。醇分子中的羟基数目越多，在水中溶解度越大，例如，乙二醇、丙三醇、丁二醇都与水互溶。

某些低级醇能与一些无机盐（如 $MgCl_2$、$CaCl_2$、$CuSO_4$ 等）形成分子化合物，称为结晶醇（或醇化物），如 $MgCl_2 \cdot 6CH_3OH$，$CaCl_2 \cdot 4C_2H_5OH$。结晶醇不溶于有机溶剂而溶于水，因此对含少量水的醇进行干燥时，不能用无水 $CaCl_2$ 作为干燥剂。但 $CaCl_2$ 可用于除去有机化合物中的少量醇，如乙醚中含有少量乙醇时，可用无水 $CaCl_2$ 将乙醇除去。

8.1.4　醇的化学性质

醇的化学性质主要取决于其官能团—OH。分析醇的结构可知，醇分子中的 C—O 及 O—H 键都有较大的极性，容易受外来试剂的进攻。因此，醇的反应主要有两类：一类是 O—H 键的断裂——弱酸性，另一类是 C—O 键的断裂——亲核取代和消除反应，另外，由于极性传递作用，α-H 被活化，可发生氧化和脱氢反应。

（1）醇的酸碱性

① 弱酸性　醇和水相似，可与活泼的碱金属或碱土金属等作用。例如，醇与金属钠反应生成醇钠，并放出氢气：

$$2CH_3CH_2OH + 2Na \longrightarrow 2CH_3CH_2ONa + H_2 \uparrow$$
乙醇钠

由于醇的酸性（乙醇 $pK_a = 15.9$）比水（$pK_a = 15.0$）弱，故反应比水慢。醇中烃基越大，其酸性越弱，反应速率越慢，故反应活性顺序为：

$$CH_3OH > 1°ROH > 2°ROH > 3°ROH（和酸性顺序相同）$$

醇钠是白色固体，能溶于过量的醇中，遇水则水解成醇和氢氧化钠：

$$RONa + H—OH \Longleftrightarrow ROH + NaOH$$

这是一个可逆反应。由于 RONa 的碱性大于 NaOH，H_2O 的酸性大于 ROH，因此反应主要向右进行。但工业上利用该反应，使固体 NaOH 与甲醇或乙醇作用，加入苯进行共沸蒸馏，以不断除去水，使平衡向生成醇钠的方向移动。利用此反应生产醇钠，可避免使用价格昂贵的金属钠，而且生产安全。

醇也可与镁、铝等活泼金属作用生成相应的醇盐。例如：

$$6(CH_3)_2CHOH + 2Al \xrightarrow{\triangle} 2[(CH_3)_2CHO]_3Al + 3H_2 \uparrow$$
异丙醇铝

甲醇钠、乙醇钠、异丙醇铝等醇盐在有机合成中有重要用途。另外，由于醇与钠的反应比水缓和，可利用该反应处理某些反应中剩余的金属钠。

② 弱碱性　醇的氧原子上有未共用电子对，能与强酸（如硫酸）解离出的质子结合生成锌盐（又称质子化醇）。例如：

$$ROH + H_2SO_4 \longrightarrow [ROH_2]^+ HSO_4^-$$

由于生成的锌盐能溶于硫酸中，利用此性质可鉴别、分离不溶于水的醇和烷烃或卤代烃。

（2）卤代烃的生成（C—O 键断裂）

醇分子中的羟基被卤素原子取代，生成卤代烃。常用的试剂有氢卤酸（或干燥的卤化氢）、亚硫酰氯（二氯亚砜）、卤化磷等。

醇和氢卤酸作用生成卤代烃，是制备卤代烃的重要方法：

$$ROH + HX \Longleftrightarrow RX + H_2O$$

此反应为亲核取代反应，但由于 OH^- 碱性强，离去能力很弱，因此需在酸催化下进行，此时羟基质子化后以 H_2O 的形式离去。

反应速率取决于氢卤酸的类型和醇的结构。其活性顺序分别是：

$$HI > HBr > HCl（与酸性顺序一致）$$
$$苄醇、烯丙基醇 \geqslant 3°ROH > 2°ROH > 1°ROH$$

一般醇与氢碘酸加热即可得碘代烃，而与氢溴酸反应需在 H_2SO_4 存在下加热（或 NaBr + H_2SO_4 和醇共热）：

$$ROH + HI \xrightarrow{\triangle} RI + H_2O$$

$$ROH + HBr \xrightarrow[\triangle]{H_2SO_4} RBr + H_2O$$

盐酸可直接与苄醇、烯丙基醇、叔醇等反应，但在和伯醇反应时，必须在催化剂 $ZnCl_2$ 存在下才能生成氯代烃。通常把无水 $ZnCl_2$ 与浓 HCl 配成的溶液称为卢卡斯（Lucas）试剂。在实验室中，常利用 Lucas 试剂与伯、仲、叔三类醇反应速率的不同，对低级醇（C_6 以下的醇）加以区别。

$$(CH_3)_3COH + HCl \xrightarrow[\text{室温}]{ZnCl_2} (CH_3)_3CCl + H_2O \quad \text{（立即浑浊）}$$

$$\underset{\underset{OH}{|}}{CH_2CHCH_2CH_3} + HCl \xrightarrow[\text{室温}]{ZnCl_2} \underset{\underset{Cl}{|}}{CH_3CHCH_2CH_3} + H_2O \quad \text{（10min 后浑浊）}$$

$$CH_3CH_2CH_2CH_2OH + HCl \xrightarrow[\triangle]{ZnCl_2} CH_3CH_2CH_2CH_2Cl + H_2O \quad \text{（室温下无变化，加热后浑浊）}$$

由于低级醇可溶解在卢卡斯试剂中，反应后生成的氯代烃却不溶，故溶液出现浑浊或分层，根据浑浊出现的快慢，就可鉴别伯、仲、叔醇。

醇与亚硫酰氯反应制备氯代烃，反应是不可逆的。例如：

$$CH_3CH_2CH_2CH_2OH + SOCl_2 \longrightarrow CH_3CH_2CH_2CH_2Cl + SO_2\uparrow + HCl\uparrow$$

由于反应中生成的 SO_2 和 HCl 均为气体，不仅有利于氯代烃的生成，且易于分离提纯，产率较高。

（3）脱水反应

醇在催化剂（H_2SO_4、H_3PO_4 等质子酸或 Al_2O_3 等 Lewis 酸）作用下，加热可发生分子间或分子内脱水反应，分别生成醚或烯。例如：

$$CH_3CH_2OH + CH_3CH_2OH \xrightarrow[\text{或 } Al_2O_3, 260℃]{H_2SO_4, 140℃} CH_3CH_2OCH_2CH_3 + H_2O$$

$$\underset{\underset{H}{|}\ \underset{OH}{|}}{CH_2CH_2} \xrightarrow[\text{或 } Al_2O_3, 360℃]{H_2SO_4, 170℃} H_2C=CH_2$$

为什么醇脱水时会有这两种不同的方式，从反应机理可得到解释。醇脱水反应机理为：

① $\quad CH_3CH_2OH + H_2SO_4 \underset{}{\overset{\text{快}}{\rightleftharpoons}} CH_3CH_2\overset{+}{O}H_2 + HSO_4^-$

② $\quad CH_3CH_2-\overset{+}{O}H_2 + CH_3CH_2-OH \overset{\text{慢}}{\rightleftharpoons} \underset{\underset{H}{|}}{CH_3CH_2-\overset{+}{O}-CH_2CH_3} + H_2O$

$$\underset{\underset{H}{|}}{CH_3CH_2-\overset{+}{O}-CH_2CH_3} \overset{\text{快}}{\rightleftharpoons} CH_3CH_2-O-CH_2CH_3 + H^+$$

或 $\quad CH_3CH_2\overset{+}{O}H_2 \overset{\text{慢}}{\rightleftharpoons} CH_3\overset{+}{C}H_2 + H_2O$

$$H-CH_2-\overset{+}{C}H_2 \overset{\text{快}}{\rightleftharpoons} H_2C=CH_2 + H^+$$

由反应机理可知，醇脱水时首先生成 ROH_2^+，该锌离子生成后，若受到另一分子醇的进攻，则发生亲核取代反应生成醚，若发生 β-碳原子上氢原子的消除反应，则生成烯。这是两个相互竞争的反应，实验证明，在较低温度下有利于分子间脱水生成醚，较高温度下有利于分子内脱水生成烯烃。

醇的结构对脱水的方式也有很大影响。伯醇易发生分子间脱水得到醚，叔醇主要发生分子内脱水生成烯烃。仲醇、叔醇发生分子内脱水时，与卤代烷脱卤化氢相似，也符合查依采夫（Saytzeff）规则，即脱去含氢较少的 β-碳（相邻碳）上的氢原子，即生成双键碳上连接烷基较多的烯烃（稳定的烯烃）。例如：

$$\underset{\underset{OH}{|}}{CH_3CH_2CH_2CHCH_3} \xrightarrow[90\sim95℃]{62\% H_2SO_4} CH_3CH_2CH=CHCH_3 \quad 80\%$$

$$\underset{\underset{OH}{|}}{CH_3CH_2\overset{\overset{CH_3}{|}}{C}CH_3} \xrightarrow[90\sim95℃]{46\% H_2SO_4} CH_3CH=\overset{\overset{CH_3}{|}}{C}CH_3 \quad 100\%$$

由上述反应可知，不同类型的醇脱水活性是不同的，分子内脱水由易到难顺序为：

$$3°ROH > 2°ROH > 1°ROH$$

（4）酯的生成

① 醇与无机含氧酸反应　醇与 H_2SO_4、HNO_3、H_3PO_4（或 $POCl_3$）等无机含氧酸反应，生成无机酸酯。醇与硫酸反应时，由于硫酸是二元酸，可生成两种酯。例如：

$$CH_3OH + HOSO_2OH \underset{25℃}{\rightleftharpoons} CH_3OSO_2OH + H_2O$$
　　　　　　　　　　　　　　　　硫酸氢甲酯

$$2CH_3OSO_2OH \xrightarrow[\triangle]{减压蒸馏} CH_3OSO_2OCH_3 + H_2SO_4$$
　　　　　　　　　　　　　　　硫酸二甲酯

硫酸氢甲酯是酸性酯，易溶于水，硫酸二甲酯是中性酯，微溶于水。硫酸二甲酯和硫酸二乙酯都是重要的烷基化试剂。因硫酸二甲（或乙）酯有剧毒，强烈刺激皮肤、呼吸器官，使用时应注意安全。

高级醇的酸性硫酸酯的钠盐，如十二烷基硫酸钠（$C_{12}H_{25}OSO_2ONa$）是一种阴离子表面活性剂，为常用的合成洗涤剂之一。

醇与浓硝酸反应生成硝酸酯。例如：

$$R{-}OH + HONO_2 \longrightarrow R{-}ONO_2 + H_2O$$
　　　　　　　　　　　　　　　　硝酸酯

硝酸戊酯（$C_5H_{11}ONO_2$）常用作柴油十六烷值增进剂，硝酸甲酯用作火箭燃料。

硝酸酯有一个特性，即受热后能因猛烈分解而爆炸，所以在处理和制备硝酸酯时必须小心。某些硝酸酯可用作炸药。例如，甘油（丙三醇）与浓 HNO_3-浓 H_2SO_4 的混合物反应生成甘油三硝酸酯：

$$\begin{array}{l} CH_2OH \\ | \\ CHOH \\ | \\ CH_2OH \end{array} + 3HO{-}NO_2 \xrightarrow[10℃]{H_2SO_4} \begin{array}{l} CH_2ONO_2 \\ | \\ CHONO_2 \\ | \\ CH_2ONO_2 \end{array} + 3H_2O$$
　　　　　　　　　　　　　　　　　　　　　　　　硝化甘油

甘油三硝酸酯（俗名硝化甘油）是一种烈性炸药（它的发明者就是著名的化学家诺贝尔），在医药上可用作心血管扩张，治疗心绞痛等。

醇和三氯氧化磷（$POCl_3$）或磷酸作用生成磷酸酯。磷酸三酯是由醇和 $POCl_3$ 作用制得：

$$ROH + POCl_3 \longrightarrow (RO)_3P{=}O + 3HCl$$

磷酸三酯是一类很重要的化合物，常被用作萃取剂、增塑剂等。

② 醇与有机酸反应　与有机酸反应生成羧酸酯，称为酯化反应。例如：

$$CH_3COOH + CH_3CH_2OH \overset{H^+}{\rightleftharpoons} CH_3COOC_2H_5 + H_2O$$

羧酸酯将在第 10 章讨论。

（5）氧化与脱氢

在醇分子中，由于羟基的吸电子作用，使 α-H 活泼，可发生氧化和脱氢反应。

① 氧化　常用的氧化剂是 $K_2Cr_2O_7$-稀 H_2SO_4，有时也用 KMO_4、浓 HNO_3 等。伯醇氧化首先生成醛，醛比醇更易氧化，生成羧酸：

$$RCH_2OH \xrightarrow{K_2CrO_7\text{-}H_2SO_4} R\overset{\overset{O}{\|}}{C}H \xrightarrow{[O]} R\overset{\overset{O}{\|}}{C}{-}OH$$

此反应可用来制备羧酸。若想制备醛，需将醛迅速从反应系统中移出；或选用较温和的氧化剂将醇氧化为醛，如三氧化铬-双吡啶络合物 $[(C_5H_5N)_2 \cdot CrO_3]$，又称为萨雷特（Sarett）试剂。

仲醇氧化生成酮：

$$R-\underset{\underset{OH}{|}}{C}H-R' \xrightarrow{K_2Cr_2O_7-H_2SO_4} R\overset{\overset{O}{\|}}{C}R'$$

叔醇因分子中无 α-H，在同样条件下不易被氧化。若在强烈的氧化条件下，碳键断裂生成小分子的氧化物，无实用价值。

通常用 $K_2Cr_2O_7-H_2SO_4$ 氧化伯（或仲）醇反应前后的颜色变化来区别于叔醇。检查司机是否酒后驾车的呼吸分析仪种类很多，其中之一就是应用该反应的原理设计的。

② 脱氢　伯醇或仲醇在金属铜、银等催化下，加热脱氢分别生成醛或酮。例如：

$$CH_3CH_2OH \xrightarrow[250\sim350℃]{Cu} CH_3\overset{\overset{O}{\|}}{C}-H \ +H_2$$

$$CH_3\underset{\underset{OH}{|}}{C}HCH_3 \xrightarrow[400\sim480℃]{Cu} CH_3\overset{\overset{O}{\|}}{C}CH_3 \ +H_2$$

叔醇分子中因无 α-H，不能脱氢，只可发生脱水反应生成烯烃。

8.1.5　重要的醇

（1）甲醇

甲醇最初由木材干馏得来，故又称木醇或木精，是一种无色透明有酒精味的液体，沸点 65.0℃，能与水、乙醇、乙醚等互溶。甲醇与水不形成恒沸混合物，通过分馏除水纯度可达 99%，若制备无水甲醇（绝对甲醇），需加适量镁，经反应后再蒸馏。甲醇有毒，误饮少量（约 10mL）可致失明，多量可导致死亡。

甲醇是重要的有机化工原料，主要用于制备甲醛、氯仿等，在有机合成工业用作甲基化试剂和溶剂。

（2）乙醇

乙醇俗名酒精，是具有酒香味的无色液体，能与水以任意比例互溶。市售乙醇是含有 95.6% 的乙醇和 4.4% 水的恒沸混合物，沸点 78.5℃。恒沸物不能用蒸馏法分离其中的各组分，若制备无水乙醇（绝对乙醇），在实验室是将工业乙醇与生石灰共热，除去一部分水，然后用金属镁处理除去微量水，再蒸馏可得 99.95% 的无水乙醇。

乙醇的用途很广，是重要的化工原料，可用于制备乙醛、三氯乙醛、乙醚等百种以上有机化合物，也是常用的溶剂。

乙醇汽油是将变性燃料乙醇和汽油以一定比例混合而形成的一种汽车燃料。为了减少车辆对石油资源的依赖，乙醇是以粮食或植物等含淀粉作物为原料，经发酵、蒸馏而制成，将乙醇液中含有的水进一步除去，再添加适量的变性剂（为防止饮用）可形成变性燃料乙醇。乙醇汽油不影响汽车的行驶性能，还可减少一氧化碳、碳氢化合物等主要污染物的排放，作为一种新型替代能源是目前世界上可再生能源的发展重点。

（3）乙二醇

乙二醇为无色具有甜味的黏稠液体，俗称甘醇，有毒。能与水互溶，但不溶于乙醚。沸点 198℃，是一种常用的高沸点溶剂。含体积分数为 60% 的乙二醇水溶液，冰点为 -40℃，故乙二醇常用作汽车冷却水的防冻剂。它也是生产合成纤维涤纶的原料。

（4）丙三醇

丙三醇（甘油）为具有甜味的无色黏稠液体。沸点 290℃，与水混溶，有强的吸湿性，能吸收空气中的水分，不溶于乙醚、氯仿等有机溶剂。

工业上甘油主要用于生产硝酸甘油酯和醇酸树脂，另外广泛用于食品、纺织、医药等工业。

8.2   酚

酚也可看做是芳环上的氢原子被羟基取代的化合物，酚的官能团也是羟基（—OH）。虽然醇和酚具有相同的官能团，但由于羟基所连的烃基不同，使得两者性质有明显差异。通常与芳环直接相连的羟基称为酚羟基。

8.2.1   酚的分类及命名

按照酚分子中羟基的数目，酚可分为一元酚和多元酚。命名时，一般以芳环名称加上"酚"字为母体，芳环上的其他基团作为取代基，写在母体名称之前。例如：

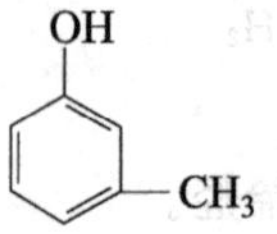

间甲苯酚 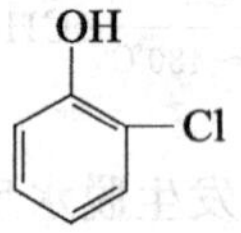   邻氯苯酚 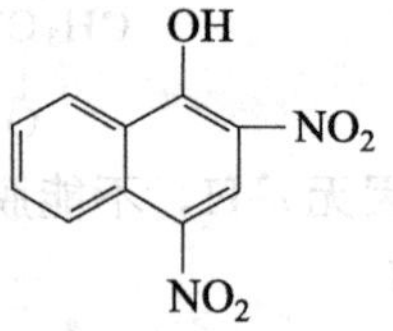   2,4-二硝基-1-萘酚

多元酚命名时要表示出羟基的位次和数目。例如：

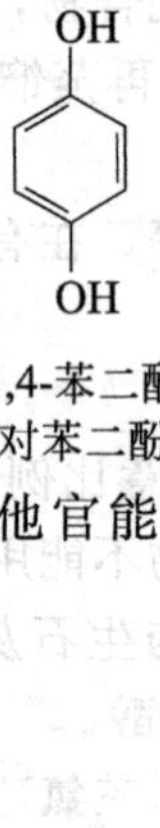

1,4-苯二酚   2-乙基-1,4-苯二酚 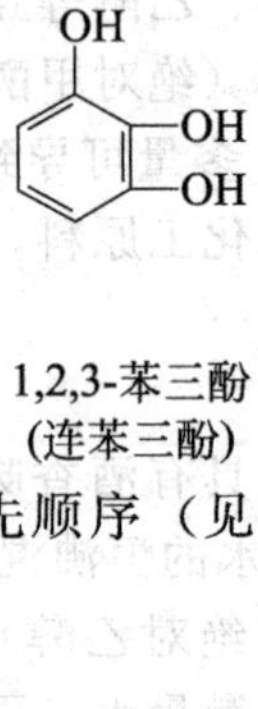   1,2,3-苯三酚
（对苯二酚）   （连苯三酚）

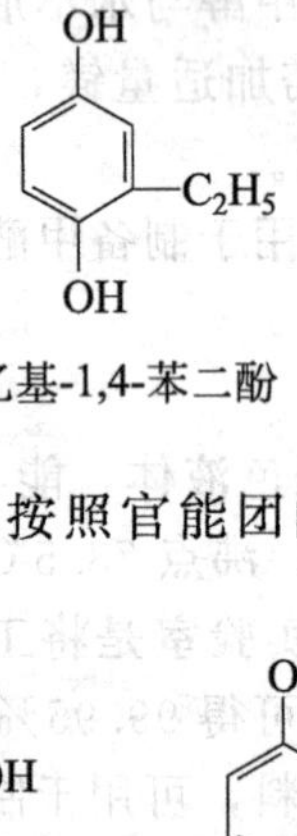

若芳环上还连有其他官能团时，则按照官能团的优先顺序（见 5.1.2 节）选择母体。例如：

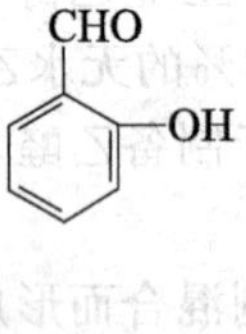

邻羟基苯甲醛   3,4-二羟基苯磺酸
（俗名:水杨醛）

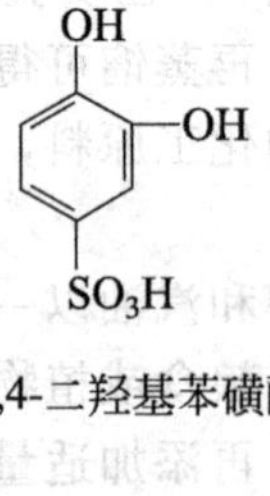

8.2.2   酚的结构

酚中羟基氧原子是 sp^2 杂化，除形成 C—O σ 键和 O—H σ 键外，余下的一个 sp^2 杂化轨道及未参与杂化的 p 轨道分别被一对未共用电子对占据，苯酚的结构如图 8-2 所示。

8.2.3   酚的物理性质

大多数的酚是固体，少数烷基酚是液体。由于酚也可以形成分子间氢键，故其沸点和熔

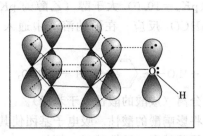

图 8-2 苯酚的结构

点都比相对分子质量相近的烃高。一元酚微溶或不溶于水，溶于乙醇、乙醚、苯等有机溶剂。酚类在水中的溶解度随分子中羟基数目的增多而增大。一些酚的物理常数见表 8-2。

表 8-2 一些酚的物理常数

名称	熔点 /℃	沸点 /℃	溶解度 /g·(100g 水)$^{-1}$	pK_a (25℃)	名称	熔点 /℃	沸点 /℃	溶解度 /g·(100g 水)$^{-1}$	pK_a (25℃)
苯酚	40.8	181.8	8	10.0	对硝基苯酚	114	279/分解	1.7	7.15
邻甲苯酚	30.5	191	2.5	10.29	邻苯二酚	105	245	45	9.48
间甲苯酚	11.9	202.2	2.6	10.09	对苯二酚	170	285.5	8	9.96
对甲苯酚	34.5	201.8	2.3	10.26	1,2,3-苯三酚	133	309	62	7.0
邻硝基苯酚	44.5	214.5	0.2	7.22	α-萘酚	94	279	难溶	9.31
间硝基苯酚	96	194 (9.33kPa)	1.4	8.39	β-萘酚	123	286	0.1	9.35

在硝基苯酚的三种异构体中，邻硝基苯酚的性质较特殊，它的沸点及在水中的溶解度都比间硝基苯酚、对硝基苯酚低得多（见表 8-2）。原因是其—OH 和—NO₂ 可形成分子内氢键，而不能形成分子间氢键，也不能和水形成氢键之故：

$$\underset{\text{(邻硝基苯酚分子内氢键结构式)}}{\text{—O—H⋯O—N=O}}$$

由于邻硝基苯酚沸点低，易挥发，因此，当水蒸气蒸馏时便可随水蒸气蒸出，达到与间硝基苯酚或对硝基苯酚分离的目的。

纯净的酚是无色的。但由于酚易被空气氧化成有色的物质，所以酚一般带有不同程度的黄色或红色。

8.2.4 酚的化学性质

由于氧原子的 p 轨道与苯环的大 π 键形成 p-π 共轭体系，氧原子对苯环的推电子 p-π 共轭作用，一方面使 O—H 键间的电子云密度降低，容易给出质子，使苯酚具有弱酸性，另一方面又增加了苯环的电子云密度，使苯环上更容易发生亲电取代反应。

（1）酚羟基的反应

① 弱酸性 酚具有弱酸性，在水溶液中可电离。例如：

$$\text{C}_6\text{H}_5\text{OH} \rightleftharpoons \text{C}_6\text{H}_5\text{O}^- + \text{H}^+$$

这是由于 p-π 共轭效应使苯氧负离子比苯酚更稳定，故电离平衡向右移动。

苯酚可与氢氧化钠（钾）反应生成苯酚钠（钾）。例如：

$$\text{C}_6\text{H}_5{-}\text{OH} + \text{NaOH} \longrightarrow \text{C}_6\text{H}_5{-}\text{ONa} + \text{H}_2\text{O}$$

比较 pK_a 数据可知，苯酚的酸性（$pK_a=10.0$）大于醇（乙醇的 $pK_a=15.9$），但小于碳酸（$pK_a=6.35$），故苯酚不能和 $NaHCO_3$ 反应。在酚钠溶液中通入 CO_2，苯酚可游离出来。

$$\text{C}_6\text{H}_5\text{—ONa} + CO_2 + H_2O \longrightarrow \text{C}_6\text{H}_5\text{—OH} + NaHCO_3$$

据此可用于酚与醇和羧酸的区别或分离（羧酸的酸性大于苯酚）。

在酚的芳环上连着不同取代基时，将影响酚的酸性。吸电子基团使其酸性增强，推电子基团使其酸性减弱。苯酚邻对位上吸电子基越多，酸性越强。例如：

	OH	OH	OH	OH	OH	OH
	CH_3		Cl	NO_2	NO_2 (邻NO_2)	O_2N…NO_2, NO_2
pK_a	10.26	10.0	9.38	7.15	4.09	0.71

2,4-二硝基苯酚的酸性与苯甲酸相近，2,4,6-三硝基苯酚（俗称苦味酸）的酸性与强无机酸相近。

② 酚醚的生成　醇可以分子间脱水成醚，但酚和醇不同，由于酚中 C—O 键牢固，不能用分子间脱水的方法制醚。在合成酚醚时，通常用酚钠和卤代烃或硫酸酯等烷基化试剂反应得到。例如：

$$\text{C}_6\text{H}_5\text{—ONa} + CH_3CH_2Br \longrightarrow \text{C}_6\text{H}_5\text{—OCH}_2\text{CH}_3 + NaBr$$

$$\text{C}_6\text{H}_5\text{—ONa} + (CH_3O)_2SO_2 \longrightarrow \text{C}_6\text{H}_5\text{—OCH}_3 + CH_3OSO_2ONa$$

合成二芳基醚时，用酚钠和芳卤化物反应，由于其卤原子不活泼，需在高温高压及催化剂作用下反应：

$$\text{C}_6\text{H}_5\text{—ONa} + Br\text{—C}_6\text{H}_5 \xrightarrow[210℃]{Cu} \text{C}_6\text{H}_5\text{—O—C}_6\text{H}_5 + NaBr$$

酚易被氧化，而醚性质稳定，难被氧化，故通过生成醚的方法也可用来保护酚羟基。

③ 酯的生成　酚的亲核性比醇弱，不能像醇那么容易地和羧酸反应生成酯，因此，酚的酯化一般采用反应活性更强的酰氯或酸酐与酚反应。例如：

$$\text{C}_6\text{H}_5\text{—OH} + \text{C}_6\text{H}_5\text{—C(=O)—Cl} \xrightarrow{OH^-} \text{C}_6\text{H}_5\text{—C(=O)—O—C}_6\text{H}_5 + HCl$$

苯甲酸苯酯

$$\text{(邻-HO-C}_6\text{H}_4\text{-COOH)} + (CH_3CO)_2O \xrightarrow[\triangle]{H_3PO_4} \text{(邻-CH}_3\text{CO-O-C}_6\text{H}_4\text{-COOH)} + CH_3COOH$$

乙酰水杨酸

乙酰水杨酸（或邻乙酰氧基苯甲酸）俗称阿司匹林（Aspirin），是一种常用的退热止痛药。

④ 与氯化铁的显色反应　酚与氯化铁（$FeCl_3$）稀水溶液作用可产生颜色，不同的酚呈现不同的颜色。例如：

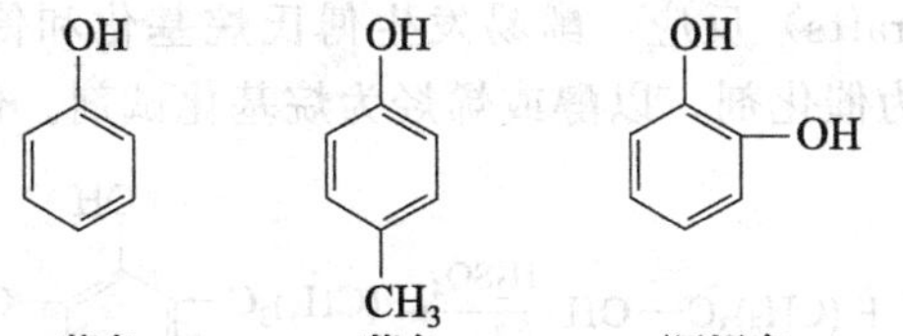

紫色   蓝色   深绿色

这种特殊的显色反应可用于酚的鉴别。该反应很复杂，显色可能是生成了络合物的缘故。例如：

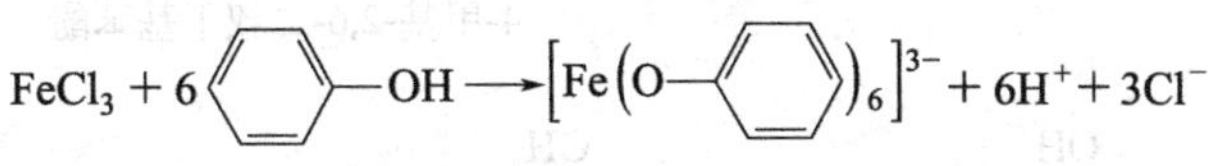

紫色

（2）芳环上的亲电取代反应

由于羟基是一个活化芳环的强的邻、对位定位基，故酚很容易发生亲电取代反应。

① 卤代反应　苯酚与溴水在室温下反应立即生成白色沉淀：

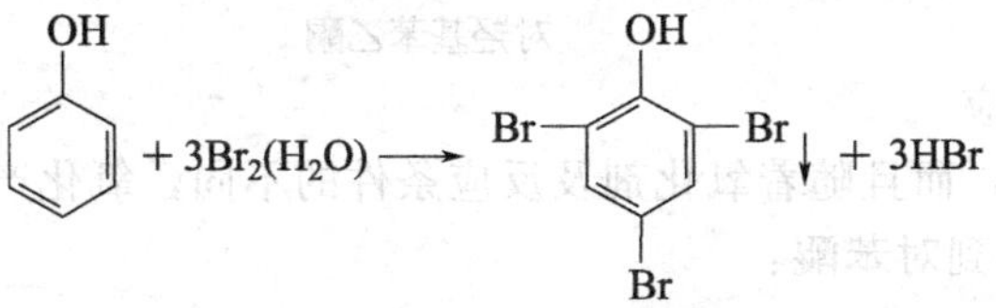

白色

反应很灵敏，常用于酚的定性和定量分析。

若在低温下，于非极性溶剂（如 CS_2、CCl_4 等）中，控制溴不过量，则主要得到对溴苯酚：

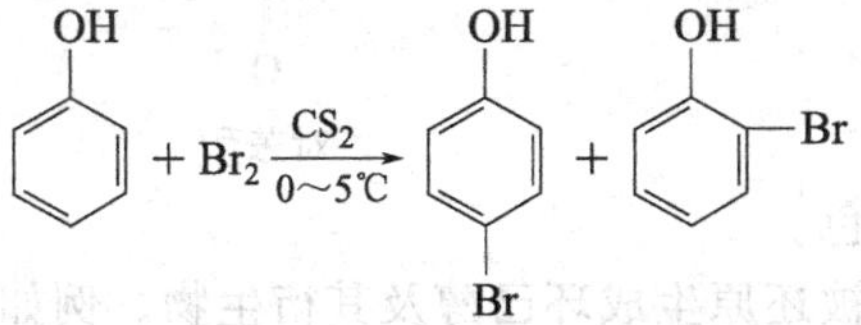

67%   33%

② 硝化反应　由于酚很易被氧化，因此，进行硝化时，不能用浓 HNO_3-H_2SO_4，需在低温下，用稀硝酸进行反应：

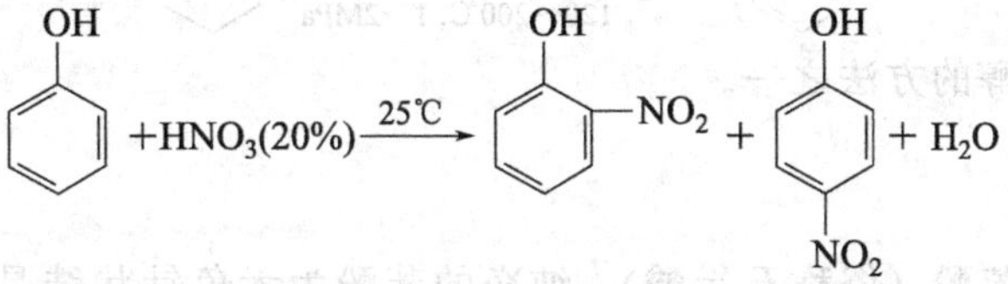

40%   13%

即使如此，副产物也较多，产率较低。

③ 磺化反应　苯酚与浓硫酸反应，随反应温度不同可得到不同的一元取代产物。在较高温度下主要得到对位产物，进一步磺化可得到二磺酸。

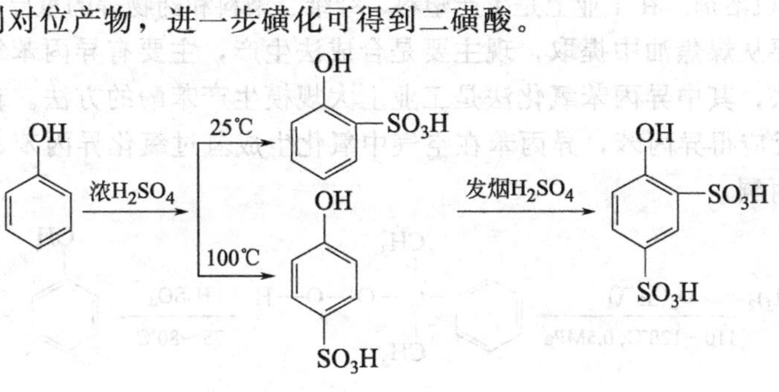

④ 付一克（Friedel-Crafts）反应　酚易发生傅氏烷基化和傅氏酰基化反应。一般以浓硫酸、磷酸、三氟化硼等为催化剂，以醇或烯烃为烷基化试剂。例如：

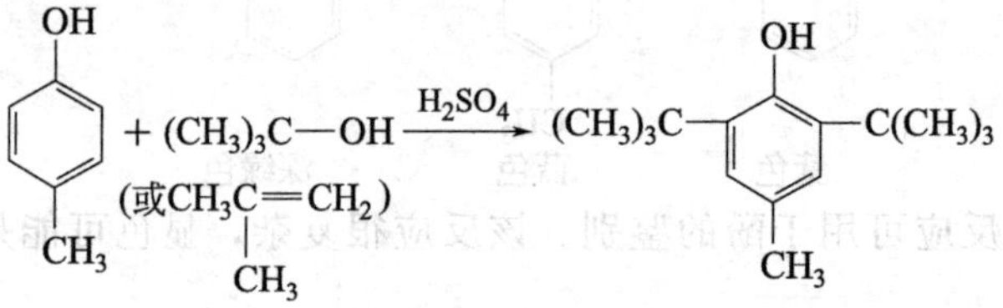

4-甲基-2,6-二叔丁基苯酚

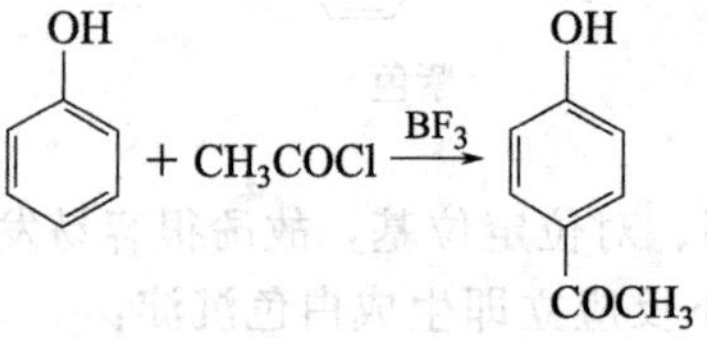

对羟基苯乙酮

（3）氧化和还原反应

酚非常容易被氧化，而且随着氧化剂及反应条件的不同，氧化产物也不同。如苯酚用重铬酸钾-稀硫酸氧化，得到对苯醌：

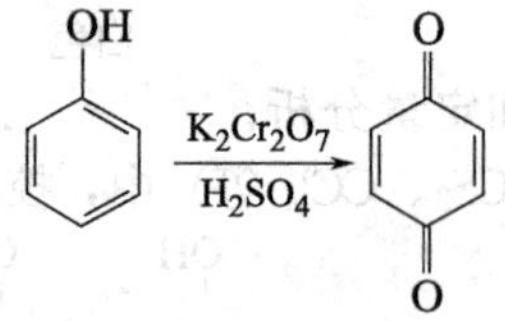

对苯醌

具有醌型结构的物质都有颜色。

酚通过催化加氢，苯环被还原生成环己醇及其衍生物。例如：

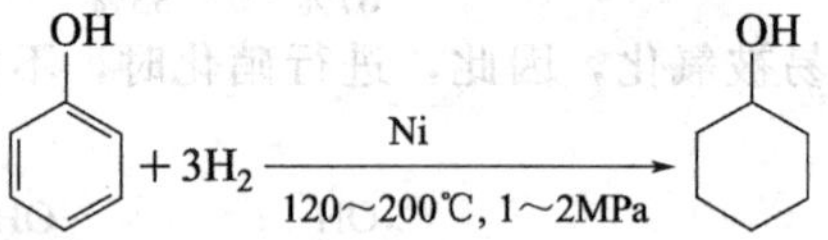

这是工业上生产环己醇的方法之一。

8.2.5　重要的酚

（1）苯酚

酚中最重要的是苯酚（俗称石炭酸），纯净的苯酚为无色针状结晶，熔点 40.8℃，沸点 181.8℃。见光或在空气中放置逐渐被氧化成粉红色至深褐色。苯酚有杀菌作用，常用作消毒剂和防腐剂，但其浓溶液对皮肤有腐蚀性。苯酚在室温下微溶于水，65℃以上与水混溶，易溶于乙醇、乙醚、苯等有机溶剂。在工业上是生产塑料、纤维、染料和药物等的重要化工原料。

苯酚过去主要从煤焦油中提取，现主要是合成法生产，主要有异丙苯氧化法、氯苯水解法及苯磺化碱熔法，其中异丙苯氧化法是工业上大规模生产苯酚的方法。首先苯和丙烯在无水 AlCl₃ 催化下反应得异丙苯，异丙苯在空气中氧化生成氢过氧化异丙苯，进一步在酸催化下分解为苯酚和丙酮：

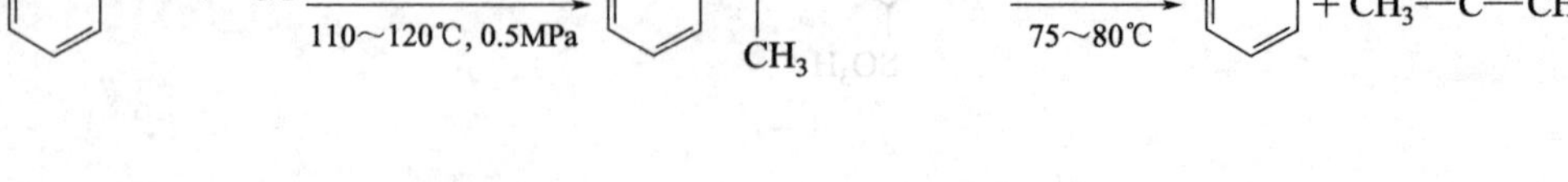

（2）甲苯酚

甲苯酚俗称甲酚，有邻甲苯酚、间甲苯酚、对甲苯酚三种异构体，都存在于煤焦油中。由于三种异构体的沸点相近（见表 8-2），不易分离，一般使用其混合物。

甲苯酚的用途广泛。目前医药上使用的"来苏水"（一种消毒药水），就是含有 47%～53% 甲苯酚的肥皂水溶液。甲苯酚的杀菌力比苯酚强，但毒性也较大。在有机合成上是制备农药、染料、炸药、树脂及抗氧剂的原料。

（3）4-甲基-2,6-二叔丁基苯酚

有时也称为 2,6-二叔丁基对甲苯酚（简称"264"），通常称为抗氧剂 264 或 T501，为无臭、无味、白色或淡黄色结晶固体，熔点 71℃，沸点 265℃，具有很好的热稳定性。不溶于水，溶于苯、甲醇等有机溶剂和油脂类物质中。

"264"广泛用于石油产品、高分子材料和食品加工工业中。"264"作为通用型酚类抗氧剂，油溶性好，是各种石油产品的优良抗氧添加剂，还可作食品加工工业用的抗氧剂，用于含油脂较多的食品中。"264"也是常用的橡胶防老剂，对热、氧化、老化有一定的防护作用。在聚乙烯、聚氯乙烯及聚乙烯基醚中是有效的稳定剂。

8.3 醚

醚也可看做是醇或酚羟基中的氢原子被烃基取代的化合物，醚的官能团是醚键（—O—）。

8.3.1 醚的分类及命名

（1）分类

醚分子中两个烃基相同时，即 R—O—R，称单醚（或对称醚）；两个烃基不相同时，即 R—O—R′，称混醚（或不对称醚）。氧原子与碳原子连接成环状的醚称为环醚，如环氧乙烷（或氧化乙烯）$\begin{matrix} CH_2—CH_2 \\ \diagdown O \diagup \end{matrix}$。

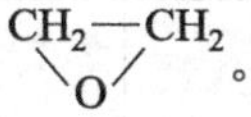

（2）命名

对于结构比较简单的醚，通常采用习惯命名法。

命名单醚时，根据氧所连接的烃基的名称称为二烃基醚。烃基为烷基时，"二"字可省略；芳醚或不饱和醚，习惯上保留"二"字。

$$CH_3CH_2OCH_2CH_3$$

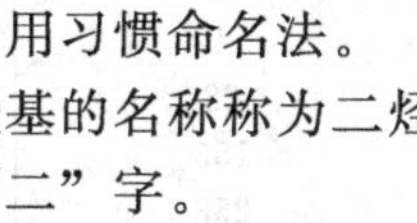

（二)乙(基)醚　　　　　　二苯(基)醚　　　　　　二乙烯(基)醚

$$CH_2=CHOCH=CH_2$$

命名混醚时，写出和氧连接的两烃基的名称，次序规则中较优的烃基放在后面，再加"醚"字；若存在芳基，则将芳基放在烃基前。例如：

$$CH_3OC(CH_3)_3$$

甲基叔丁基醚　　　　　　　　　苯甲醚

对于结构比较复杂的醚，采用系统命名法，以烃作母体，将烷氧基（RO—）作为取代基。例如：

$$\underset{\underset{OCH_3}{|}}{CH_3CHCH_2CH_2CH_2CH_3}$$

$$CH_3CH_2OCH=CHCH_2CH_3$$

2-甲氧基己烷　　　　　　　　　1-乙氧基-1-丁烯

环醚一般叫做环氧某烃或按杂环化合物命名。例如：

$$CH_3-CH-CH_2 \qquad \begin{array}{c} CH_2-CH_2 \\ | \quad\quad | \\ CH_2-CH_2 \end{array} \qquad \begin{array}{c} O \\ CH_2 \quad CH_2 \\ | \qquad\qquad | \\ CH_2 \quad CH_2 \\ O \end{array}$$

1,2-环氧丙烷 　　　　1,4-环氧丁烷 　　　　　1,4-二氧六环

（或氧杂环戊烷或四氢呋喃）　（或1,4-二氧杂环己烷或二噁烷）

8.3.2　醚的结构

醚分子中含醚键 C—O—C，其氧原子为 sp^3 杂化，分别与两个烃基的碳原子形成两个 σ 键，氧原子的另外两个 sp^3 杂化轨道上分别有一对孤对电子，醚键的键角约为 110°。以甲醚为例，其醚键的键角约为 111.7°。

$$\ddot{\overset{\cdot\cdot}{O}} \atop CH_3 \overset{\frown}{111.7°} CH_3$$

8.3.3　醚的物理性质

常温下，除甲醚、甲乙醚是气体外，大多数醚为有特殊气味且易挥发、易燃的液体。

醚分子间不能形成氢键，因此醚的沸点与相对分子质量相近的烷烃相近，比醇低得多。如正丁醇的沸点为 117.3℃，乙醚的沸点为 34.5℃。醚具有一定极性，但极性较弱，芳醚由于芳环上有大 π 键，故极性比脂肪醚略强。醚可与水形成氢键，故低分子醚在水中有一定溶解度，但大多数醚不溶于水。四氢呋喃、1,4-二氧六环能与水混溶，这是因为它们都是氧和碳共同成环，氧原子凸出在外，更容易与水形成氢键之故。由于醚不活泼，故常被用作溶剂和萃取剂。相对分子质量较低的醚具有麻醉作用，如乙醚、二乙烯基醚等。一些醚的物理常数见表 8-3。

表 8-3　一些醚的物理常数

名　　称	熔点/℃	沸点/℃	相对密度 d_4^{20}	溶解度/(g·100g 水)$^{-1}$
甲醚	−138.5	−23	—	∞
甲乙醚	—	10.8	0.7252/0℃	
乙醚	−116.6	34.5	0.7137	7.5
正丙醚	−122	91	0.736	微溶
正丁醚	−65	142	0.773	微溶
二乙烯基醚	−101	28	0.773	难溶
苯甲醚	−37.5	155	0.9961	不溶
二苯醚	25.8	258	1.0748	不溶
环氧乙烷	−111	10.5	0.8824/10℃	∞
环氧丙烷	—	35	0.859/9℃	∞
四氢呋喃	−65	67	0.8892	∞
1,4-二氧六环	12	101	1.0337	∞

8.3.4　醚的化学性质

除少数环醚外，醚相当不活泼，对碱、氧化剂、还原剂都十分稳定，常温下与金属钠也不起反应，故可用金属钠干燥醚。但醚具有一定碱性，可与强酸反应。

（1）镁盐的生成

醚分子中氧原子上带有孤对电子，可与强酸（浓硫酸、浓盐酸等）中的质子结合形成镁盐。例如：

$$R-O-R + H_2SO_4(浓) \longrightarrow [R-\overset{H}{\overset{|}{O}}-R]^+ HSO_4^-$$

溶于浓酸中

镁盐不稳定，只存在于低温和浓酸中，用水稀释后，立即分解得到原来的醚。

据此性质可区别醚与烷烃或卤代烷，也可将醚从它们的混合物中分离出来。

（2）醚键的断裂

在加热下，醚键遇强酸可断裂，常用的强酸是氢碘酸，其次是氢溴酸。用氢碘酸，醚键断裂后生成一分子碘代烷和一分子醇。若 HI 过量，醇可进一步与 HI 作用生成另一分子碘代烷：

$$R\!-\!O\!-\!R + HI \xrightarrow{\triangle} RI + ROH \xrightarrow[-H_2O]{HI} RI$$

混醚与 HI 反应时，一般是较小的烷基生成碘代烷：

$$RCH_2OCH_3 + HI \longrightarrow RCH_2OH + CH_3I$$

带有芳基的混醚与 HI 反应时，烷氧键断裂，生成酚和卤代烃。例如：

$$\text{（苯基）}OCH_3 + HI \longrightarrow \text{（苯基）}OH + CH_3I$$

二芳基醚，其醚键非常稳定，不易断裂，如二苯醚（$C_6H_5OC_6H_5$）可作为热载体。

（3）过氧化物的生成及除去

醚类化合物不易被氧化，但低级醚在空气中长期放置会生成有机过氧化物，还可进一步聚合。醚的过氧化物沸点高，不易挥发，受热易分解而引起爆炸，因此，蒸馏醚时注意不要蒸干，以免发生爆炸。

在醚中加入抗氧剂（如对苯二醌）可防止过氧化物的生成。检验醚中是否有过氧化物，可用淀粉-碘化钾试纸，若试纸变蓝表明有过氧化物存在。加入适量还原剂如 5% $FeSO_4$，可使过氧化物分解。

（4）环氧乙烷

环氧乙烷常温下为无色气体，有毒，易燃、易爆，沸点 10.5℃。易溶于水，也能溶于乙醇、乙醚等有机溶剂。由于其三元环的结构，环存在张力，易开环发生反应，是有机合成的重要原料。例如，容易与水、醇、氨、氢卤酸、格氏试剂等发生反应，得到各种重要的化工产品。

① 与水反应　在稀酸催化下环氧乙烷与水反应生成乙二醇，这是工业上制备乙二醇的方法。乙二醇与环氧乙烷反应，则生成一缩二乙二醇（二甘醇）、二缩三乙二醇（三甘醇）等：

$$\underset{O}{CH_2\!-\!CH_2} + H_2O \xrightarrow{0.5\%H_2SO_4} \underset{OH\ \ OH}{CH_2\!-\!CH_2} \xrightarrow{\underset{O}{CH_2\!-\!CH_2}} HOCH_2CH_2OCH_2CH_2OH$$

二甘醇

$$\xrightarrow{\underset{O}{CH_2\!-\!CH_2}} HOCH_2CH_2OCH_2CH_2OCH_2CH_2OH$$

三甘醇

二甘醇、三甘醇等对芳烃溶解能力强，而对烷烃、环烷烃等的溶解能力小，故在石油炼制中，常用作铂重整中抽提芳烃的溶剂。

② 与醇反应　在酸催化下环氧乙烷与醇反应生成乙二醇单烷基醚：

$$\underset{O}{CH_2\!-\!CH_2} + ROH \xrightarrow{H^+} ROCH_2CH_2OH$$

环氧乙烷与醇所得产品如乙二醇甲醚、乙二醇乙醚、乙二醇丁醚等，因兼具醇和醚的性质，是优良的溶剂，可溶解纤维酯如硝酸纤维酯等，工业上称为溶纤剂。与 $C_{12} \sim C_{18}$ 高级醇（或酚）所得乙二醇单烷基醚因含羟基，可继续与环氧乙烷反应，若控制环氧乙烷用量，可得不同链长的环氧乙烷加成物，称聚氧乙烯烷基（或芳基）醚——非离子型表面活性剂。

例如：

$$C_{12}H_{25}OH + n\ \underset{O}{CH_2\!-\!CH_2} \xrightarrow{OH^-} C_{12}H_{25}O\!-\!(CH_2CH_2O)_n H$$

聚氧乙烯十二烷基醚

$$C_8H_{17}\!-\!\!\left\langle \bigcirc \right\rangle\!\!-\!OH + 10CH_2\!-\!CH_2 \xrightarrow{OH^-} C_8H_{17}\!-\!\!\left\langle \bigcirc \right\rangle\!\!-\!O(CH_2CH_2O)_{10}H$$

聚氧乙烯对辛基苯基醚-10

（商品名：OP-10）

③ 与氨反应　环氧乙烷与氨反应生成乙醇胺，若环氧乙烷过量可生成二乙醇胺和三乙醇胺：

$$\underset{O}{CH_2\!-\!CH_2} + NH_3 \longrightarrow HOCH_2CH_2NH_2 \xrightarrow{\underset{O}{CH_2\!-\!CH_2}} (HOCH_2CH_2)_2NH \xrightarrow{\underset{O}{CH_2\!-\!CH_2}} (HOCH_2CH_2)_3N$$

乙醇胺　　　　　　　　二乙醇胺　　　　　　　三乙醇胺

这三种乙醇胺为无色吸湿性液体，溶于水，呈碱性，工业上用作酸性气体净化剂。

④ 与格氏试剂反应　环氧乙烷与格氏试剂反应生成增加两个碳原子的伯醇。例如：

$$\underset{O}{CH_2\!-\!CH_2} + RMgX \xrightarrow{干醚} RCH_2CH_2OMgX \xrightarrow[H_2O]{H^+} RCH_2CH_2OH$$

此反应在有机合成中可用来增长碳链，是制备伯醇的方法之一。

8.3.5　重要的醚

（1）乙醚

乙醚是无色透明液体，具有刺激性气味，沸点 34.5℃，极易挥发和燃烧。微溶于水，易溶于乙醇、苯、氯仿等。与水能形成恒沸物，恒沸物中含水 1.26%，若制备无水乙醚，应将乙醚加入氯化钙干燥并蒸馏，后用金属钠进一步处理。

乙醚是最常使用的一种醚，其最重要的用途是作溶剂，在医疗上也用作麻醉剂。

（2）甲基叔丁基醚

甲基叔丁基醚简写为 MTBE，是一种无色透明、具有特殊气味、黏度低的可挥发性液体，沸点 55.2℃。MTBE 是优良的汽油高辛烷值添加剂，同时也是重要的化工原料，如通过裂解可制备高纯异丁烯，还可用于甲基丙烯醛和甲基丙烯酸的生产等。

8.4　硫醇和硫醚

石油主要的组成是烃类，此外还有少量含 O、S、N 的非烃化合物。非烃化合物的存在对油品的加工及精制产生很大影响。石油中的含硫化合物主要有元素硫、硫化氢等无机硫化物及硫醇、硫醚、二硫化物、噻吩等有机硫化物。在此，主要对硫醇和硫醚的性质做简要的介绍。

8.4.1　硫醇

醇分子中的氧原子被硫原子取代的化合物称为硫醇（RSH）。—SH 叫做氢硫基或巯基，是硫醇的官能团。硫醇的命名与醇相似，只是将"醇"改为"硫醇"。例如，乙硫醇 CH_3CH_2SH。

硫醇与醇相比，好像 H_2S 与 H_2O，因硫的电负性小于氧，形成氢键的能力很弱，所以沸点较醇低，在水中的溶解度也较小。

低级的硫醇有恶臭味，空气中若有 $10^{-8}g\cdot L^{-1}$ 乙硫醇即可被人感觉，据此可把它加入有毒煤气中，以检查管道是否漏气。

（1）弱酸性

硫醇与硫化氢相似，具有弱酸性，$pK_a \approx 11$（如 CH_3CH_2SH 的 $pK_a = 10.5$，而 CH_3CH_2OH 的 $pK_a = 17$），可溶于氢氧化钠溶液生成硫醇钠：

$$RSH + NaOH \Longleftrightarrow RSNa + H_2O$$

在石油炼制过程中，利用该反应可以除去油品中部分低级硫醇。

硫醇还可与重金属汞、铜、银、铅等形成不溶于水的硫醇盐，例如：

$$2RSH + (CH_3COO)_2Hg \longrightarrow (RS)_2Hg\downarrow + 2CH_3COOH$$
$$（白色）$$

利用该反应可鉴别硫醇，还可用作汞、铅等重金属中毒的解毒剂（巯基与重金属结合成盐从尿中排出）。

（2）氧化反应

硫醇容易被氧化，可被氧化成不同的化合物。硫醇可被弱氧化剂 H_2O_2、$NaOI$、I_2 或 O_2 等氧化成二硫化物。例如：

$$2RSH + H_2O_2 \longrightarrow RSSR + 2H_2O$$
$$2RSH + O_2 \xrightarrow{\text{酞菁钴}} RSSR + H_2O$$

石油产品中含有硫醇不仅产生臭味，而且影响油品的安定性，使设备腐蚀。目前工业上通过催化氧化法，在酞菁钴类催化剂作用下将硫醇在空气中氧化成二硫化物，称为脱硫醇（或脱臭）。

在强氧化剂（如 HNO_3、$KMnO_4$ 等）的作用下，硫醇可被氧化成亚磺酸、磺酸。例如：

$$RSH \xrightarrow{\text{浓}HNO_3} RS\overset{O}{\underset{}{\parallel}}{-}OH \xrightarrow{\text{浓}HNO_3} RS\overset{O}{\underset{O}{\overset{\parallel}{\underset{\parallel}{}}}}{-}OH$$

$$\text{烷基亚磺酸} \qquad \text{烷基磺酸}$$

（3）分解反应

硫醇可发生氢解和热解反应。例如：

$$RSH \begin{cases} \xrightarrow[\text{CoMnO}_4,\,300\sim400℃]{H_2} RH + H_2S \\ \xrightarrow{150\sim250℃} 烯烃 + H_2S \end{cases}$$

这些反应可应用于工业脱硫。目前我国生产的成品汽油有 80% 以上来源于催化裂化汽油，这样得到的汽油具有硫含量高、烯烃含量高的特点。为提高汽油的质量，达到清洁汽油的标准，必须尽可能降低汽油中的硫含量。如果采用常规催化剂与工艺条件对催化裂化汽油进行加氢处理，汽油中的烯烃很容易被饱和，致使汽油的辛烷值损失很大，且烯烃饱和需消耗大量氢气。为此，针对汽油中硫分布的特点，开发既加氢脱硫又尽量不使烯烃饱和的选择性加氢脱硫技术，是当前工业研究的主要方向。

8.4.2 硫醚

醚分子中的氧原子被硫原子取代的化合物称为硫醚（RSR）。硫醚的命名与醚相似，只是将"醚"改为"硫醚"。例如，（二）乙硫醚 $CH_3CH_2SCH_2CH_3$。

硫醚的化学性质较稳定，但硫原子易形成高价化合物。

在常温下，以浓硝酸、三氧化铬或过氧化氢为氧化剂，硫醚可被氧化成亚砜。例如：

$$CH_3SCH_3 \xrightarrow{\text{浓HNO}_3\text{或H}_2\text{O}_2} CH_3\overset{\displaystyle O}{\underset{\displaystyle}{S}}CH_3$$
二甲亚砜

在强氧化条件下，如发烟 HNO_3、$KMnO_4$、过氧羧酸等为氧化剂，硫醚则被深度氧化成砜。例如：

$$CH_3SCH_3 \xrightarrow{\text{发烟HNO}_3\text{或RCO}_3\text{H}} CH_3\overset{\displaystyle O}{\underset{\displaystyle O}{\overset{\parallel}{\underset{\parallel}{S}}}}CH_3$$
二甲砜

二甲亚砜是无色液体，沸点 189℃，既可与水混溶，又可溶解许多有机化合物和无机盐，是一种重要的极性非质子溶剂。

硫醚与硫醇相似，也可通过氢解和热解反应进行脱硫。

【阅读材料】

油品的氧化及抗氧化添加剂

燃料油、润滑油等油品主要是由多种烃类化合物组成的混合物。为了改善油品的质量，提高其使用性能，工业上常在油品中加入各种添加剂，其中抗氧化添加剂（简称抗氧剂）是最重要的油品添加剂之一。

烃类化合物在氧的作用下会自动氧化，生成烃的过氧化物、醛、酮、羧酸等氧化产物及胶质，胶质本身具有催化氧化作用，会加速油品的氧化，严重影响油品的使用性能。油品的氧化为自由基反应机理：首先烃分子与氧碰撞（或在光、热的作用下）产生自由基（反应1）；生成的自由基立即与氧作用，产生烃过氧化自由基 $ROO \cdot$ （反应2），$ROO \cdot$ 从烃分子中夺取 $H \cdot$ 原子，生成烃过氧化氢和一个新的自由基 $R \cdot$ （反应3）；自由基之间相互发生反应，消耗自由基，使反应逐渐停止（反应4）：

$$RH + O_2 \longrightarrow R \cdot + HOO \cdot \qquad (1) \text{ 链引发}$$
$$R \cdot + O_2 \longrightarrow ROO \cdot \qquad (2) \left.\begin{array}{l}\end{array}\right\} \text{链增长}$$
$$ROO \cdot + RH \longrightarrow ROOH + R \cdot \qquad (3)$$
$$\cdots\cdots$$
$$ROO \cdot + ROO \cdot \longrightarrow ROOR + O_2 \qquad (4) \text{ 链终止}$$

烃过氧化氢是氧化反应中最重要的中间产物，它可进一步发生多种分解反应或生成稳定产物：

$$ROOH \longrightarrow RO \cdot + HO \cdot$$
$$RO \cdot + RH \longrightarrow ROH + R \cdot$$
$$ROOH + RH \longrightarrow 2ROH$$
$$ROH \xrightarrow{O_2} \text{醛、酮} \longrightarrow \text{羧酸} \longrightarrow \text{胶质}$$

在油品中加入抗氧剂可延缓油品的氧化，抑制胶质的生成。抗氧剂（以 AH 示）的作用是抗氧剂与烃类氧化反应初期产生的不稳定的 $ROO \cdot$ 等活性自由基反应，生成稳定的物质，它本身转化成较稳定的自由基 $A \cdot$ ，同时可捕获 $ROO \cdot$、$RO \cdot$、$HO \cdot$ 等自由基，从而使氧化反应在初期阶段就停止或者推迟：

$$ROO \cdot + AH \longrightarrow ROOH + A \cdot$$
$$ROO \cdot + A \cdot \longrightarrow ROOA$$

目前应用在油品中的抗氧剂主要有受阻酚类化合物及芳胺类化合物，即所谓游离基（自由基）终止剂。以抗氧剂 4-甲基-2,6-二叔丁基苯酚为例，其抗氧作用机理如下：

$$ROO\cdot + (CH_3)_3C\text{—}\underset{CH_3}{\overset{OH}{\bigcirc}}\text{—}C(CH_3)_3 \longrightarrow ROOH + (CH_3)_3C\text{—}\underset{CH_3}{\overset{O\cdot}{\bigcirc}}\text{—}C(CH_3)_3$$

$$(CH_3)_3C\text{—}\underset{CH_3}{\overset{O\cdot}{\bigcirc}}\text{—}C(CH_3)_3 \Longleftrightarrow (CH_3)_3C\text{—}\underset{CH_3}{\overset{O}{\bigcirc}}\text{—}C(CH_3)_3 \xrightarrow{ROO\cdot} (CH_3)_3C\text{—}\underset{CH_3\ OOR}{\overset{O}{\bigcirc}}\text{—}C(CH_3)_3$$

（1）受阻酚类抗氧剂　所谓受阻酚是指在苯环上羟基邻位一侧或两侧引入叔丁基或其他推电子基的化合物。由于受到空间障碍的影响，苯环与羟基不易处于同一平面上，结果使酚羟基上的氢原子容易脱离下来与油品中的 ROO·、RO·、HO·等结合使之失去活性，从而使热氧化的链反应（反应 3）终止。同时，生成的较稳定的酚氧自由基，具有捕获活性自由基的能力，因此可终止活性自由基的进一步反应。常用的受阻酚类抗氧剂主要有 2,6-二叔丁基对甲苯酚、2,6-二叔丁基苯酚、2,4,6-三叔丁基苯酚等。

（2）芳胺类抗氧剂　目前使用的芳胺类抗氧剂主要有对苯二胺类和二苯胺类化合物，它们分子结构中都具有“—NH—”基团，能够提供氢原子，使油品氧化形成的活性自由基终止。常用的芳胺类抗氧剂主要是仲芳胺，如 N,N'-二仲丁基对苯二胺、N,N'-二芳基对苯二胺、N-苯基-N'-叔丁基对苯二胺以及 $4,4'$-二壬基（或异辛基）二苯胺等。

习　题

1. 写出下列化合物的结构式。
   (1) 2-氯-1-丁醇
   (2) 3-甲基环己醇
   (3) 2,3-二甲基-2,3-丁二醇
   (4) 对溴苄醇
   (5) 3-甲氧基苯酚
   (6) 5-甲基-2-萘酚
   (7) 乙基叔丁基醚
   (8) 丙三醇三甲醚

2. 以系统命名法命名下列化合物

   (1) $(CH_3)_3CCH_2CH_2\underset{OH}{\overset{|}{C}}HCH_3$

   (2) $CH_2\!=\!\underset{CH_3}{\overset{|}{C}}\text{—}CH_2\underset{OH}{\overset{|}{C}}HCH_3$

   (3) 3-甲基环己-3-烯-1-醇结构（环己烯环带—OH和CH₃取代基）

   (4) $C_6H_5\text{—}\underset{Br}{\overset{|}{C}}HCH_2OH$（苯环侧链）

   (5) 间硝基苯酚结构（苯环上—OH和—NO₂）

   (6) 苯酚结构，邻位C(CH₃)₃，对位NO₂（—OH、—C(CH₃)₃、—NO₂）

   (7) 萘环，2位—NH₂，1位—OH

   (8) 萘环，1位—OCH₃

3. 不要查表，将下列化合物按沸点由高到低的顺序排列。

  (1) A. 正己烷　　　B. 正己醇　　　C. 3-甲基-3-戊醇

     D. 异己醇　　　E. 正庚醇

  (2) A. $CH_3CH_2CH_2Cl$　　　B. $(C_2H_5)_2O$　　　C. $CH_3CH_2CH_2CH_2OH$

     D. $(CH_3)_2CHCH_2OH$

4. 将下列化合物按分子内脱水反应由易到难排列。

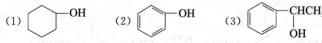

  (4) $CH_3CH_2CH_2CH_2OH$

5. 写出 2-丁醇与下列物质反应的主要产物。

  (1) Na　　　　　　(2) $NaBr + H_2SO_4$　　　　(3) $K_2Cr_2O_7 + H_2SO_4$

  (4) Cu, $\triangle$　　　　　(5) $SOCl_2$

6. 用化学方法鉴别下列各组化合物。

  (1) A. 2-甲基戊醇　　　　B. 1-戊醇　　　　　C. 2-甲基-2-丁醇

  (2) A. 己醇　　　　　　　B. 烯丙醇　　　　　C. 1-己烯　　　　D. 己烷

  (3) A. 苯甲醇　　　　　　B. 对甲苯酚　　　　C. 苯甲醚

7. 将下列各组化合物按酸性强弱排列。

  (1) A. 水　　　　　　B. 醇　　　　　C. 苯酚　　　　D. 碳酸

  (2) A. 苯酚　　　　　B. 对甲苯酚　　　C. 对硝基苯酚　　　D. 对氯苯酚

8. 写出间甲苯酚与下列物质反应的主要产物。

  (1) Br_2 (H_2O)　　　　(2) NaOH　　　　(3) $(CH_3CO)_2O$

  (4) $(CH_3)_2SO_4$　　　　(5) 稀 HNO_3

9. 完成下列反应式（写出试剂、反应条件或主要产物）。

  (1) ⬡—ONa + (A) ⟶ ⬡—OCH$_3$ $\xrightarrow[H_2SO_4]{HNO_3}$ (B)

  (2) $CH_3CH_2CH_2OCH_2CH_2CH_3 \xrightarrow[\triangle]{HI}$

  (3) ⬡—CH$_3$ + Cl$_2$ $\xrightarrow{(A)}$ ⬡—CH$_2$Cl $\xrightarrow{CH_3CH_2ONa}$ (B)

  (4) $CH_2=CH_2 + O_2 \xrightarrow{(A)}$ CH$_2$—CH$_2$（O） $\xrightarrow{NH_3}$ (B)

  (5) CH$_2$—CH$_2$（O） + CH_3CH_2MgBr ⟶ (A) $\xrightarrow[H_2O]{H^+}$ (B)

10. 将下列化合物按在水中的溶解度由大到小的顺序排列。

  (1) 正己醇　　　(2) 二甲醚　　　(3) 正己烷　　　(4) 1,3-戊二醇

11. 某芳香化合物 A(C_7H_8O)，不与金属钠反应，能与氢碘酸反应生成化合物 B 和 C，B 可溶于氢氧化钠溶液，与三氯化铁溶液作用时呈现蓝紫色。C 与硝酸根的醇溶液反应生成黄色沉淀。写出 A、B、C 的结构式和各反应式。

12. 以≤C$_4$ 的烯烃和甲苯为原料合成下列化合物（无机试剂任选）。

  (1) $(CH_3)_2CHOH$　　　(2) $(CH_3)_3COH$　　　(3) $C_2H_5OC(CH_3)_3$

  (4) $CH_2=CHCH_2OH$　　　(5) ⬡—CH$_2$OC$_2$H$_5$

第 9 章 醛 和 酮

醛和酮都含有官能团羰基（$\underset{\overset{\|}{—C—}}{O}$），统称为羰基化合物。羰基与一个烃基和一个氢原子相连的化合物称为醛（甲醛的羰基与两个氢原子相连），醛的官能团简写为—CHO，又称醛基；羰基与两个烃基相连的化合物称为酮，酮中羰基也称为酮基。

在自然界中挥发性的醛和酮是许多植物香精油的重要成分，如柠檬醛、香茅醛、紫罗兰酮、麝香酮等。醛和酮性质活泼，是有机合成中极为重要的中间体。

9.1 醛和酮的分类及命名

9.1.1 分类

根据烃基不同，醛、酮分为脂肪族、脂环族与芳香族醛、酮；根据烃基是否饱和，又有饱和醛（酮）与不饱和醛（酮）之分。例如：

脂肪族醛（酮）

CH_3CH_2CHO　　　　$CH_2=CHCHO$　　　　$\underset{\overset{\|}{CH_3CCH_3}}{O}$

丙醛　　　　　　　　　丙烯醛　　　　　　　　丙酮

脂环族醛（酮）

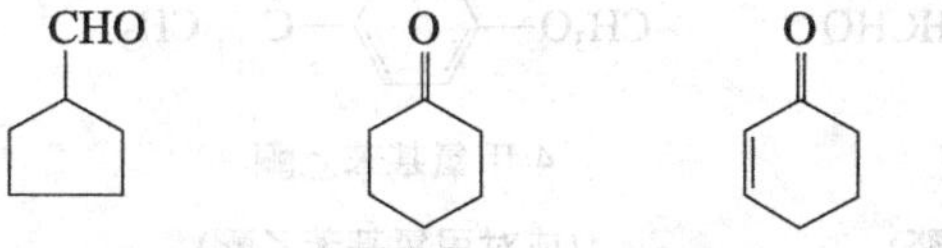

环戊基甲醛　　　　　　环己酮　　　　　　2-环己烯-1-酮

芳香族醛（酮）

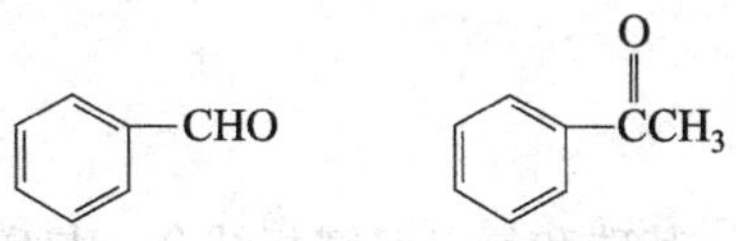

苯甲醛　　　　　　　　苯乙酮

醛和酮还可根据分子中羰基的数目，分为一元、二元醛（酮）等。在一元酮中羰基连接的两个烃基相同时称为单酮，不同时称为混酮，其中一个烃基为甲基时称为甲基酮。在二元醛、酮中，两个羰基直接相连时称为 α-二醛（酮），中间隔一个、两个碳原子时分别称为 β-、γ-二醛（酮）。

9.1.2 命名

简单的醛、酮采用普通命名法，结构较复杂时采用系统命名法。

（1）普通命名法

醛的普通命名法与醇相似。例如：

$$CH_3CH_2CH_2CHO \qquad CH_3CHCH_2CHO \qquad CH_3CHCHO$$

（结构式下方附有 CH$_3$ 取代基）

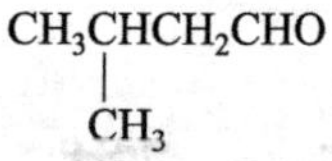

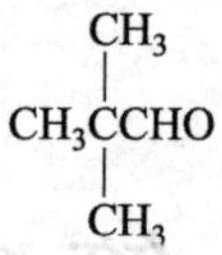

正丁醛　　　　　　　　　异戊醛　　　　　　　　　新戊醛

酮的普通命名法则按照羰基所连接的两个烃基的名称（按次序规则，将"较优"基团写在后），然后加上"（甲）酮"。例如：

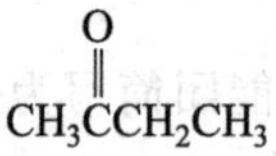

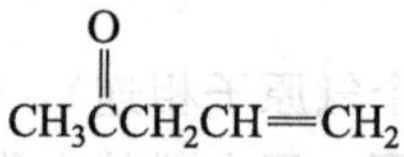

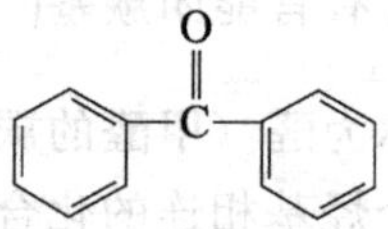

$$CH_3CCH_2CH_3 \qquad CH_3CCH_2CH=CH_2 \qquad (C_6H_5)_2C=O$$

甲基乙基(甲)酮　　　　甲基烯丙基(甲)酮　　　　二苯甲酮

（简称甲乙酮）

（2）系统命名法

选择含有羰基碳原子的最长链为主链，主链编号从靠近羰基一端开始。醛基总是在碳链一端，不用标明其位次；而酮的羰基因不在链端，其位次（除丙酮、丁酮外）必须标明，因为酮可形成官能团位置异构体；芳香族、脂环族醛（酮）的命名，一般是将芳基或脂环烃基作为取代基。碳原子的位次有时也用希腊字母表示，与羰基相连的碳原子为 α-碳原子，其次为 β-、γ-碳原子等。例如：

$$CH_3CH_2CH_2CH_2CHO \qquad CH_2=CCH_2CH_2CHO \qquad CH_3CCH_2CH_2CH_3$$

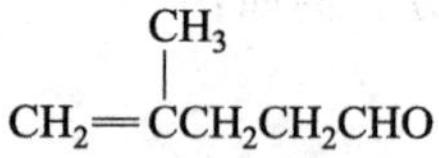

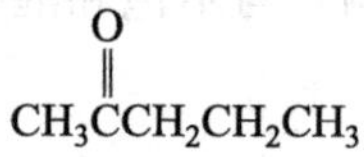

戊醛　　　　　　　　　4-甲基-4-戊烯醛　　　　　　　2-戊酮

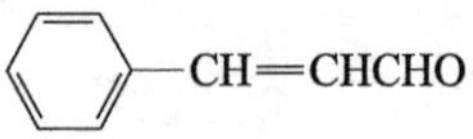

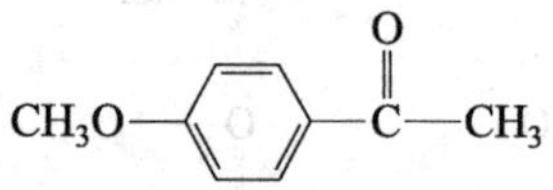

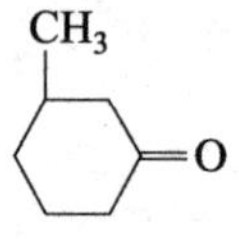

3-苯基丙烯醛　　　　　　4-甲氧基苯乙酮　　　　　　3-甲基环己酮

（或 β-苯基丙烯醛）　　（或对甲氧基苯乙酮）

9.2　醛和酮的结构

醛和酮分子中都含有羰基，其碳和氧以双键相结合，与碳碳双键相似，碳氧双键是由一个 σ 键和一个 π 键组成的。羰基中碳原子为 sp^2 杂化，它的三个 sp^2 杂化轨道分别与其他三个原子形成三个 σ 键，其中一个是 C—Oσ 键，另外两个是 C—H 或 C—Cσ 键，这三个 σ 键在同一平面上，相互间的键角约为 120°。碳原子还剩余一个 p 轨道，与氧原子的一个 p 轨道在侧面相互交盖形成 π 键，该 π 键垂直于三个 σ 键所在的平面。以甲醛为例，如图 9-1(a)，(b) 所示。

由于氧的电负性大，吸引电子的能力强，且 π 电子的流动性大，故羰基为极性基团，氧的一边带部分负电荷，碳的一边带部分正电荷，电子云分布示意如图 9-1(c) 所示。因此醛、酮为极性较强的分子，例如：甲醛、丙酮的偶极矩分别为 7.57×10^{-30} C·m、9.50×10^{-30} C·m。

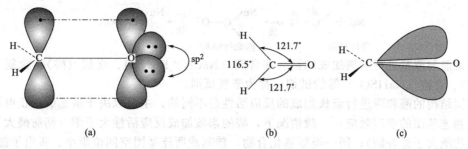

图 9-1　甲醛的结构及羰基的电子云分布

9.3　醛和酮的物理性质

常温下，除甲醛是气体外，C_{12} 以下的脂肪醛和酮是液体，高级的醛和酮为固体；而芳香醛和酮为液体或固体。低级脂肪醛具有强烈的刺激气味，C_9 和 C_{10} 的醛和酮具有花果香味，因此常用于香料工业。

由于羰基具有极性，因此醛和酮的沸点比相对分子质量相近的烃及醚高。但由于羰基分子间不能形成氢键，因此沸点较相应的醇低。例如：

$$\begin{array}{ccccc} & 乙醛 & 乙醇 & 甲醚 & 丙烷 \\ 沸点/℃ & 21.0 & 78.5 & -23.0 & -42.1 \end{array}$$

因为醛和酮的羰基能与水中的氢形成氢键，故低级醛和酮可溶于水，但芳香醛和酮微溶或不溶于水。某些醛和酮的物理常数见表 9-1。

表 9-1　某些醛和酮的物理常数

名　　称	熔点/℃	沸点/℃	相对密度 d_4^{20}
甲醛	-92	-21	0.815(-20℃)
乙醛	-121	21	0.795(10℃)
丙烯醛	-87	52	0.8410
丁醛	-99	76	0.8170
2-丁烯醛	-74	104	0.8495
丙酮	-95	56	0.7899
丁酮	-86	80	0.8054
环己酮	-16	155	0.9478
苯甲醛	-26	170	1.046
苯乙酮	21	202	1.024
二苯甲酮	48.5	305	1.083

9.4　醛和酮的化学性质

9.4.1　羰基上的亲核加成反应

羰基是一个极性不饱和基团，碳原子带部分正电荷，易与亲核试剂反应，氧原子带部分负电荷，易与亲电试剂反应。由于带负电荷的氧（电负性大，能容纳负电荷）比带正电荷的碳稳定，因此发生加成反应时，亲核试剂首先进攻羰基碳原子，生成带负电荷的氧。由亲核试剂进攻而引起的加成反应称为亲核加成反应。羰基上的亲核加成反应机理如下：

$$\text{Nu}^- + \underset{\text{亲核试剂}}{\overset{\delta^+}{\underset{}{>}}\hspace{-0.3em}C}\hspace{-0.3em}\overset{\delta^-}{=}O \underset{慢}{\rightleftharpoons} \underset{四面体结构}{\overset{\text{Nu}}{\underset{}{-}}C-O^-} \xrightarrow[\text{快}]{A^+} \overset{\text{Nu}}{\underset{}{-}}C-OA$$

通常能与羰基进行亲核加成的是一些含碳（NaCN、RMgX）、含氧（醇）、含氮（氨及衍生物）、含硫（NaHSO$_3$）等的试剂，称为亲核试剂。

不同结构的醛和酮进行亲核加成的反应活性是不同的，主要取决于羰基碳的正电性及与羰基碳相连基团的空间效应。一般情况下，醛的亲核加成反应活性大于酮（脂肪醛大于芳香醛，脂肪酮大于芳香酮）；同一类羰基化合物，羰基碳所连基团空间位阻小、吸电子能力强，则羰基反应活性大。

亲核加成反应活性由大到小的顺序大致如下：

$$\underset{}{\overset{O}{\underset{}{\parallel}}}H-C-H > CH_3-\overset{O}{\underset{}{C}}H > R-\overset{O}{\underset{}{C}}H > \text{Ph}-\overset{O}{\underset{}{C}}-H > CH_3-\overset{O}{\underset{}{C}}-CH_3 > CH_3-\overset{O}{\underset{}{C}}-R > R-\overset{O}{\underset{}{C}}-R >$$

$$\text{Ph}-\overset{O}{\underset{}{C}}-CH_3 > \text{Ph}-\overset{O}{\underset{}{C}}-\text{Ph}$$

（1）与氢氰酸的加成

醛和酮与氢氰酸加成生成羟基腈（又称为氰醇）：

$$\underset{(R')H}{\overset{R}{\underset{}{>}}}C=O + HCN \rightleftharpoons \underset{(R')H}{\overset{R}{\underset{}{-}}}\overset{OH}{\underset{CN}{C}}$$

该反应为可逆反应，实验证明，在碱性催化剂存在下，反应进行得很快，产率也很高。若加入少量酸，反应速率明显下降。这一事实说明，影响反应速率的是 CN$^-$ 的浓度，碱的存在能增加 CN$^-$ 的浓度，酸的存在降低了 CN$^-$ 的浓度。

醛和酮与氢氰酸的加成反应是有机合成上增长碳链的方法之一。α-羟基腈是一类活泼的化合物，经水解可生成 α-羟基酸或 α,β-不饱和酸。例如：

$$\underset{OH}{\overset{CH_3}{\underset{}{}}}CH_3-\overset{|}{\underset{|}{C}}-CN \begin{cases} \xrightarrow{HCl/H_2O} CH_3-\overset{CH_3}{\underset{OH}{\underset{|}{C}}}-COOH \\[2em] \xrightarrow[\triangle]{H_2SO_4(浓硫酸)} CH_2=\overset{|}{\underset{CH_3}{C}}-COOH \end{cases}$$

α-甲基-α-羟基丙腈

α-甲基丙烯酸甲酯是制备有机玻璃的单体，工业上就是以丙酮为原料，与氢氰酸加成，进一步在硫酸存在下与甲醇作用，发生水解、酯化、脱水等反应而生成。

在实际操作中，由于氢氰酸有剧毒，易挥发（沸点 26.5℃），通常是将盐酸或硫酸加到羰基化合物和氰化钠水溶液的混合物中，使氢氰酸生成后立即反应。

（2）与亚硫酸氢钠加成

醛、脂肪族甲基酮及八个碳以下的环酮，可以与亚硫酸氢钠的饱和水溶液（40%）发生加成反应，生成白色的结晶 α-羟基磺酸钠。

$$\underset{(CH_3)H}{\overset{R}{\underset{}{>}}}C=O + \overset{O}{\underset{ONa}{\overset{\parallel}{S}}}-OH \rightleftharpoons \underset{(CH_3)H}{\overset{R}{\underset{}{-}}}\overset{ONa}{\underset{SO_3H}{C}} \rightleftharpoons \underset{(CH_3)H}{\overset{R}{\underset{}{-}}}\overset{OH}{\underset{SO_3Na}{C}}$$

α-羟基磺酸钠

该反应中，亲核的原子是亚硫酸氢根离子（HSO_3^-）中的硫原子，而不是带负电荷的氧原子。

由于加成产物不溶于饱和的亚硫酸氢钠溶液，很容易分离出来。当加入稀酸或稀碱时，加成产物立即分解为原来的醛或酮。例如：

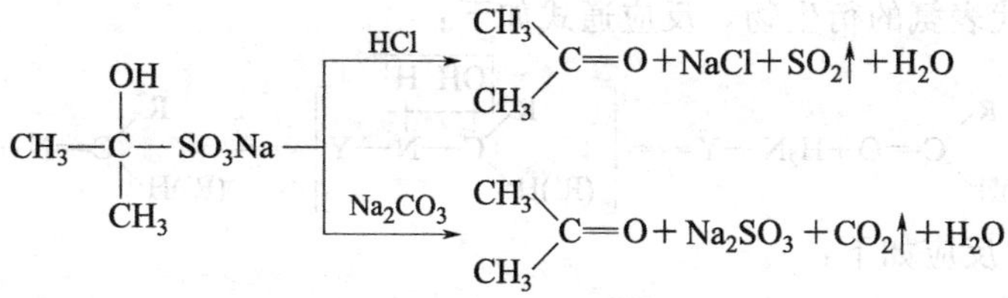

$$CH_3-\underset{\underset{CH_3}{|}}{\overset{\overset{OH}{|}}{C}}-SO_3Na \begin{cases} \xrightarrow{HCl} \underset{CH_3}{\overset{CH_3}{>}}C{=}O + NaCl + SO_2\uparrow + H_2O \\ \xrightarrow{Na_2CO_3} \underset{CH_3}{\overset{CH_3}{>}}C{=}O + Na_2SO_3 + CO_2\uparrow + H_2O \end{cases}$$

利用这一反应可鉴别、分离或提纯醛、脂肪族甲基酮及八个碳以下的环酮。

（3）与醇的加成

在干燥氯化氢或浓硫酸作用下，醛与醇发生加成反应，生成半缩醛。半缩醛是一个不稳定的中间产物，不易分离出来。它继续与另一分子醇反应，失去一分子水，生成稳定的化合物——缩醛。例如：

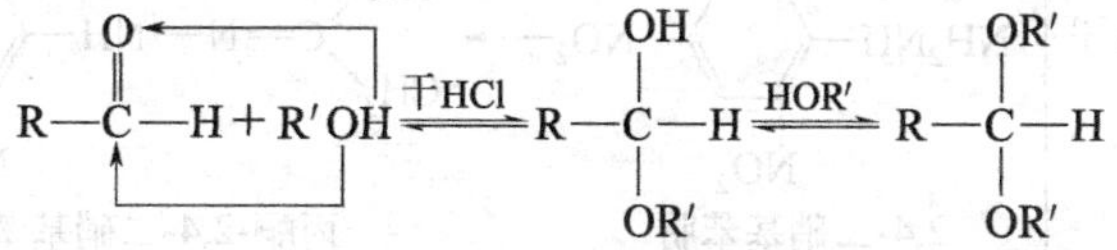

$$R-\overset{\overset{O}{\|}}{C}-H + R'OH \underset{}{\overset{干HCl}{\rightleftharpoons}} R-\underset{\underset{OR'}{|}}{\overset{\overset{OH}{|}}{C}}-H \underset{}{\overset{HOR'}{\rightleftharpoons}} R-\underset{\underset{OR'}{|}}{\overset{\overset{OR'}{|}}{C}}-H$$

半缩醛　　　　缩醛

在同样条件下，酮与一元醇较难生成缩酮，但在酸催化下，酮与乙二醇、丙二醇等反应可形成五、六元环状缩酮。例如：

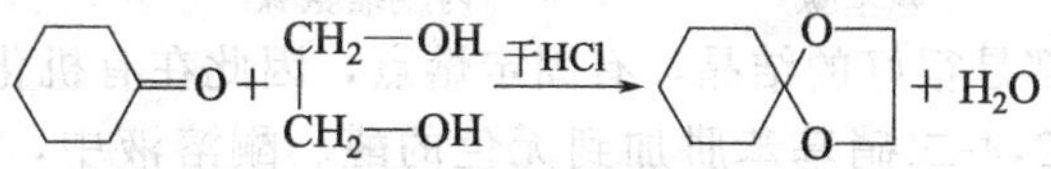

缩醛或缩酮在酸性介质中易水解得到原来的醛或酮。在有机合成中，常利用该反应保护醛（酮）的羰基。例如，从不饱和醛（$CH_3CH{=}CHCHO$）合成饱和醛（$CH_3CH_2CH_2CHO$）：

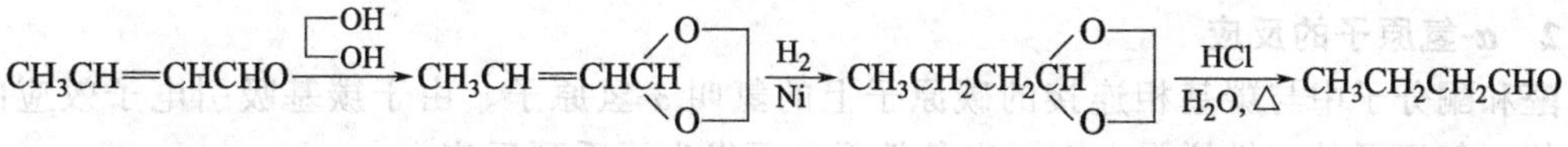

（4）与格利雅（Grignard）试剂加成

醛和酮与格氏试剂反应，加成产物不必分离，可直接水解得到醇，且反应是不可逆的。

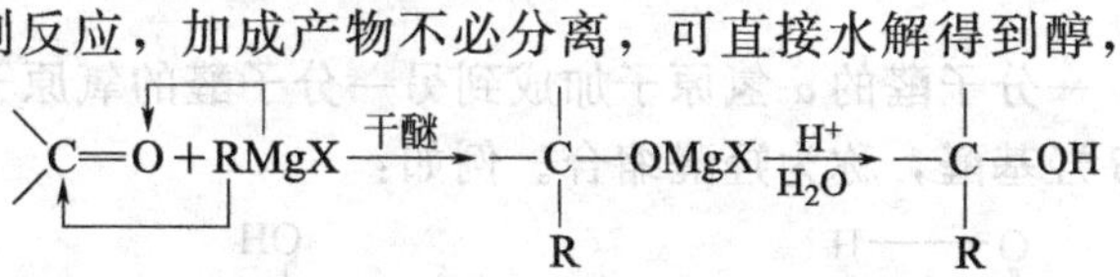

$$\overset{}{\underset{}{>}}C{=}O + RMgX \xrightarrow{干醚} -\underset{\underset{R}{|}}{C}-OMgX \xrightarrow[H_2O]{H^+} -\underset{\underset{R}{|}}{C}-OH$$

格氏试剂与甲醛反应生成增加一个碳原子的伯醇；与其他醛反应生成仲醇；而与酮反应则生成叔醇。

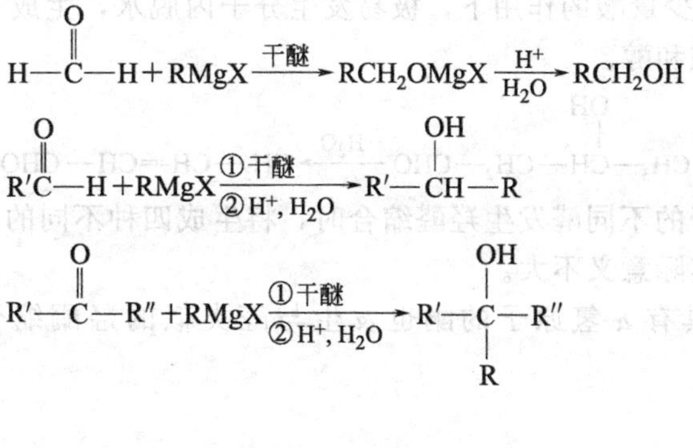

$$H-\overset{\overset{O}{\|}}{C}-H + RMgX \xrightarrow{干醚} RCH_2OMgX \xrightarrow[H_2O]{H^+} RCH_2OH$$

$$R'\overset{\overset{O}{\|}}{C}-H + RMgX \xrightarrow[②H^+,H_2O]{①干醚} R'-\underset{}{\overset{\overset{OH}{|}}{C}}H-R$$

$$R'-\overset{\overset{O}{\|}}{C}-R'' + RMgX \xrightarrow[②H^+,H_2O]{①干醚} R'-\underset{\underset{R}{|}}{\overset{\overset{OH}{|}}{C}}-R''$$

醛和酮与格氏试剂反应是制备伯、仲、叔三类醇的重要方法。

（5）与氨的衍生物的加成缩合

醛和酮与氨的衍生物，如羟胺、肼、氨基脲发生加成缩合反应，脱去一分子水，分别生成肟、腙和缩氨脲。若用苯肼、2,4-二硝基苯肼代替肼进行反应，则生成苯腙、2,4-二硝基苯腙。以 NH_2Y 代表氨的衍生物，反应通式如下：

$$\underset{(R')H}{\overset{R}{\diagdown}}C=O + H_2N-Y \Longleftrightarrow \left[\underset{(R')H}{\overset{R}{\diagdown}}\overset{\overset{\text{OH H}}{|\ \ |}}{\underset{|}{C}}-N-Y\right] \Longleftrightarrow \underset{(R')H}{\overset{R}{\diagdown}}C=N-Y$$

以丙酮为例，反应如下：

$$
\begin{array}{l}
\underset{CH_3}{\overset{CH_3}{\diagdown}}C=O + \\
\end{array}
\begin{cases}
NH_2OH \longrightarrow \underset{CH_3}{\overset{CH_3}{\diagdown}}C=N-OH \\
\quad\text{羟胺}\qquad\qquad\text{丙酮肟} \\[2mm]
NH_2NH_2 \longrightarrow \underset{CH_3}{\overset{CH_3}{\diagdown}}C=N-NH_2 \\
\quad\text{肼}\qquad\qquad\text{丙酮腙} \\[2mm]
NH_2NH\!-\!\!\!\bigcirc\!\!-NO_2 \longrightarrow \underset{CH_3}{\overset{CH_3}{\diagdown}}C=N-NH\!-\!\!\!\bigcirc\!\!-NO_2 \\
\quad\text{2,4-二硝基苯肼}\qquad\quad\text{丙酮-2,4-二硝基苯腙} \\[2mm]
\underset{}{\overset{O}{\parallel}} \\
NH_2NHCNH_2 \longrightarrow \underset{CH_3}{\overset{CH_3}{\diagdown}}C=N-NHCNH_2 \\
\quad\text{氨基脲}\qquad\qquad\text{丙酮缩氨脲}
\end{cases}
$$

这些加成缩合产物都是很好的结晶，有固定熔点，因此在有机化合物的分析中，常用于醛、酮的鉴定。尤其是 2,4-二硝基苯肼加到无色的醛、酮溶液中，立即由棕红色的溶液变成黄色沉淀，反应非常灵敏。因产物在稀酸作用下能够水解为原来的醛、酮，因此可利用该反应来提纯或分离醛、酮。

9.4.2　α-氢原子的反应

醛和酮分子中与羰基相连接的碳原子上的氢叫 α-氢原子。由于羰基吸引电子效应的影响，使 α-氢原子的酸性增强，在一定条件下，可发生一系列反应。

（1）羟醛缩合

在稀碱的催化下，一分子醛的 α-氢原子加成到另一分子醛的氧原子上，其余部分加成到羰基碳原子上，生成 β-羟基醛，称为羟醛缩合。例如：

$$CH_3-\overset{O}{\overset{\parallel}{C}}-H + CH_2-CHO \xrightarrow{\text{稀NaOH}} CH_3-\overset{OH}{\overset{|}{CH}}-CH_2-CHO$$

β-羟基醛在稍热或少量酸的作用下，极易发生分子内脱水，生成 α,β-不饱和醛。若再进行催化加氢，则得到饱和醇。

$$CH_3-\overset{OH}{\overset{|}{CH}}-CH_2-CHO \xrightarrow[\triangle]{-H_2O} CH_3-CH=CH-CHO$$

两种含有 α-氢原子的不同醛发生羟醛缩合时，将生成四种不同的 β-羟基醛。由于产物复杂，难以分离，因此实际意义不大。

在碱的催化下，具有 α-氢原子的酮也发生与醛类似的羟酮缩合反应，但比醛困难。例如：

$$CH_3-C=O+CH_2-C-CH_3 \xrightarrow{Ba(OH)_2} CH_3-C-CH_2-C-CH_3 \xrightarrow{H_3PO_4} CH_3-C=CH-C-CH_3+H_2O$$

该反应的平衡大大偏向于反应物一方，若设法在反应的同时，不断将产物移出反应体系，可使平衡向产物方向移动。

（2）卤代和卤仿反应

醛和酮与卤素在碱性条件下，α-碳上的氢原子可逐步被卤素取代，如果控制卤素的用量和反应条件（如酸性条件下），可使反应停止在一元（或二元）取代的阶段。例如：

$$CH_3-\overset{O}{\overset{\|}{C}}-CH_3+Br_2 \xrightarrow[65\,^\circ C]{CH_3COOH} CH_3-\overset{O}{\overset{\|}{C}}-CH_2Br+HBr$$

具有 $CH_3\overset{O}{\overset{\|}{C}}-$ 结构的醛和酮（即乙醛和甲基酮）以及在反应条件下能转变成该结构的化合物，在次卤酸钠（NaOX）或卤素的碱性溶液中，甲基的三个 α-氢原子都被取代，并进一步发生碳碳键断裂，生成卤仿（三卤甲烷）和羧酸盐。例如：

$$CH_3-\overset{O}{\overset{\|}{C}}-H(R)+X_2+OH^- \longrightarrow CX_3-\overset{O}{\overset{\|}{C}}-H(R)+X^-$$

$$\xrightarrow{OH^-} (R)H-\overset{O}{\overset{\|}{C}}O^-+CHX_3$$

卤仿

由于反应中有卤仿生成，常把该反应称为卤仿反应。若卤素为碘，则生成具有特殊气味的黄色结晶——碘仿，称为碘仿反应。

次卤酸钠是一个氧化剂，可将 $CH_3\overset{OH}{\overset{|}{C}H}-$ 结构的醇氧化成具有 $CH_3\overset{O}{\overset{\|}{C}}-$ 结构的醛和酮：

$$CH_3-\overset{OH}{\overset{|}{C}H}-R \xrightarrow{I_2,\,OH^-} CH_3-\overset{O}{\overset{\|}{C}}-R$$

因此具有 $CH_3\overset{OH}{\overset{|}{C}H}-$ 结构的醇也能发生碘仿反应，即通过碘仿反应可鉴别具有 $CH_3\overset{O}{\overset{\|}{C}}-$ 结构的醛和酮以及具有 $CH_3\overset{OH}{\overset{|}{C}H}-$ 结构的醇。

9.4.3 氧化反应

醛和酮的结构不同，醛分子中有一个氢原子直接连接在羰基上，故醛非常容易被氧化。弱氧化剂托伦（Tollens）试剂和斐林（Fehling）试剂即可使醛氧化成相应的羧酸，而酮不易被氧化。

托伦试剂是氢氧化银的氨溶液 $[Ag(NH_3)_2OH]$，与醛反应，醛被氧化成羧酸（实际是羧酸盐），一价银离子被还原为金属银：

$$R-\overset{O}{\overset{\|}{C}}-H+Ag(NH_3)_2OH \longrightarrow RCOONH_4+Ag\downarrow+H_2O+NH_3$$

由于反应生成的银可镀在反应容器的内壁形成银镜，故把该反应称为银镜反应。脂肪醛、芳香醛都能发生银镜反应。

斐林试剂是硫酸铜和酒石酸钾钠的氢氧化钠混合溶液，起氧化作用的是二价铜离子。与醛反应，Cu^{2+} 被还原为砖红色的氧化亚铜沉淀。

$$RCHO+2Cu^{2+}+NaOH+H_2O \xrightarrow{\triangle} RCOONa+Cu_2O+4H^+$$

斐林试剂只能使脂肪醛氧化，因此通过斐林试剂可鉴别脂肪醛和芳香醛。

这两种试剂与碳碳双键和碳碳三键不反应。例如：

$$\text{>C=CH—CHO} \xrightarrow[\text{或Cu}^{2+},\text{OH}^-]{\text{Ag(NH}_3)_2\text{OH}} \text{>C=CH—COO}^-$$

另外，醛和酮都可被强氧化剂（如 $KMnO_4$、HNO_3 等）氧化，醛生成相应的羧酸，而酮发生碳碳键断裂（酮基和 α-碳原子之间），生成碳原子数较小的羧酸的混合物。

9.4.4　还原反应

醛和酮可被还原成醇或者烃。

（1）还原成醇

醛和酮在铂、钯、镍等催化剂作用下加氢，可分别生成伯醇和仲醇。

$$\underset{R—\overset{\displaystyle O}{\overset{\|}{C}}—R'(H)}{} \xrightarrow[\text{H}_2,\triangle]{\text{Pt, Pd或Ni}} \underset{R—\overset{\displaystyle OH}{\overset{\|}{C}H}—R'(H)}{}$$

除催化加氢法使醛和酮还原外，金属氢化物如氢化铝锂（$LiAlH_4$）、硼氢化钠（$NaBH_4$）等是常用的化学还原剂，它们只对羰基起还原作用，而不影响碳碳双键和三键。

氢化铝锂的反应活性高，不仅能将醛和酮还原，还能还原很多其他基团，如—NO_2、—CN、—$COOH$、—$COOR$、—$CONH_2$、—X 等。氢化铝锂进行还原时，需在乙醚等溶剂中反应，然后水解。例如：

$$CH_3—CH=CH—\overset{\displaystyle O}{\overset{\|}{C}}—CH_3 \xrightarrow[\text{② H}_2\text{O}]{\text{① LiAlH}_4,\text{干醚}} CH_3—CH=CH—\overset{\displaystyle OH}{\overset{\|}{C}H}—CH_3$$

硼氢化钠是一种较缓和的还原剂，对以上基团不还原，具有较高的选择性。可在水或醇溶液中进行，操作方便。例如：

$$\bigcirc\!\!-CH=CH—CHO \xrightarrow[\text{C}_2\text{H}_5\text{OH}]{\text{NaBH}_4} \bigcirc\!\!-CH=CH—CH_2OH$$

另外，异丙醇铝 $Al[OCH(CH_3)_2]_3$ 也是一个选择性很高的还原剂，只还原羰基，不影响碳碳双键和三键。

（2）还原成烃

在锌汞齐和浓盐酸的作用下，酮的羰基可直接还原为亚甲基，该反应又叫克莱门森（Clemmensen）还原，它是将羰基还原成亚甲基的一种较好方法，适合于在酸中稳定的羰基化合物的还原，主要用于合成正构烷基芳烃。例如：

$$\bigcirc\!\!-\overset{\displaystyle O}{\overset{\|}{C}}CH_2CH_2CH_3 \xrightarrow[\text{HCl}]{\text{Zn-Hg}} \bigcirc\!\!-CH_2CH_2CH_3$$

$$\bigcirc\!\!-\overset{\displaystyle O}{\overset{\|}{C}}—CH_2—CH_2—\overset{\displaystyle O}{\overset{\|}{C}}—OH \xrightarrow[\text{HCl}]{\text{Zn-Hg}} \bigcirc\!\!-CH_2—CH_2—CH_2—\overset{\displaystyle O}{\overset{\|}{C}}—OH$$

9.4.5　坎尼查罗（Cannizzaro）反应

在浓氢氧化钠溶液的作用下，不含 α-氢原子的醛 [如 $HCHO$、$Ar—CHO$、$(CH_3)_3C—CHO$ 等] 可以发生自身的氧化还原反应，使一分子醛被氧化成羧酸，在碱溶液中生成羧酸盐，另一分子被还原成醇，称为坎尼查罗反应或歧化反应。例如：

$$2 \bigcirc\text{—CHO} \xrightarrow[\triangle]{\text{浓NaOH}} \bigcirc\text{—CH}_2\text{OH} + \bigcirc\text{—COONa}$$

当两种不含 α-氢原子的醛之间发生歧化反应时，一种醛被氧化，一种醛被还原，发生交叉的坎尼查罗反应，总是活泼的醛被氧化。若其中的一种醛为甲醛时，总是甲醛被氧化为甲酸，在碱溶液中生成甲酸盐。例如：

$$\bigcirc\text{—CHO} + \text{HCHO} \xrightarrow[\triangle]{\text{浓NaOH}} \bigcirc\text{—CH}_2\text{OH} + \text{HCOONa}$$

$$(\text{CH}_3)_3\text{C—CHO} + \text{HCHO} \xrightarrow[\triangle]{\text{浓NaOH}} (\text{CH}_3)_3\text{C—CH}_2\text{OH} + \text{HCOONa}$$

9.5　重要的醛和酮

（1）甲醛

甲醛在常温下为气体，有特殊的刺激气味，沸点为 -21℃，易溶于水，它的 $37\% \sim 40\%$ 的水溶液俗称福尔马林，在医药上用作消毒剂和防腐剂。甲醛在工业上大量用于酚醛树脂、脲醛树脂、聚甲醛塑料及某些合成纤维等的制备。

甲醛是室内环境的污染源之一。目前生产胶合板等人造板材，常使用脲醛树脂为胶黏剂，其中常含有过量未参与反应的残留甲醛，这是空气中甲醛的主要来源，国家标准规定空气中甲醛含量应低于 $0.08\text{mg} \cdot \text{m}^{-3}$。选用低甲醛含量的装饰材料和保持室内空气流通是消除室内甲醛污染的有效办法。

（2）乙醛

乙醛是易挥发的具有刺激气味的无色液体，沸点 21℃，易溶于水、乙醇，市售的乙醛通常是 $40\% \sim 50\%$ 的水溶液或乙醇溶液。乙醛在微量酸的存在下能自身聚合成三聚乙醛（便于保存），三聚乙醛中加入微量稀硫酸，然后加热蒸馏，即解聚为乙醛。

乙醛主要用于生产乙酸和乙酸酐，与甲醛反应可合成季戊四醇等。

（3）苯甲醛

苯甲醛是具有苦杏仁气味的无色液体，沸点 170℃，微溶于水，易溶于乙醇、乙醚中。苯甲醛放置时，瓶口常常出现白色结晶，这是由于苯甲醛在空气中易被氧化成苯甲酸的缘故。苯甲醛是医药、染料、香料和树脂工业的重要原料。

（4）丙酮

丙酮是易挥发和易燃烧的无色液体，沸点 56℃，它能与水、乙醇、乙醚、氯仿等混溶，并能溶解油、脂肪、树脂、橡胶等，是一种重要的极性有机溶剂，广泛用于涂料、化学纤维等工业。在塑料工业中，丙酮是合成有机玻璃的重要原料。

（5）甲乙酮

甲乙酮（2-丁酮）为无色液体，沸点 79.6℃，有似丙酮的气味，它是一种优良的有机溶剂，具有优异的溶解性和干燥特性，其溶解能力与丙酮相当，但具有沸点较高，蒸气压较低的优点，也用于多种有机合成及作为合成香料和医药的原料。

【阅读材料】

黄鸣龙还原法

黄鸣龙还原反应也称乌尔夫-凯西纳-黄鸣龙还原反应，是将醛、酮的羰基还原为亚甲基的反应，即指脂肪族或芳香族醛、酮以及环酮、酮酸等羰基化合物和肼（或氨基脲）缩合生成腙，在强碱存在下分解生成相应的烃：

$$\begin{array}{c} R \\ \diagdown \\ R'(H) \end{array} C=O + NH_2 \quad NH_2/H_2O \longrightarrow \begin{array}{c} R \\ \diagdown \\ R'(H) \end{array} C=N-NH_2 \xrightarrow[\text{二(或三)甘醇}]{KOH} \begin{array}{c} R \\ \diagdown \\ R'(H) \end{array} CH_2 + N_2$$

　　该反应是 1946 年我国科学家黄鸣龙应邀在美国哈佛大学作访问教授期间对乌尔夫-凯西纳（Wolff-Kishner）还原法的改良，已在国际上广泛应用并编入各国有机化学教科书中，并普遍称为黄鸣龙还原法或黄鸣龙还原反应。

　　该反应最早是由前苏联化学家 N. Kishner（1867～1935）于 1911 年发现，他先将羰基化合物与无水肼反应生成腙，腙与固体氢氧化钾加热，或将腙与氢氧化钾加少许铂一起干馏，得到还原产物烃，但收率甚低。1912 年，德国化学家 L. Wolff（1857～1919）发现将缩氨脲或腙、乙醇钠及无水乙醇在封管中加热至约 180℃，得到相应的烃。Wolff 的方法被各国有机化学家所采纳，称为 Wolff-Kishner 还原法。但该还原法条件较苛刻，不仅需要封管或高压釜，还需要无水肼等，且反应时间长（几十个小时），副产物多。我国化学家黄鸣龙在反应条件方面进行了改进，先将氢氧化钾或氢氧化钠、肼的水溶液和醛酮一起放在一个高沸点水溶性溶剂二甘醇（$HOCH_2CH_2OCH_2CH_2OH$，沸点 245℃）或三甘醇（$HOCH_2CH_2OCH_2CH_2OCH_2CH_2OH$，沸点 287.4℃）中加热 1h 生成腙，然后将水、过量 NH_2NH_2 等易挥发组分蒸出，待温度达到腙的分解温度（约 200℃）时，继续回流 3～4h 至反应完成。黄鸣龙还原法与 Wolff-Kishner 还原法比较具有以下优点：①Wolff-Kishner 还原法使用昂贵的无水肼，价高且难以存放的金属钠，改良后用的是 85％肼的水溶液（有时可用 50％肼）、氢氧化钾或氢氧化钠，原料成本大大降低；②Wolff-Kishner 还原法需要在封管或高压釜中进行，改良后在常压下进行，适应于工业化生产；③产率比未改良前显著提高，一般可在 70％～90％，有时可达 95％。

　　另外，黄鸣龙还原法对于羰基的还原有选择性，双键不受影响；适应于对碱稳定的羰基化合物的还原，而 Clemmensen 还原法适应于对酸稳定的羰基化合物的还原，两者可以互补。

　　黄鸣龙先生（1898～1979）是我国著名的有机化学家。早年赴瑞士和德国留学，1924年获德国柏林大学博士学位，他在半个世纪的科学生涯中，共发表论文近 80 篇，专著及综述近 40 篇。毕生致力于有机化学的研究，特别是甾体化合物的合成研究，为我国有机化学的发展和甾体药物工业的建立以及科技人才的培养做出了突出贡献。

习　题

1. 命名或写出下列化合物的结构式。

(1) $(CH_3)_2CHCHO$

(2) $(CH_3)_3CCCH_3$ ，下方 O（双键）

(3) CH_3CHCH_2CHO ，下方 OH

(4) $CH_2=CHCHCH_2CCH_3$ ，CH 下方 CH_3，C 下方 O

(5) 苯环，上连 CHO，下连 NO_2

(6) 苯环，左连 CH_3，右连 CHO，下连 OH

(7) $CH_3CCH_2CCH_2CH_3$ ，两个 C 下方各为 O

(8) 环己基 $=N-OH$

(9) 3-甲基戊醛 　　　　　　　　　　　　　　(10) 甲乙酮

(11) 2-甲基环己酮 　　　　　　　　　　　　(12) 对异丙基苯乙酮

2. 写出丙醛与下列试剂反应的主要产物。

(1) HCN/OH^- 　　　　　　　　　　　　　(2) $NaHSO_3$

(3) $CH_3OH/干\ HCl$ 　　　　　　　　　　　(4) C_6H_5MgBr，然后水解

(5) —$NHNH_2$ 　　　　　　　　　(6) 稀 $NaOH$

(7) $Ag(NH_3)_2OH$ 　　　　　　　　　　　　(8) $NaBH_4$

3. 完成下列反应式（写出试剂、反应条件或主要产物）。

(1) $\underset{O}{CH_3\overset{\|}{C}CH_2CH_3} + NH_2OH \longrightarrow$

(2) $CH\equiv CH \xrightarrow{(A)} CH_3CHO \xrightarrow[OH^-]{HCN} (B)$

(3) $\underset{OH}{CH_3-\overset{\ }{\underset{\ }{C}}H-CH_3} \xrightarrow{(A)} \underset{O}{CH_3-\overset{\|}{C}-CH_3} \xrightarrow[HCl]{HOCH_2CH_2OH} (B)$

(4) $\underset{OH}{CH_3CH_2\overset{\ }{C}HCH_3} \xrightarrow[I_2]{NaOH}$

(5) $CH_3CH_2OH \xrightarrow[300℃]{Cu} (A) \xrightarrow{\text{苯基}-NHNH_2} (B)$

(6) $CH_3CH_2Br \xrightarrow{(A)} CH_3CH_2MgBr \xrightarrow{\text{苯基}-CHO} (B) \xrightarrow[H_2O]{H^+} (C)$

(7) $CH_3CH_2CH_2CHO \xrightarrow{稀NaOH} (A) \xrightarrow[\triangle]{H^+} (B) \xrightarrow[Ni]{H_2} (C)$

(8) —$CHO + HCHO \xrightarrow{浓NaOH} (A) + (B)$

4. 用简单的化学方法区别下列化合物。

(1) A. 丙醛 　　　　　B. 丙酮 　　　　　C. 正丁醇

(2) A. 环己酮 　　　　B. 丁酮 　　　　　C. 苯酚

(3) A. 2-戊酮 　　　　B. 3-戊酮 　　　　C. 正戊醛

(4) A. 苯甲醛 　　　　B. 苯乙醛 　　　　C. 苯乙酮 　　　　D. 苯甲醇

5. 将下列化合物按亲核加成反应活性由大到小排列。

(1) A. CH_3CH_2CHO 　　B. $\underset{Cl}{CH_3\overset{\ }{C}HCHO}$ 　　C. $\underset{O}{\overset{\|}{C}CH_3}$ 　　D. CHO

(2) A. $\underset{O}{CH_3\overset{\|}{C}CH_2CH_3}$ 　　B. $\underset{O}{(CH_3)_3C\overset{\|}{C}C(CH_3)_3}$ 　　C. $\underset{O}{CH_3\overset{\|}{C}CHO}$ 　　D. CH_3CHO

6. 指出下列化合物哪些能发生碘仿反应，哪些能和 $NaHSO_3$ 反应。

(1) $CH_3CH_2CH_2CHO$ 　　　　　　　　(2) $\underset{O}{CH_3\overset{\|}{C}CH_2CH_2CH_3}$

(3) $\underset{O}{CH_3CH_2\overset{\|}{C}CH_2CH_3}$ 　　　　　　　(4) $\underset{O}{\overset{\|}{C}CH_3}$

(5) $=O$ 　　　　　　　　　(6) $\underset{OH}{CH_3\overset{\ }{C}HCH_2CH_3}$

7. 以苯、甲苯及≤C_4 的烯烃为原料合成下列化合物（无机试剂任选）。

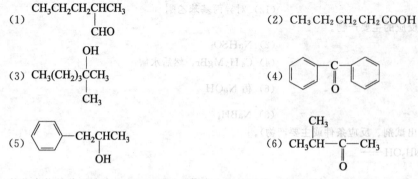

(1) CH₃CH₂CH₂CHCH₃ 的结构，含 CHO

(2) $CH_3CH_2CH_2CH_2COOH$

(3) $CH_3(CH_2)_3CCH_3$ 的结构，含 OH 和 CH_3

(4) 二苯甲酮结构，含 C=O

(5) 苯基 CH₂CHCH₃，含 OH

(6) CH_3CHCCH_3 含 CH_3 和 C=O

8. 某化合物的分子式为 C_4H_8O（A），能发生银镜反应，若催化加氢得到 B，B 脱水生成 C，C 与 HBr 反应得到 D，D 水解生成 E，E 能与金属钠反应放出 H_2，也能发生碘仿反应，试写出 A 的结构式，并写出相关反应式。

第 10 章　羧酸及其衍生物

羧酸及其某些衍生物如酯（典型的如油脂）、酰胺等广泛存在于自然界中，是人类最早从自然界中取得的有机化合物之一，是动植物代谢中的重要物质，是人类生活的重要营养物质，是有机合成中的重要原料。其中脂类（油脂）是机体代谢所需燃料的储存和运输方式，而脂类只需少量变化（甚至不需要变化）就可以成为原始石油，因此脂类是最有效的生成石油的先驱物质（成油先质）。

10.1　羧酸

分子中含有羧基（—COOH）官能团的一类化合物称为羧酸。除甲酸外，羧酸可以看做是烃类的羧基衍生物，饱和一元羧酸的通式为 RCOOH。

10.1.1　羧酸的分类及命名

（1）羧酸的分类

根据羧酸分子中羧基数目的不同可将羧酸分为一元羧酸和多元羧酸；根据羧基所连烃基的不同，分为脂肪族、脂环族和芳香族羧酸；根据烃基是否饱和，又分为饱和羧酸和不饱和羧酸。

（2）羧酸的命名

羧酸的系统命名法是选择含有羧基的最长碳链为主链，主链编号从羧基一端开始，取代基的位置可用阿拉伯数字或希腊字母 α、β、γ…标明，把取代基的位次和名称写在母体名称之前。例如：

$$\underset{\text{甲酸(蚁酸)}}{H-\overset{\overset{\displaystyle O}{\|}}{C}-OH} \qquad \underset{\text{乙酸(醋酸)}}{CH_3-\overset{\overset{\displaystyle O}{\|}}{C}-OH} \qquad \underset{\text{丁酸(酪酸)}}{CH_3CH_2CH_2-\overset{\overset{\displaystyle O}{\|}}{C}-OH}$$

$$\underset{\text{3-甲基戊酸}(\beta\text{-甲基戊酸})}{CH_3CH_2\underset{\underset{\displaystyle CH_3}{|}}{C}HCH_2-\overset{\overset{\displaystyle O}{\|}}{C}-OH} \qquad \underset{\text{2-氯代丁酸}(\alpha\text{-氯代丁酸})}{CH_3CH_2\underset{\underset{\displaystyle Cl}{|}}{C}H-\overset{\overset{\displaystyle O}{\|}}{C}-OH}$$

不饱和羧酸要选择含有羧基和不饱和键在内的最长碳链为主链，根据主链碳原子个数称为"某烯酸"。例如：

$$\underset{\text{反丁烯酸(巴豆酸)}}{\overset{\displaystyle H_3C}{}\underset{\displaystyle H}{\overset{\displaystyle H}{C}=C}\underset{\displaystyle H}{\overset{\displaystyle COOH}{}}} \qquad \underset{\text{丙烯酸}}{CH_2=CH-COOH}$$

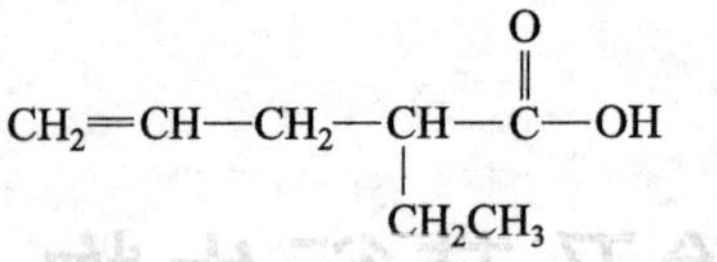

$$CH_2=CH-CH_2-\underset{\underset{CH_2CH_3}{|}}{CH}-\overset{\overset{O}{\|}}{C}-OH$$

2-乙基-4-戊烯酸

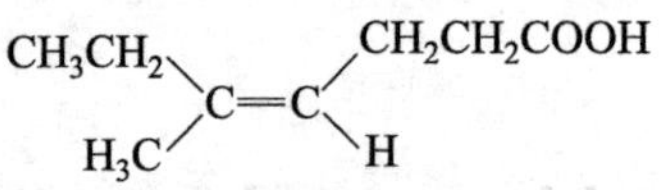

$$\underset{H_3C}{\overset{CH_3CH_2}{>}}C=C\underset{H}{\overset{CH_2CH_2COOH}{<}}$$

(Z)-5-甲基-4-庚烯酸

脂环族、芳香族羧酸一般是以脂肪酸为母体,将芳基或脂环烃基作为取代基。例如:

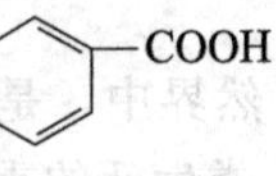

苯甲酸 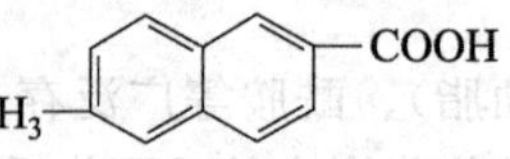　　　6-甲基-2-萘甲酸 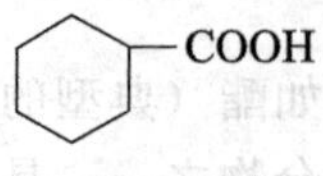　　　环己基甲酸 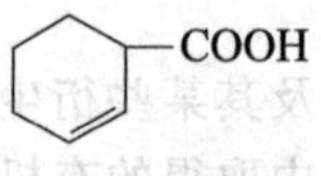　　　2-环己烯基甲酸

二元羧酸选择含有两个羧基在内的最长碳链为主链,称为"某二酸"。例如:

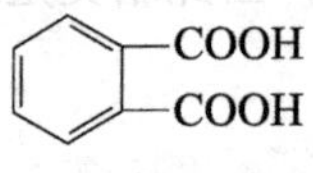

邻苯二甲酸 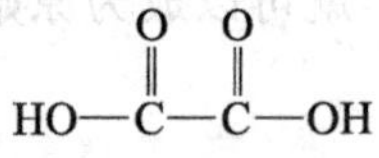　　　乙二酸(草酸) 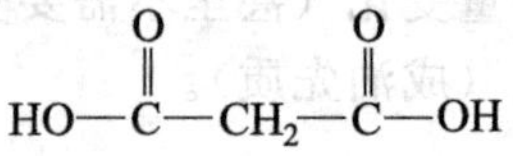　　　丙二酸(胡萝卜酸)

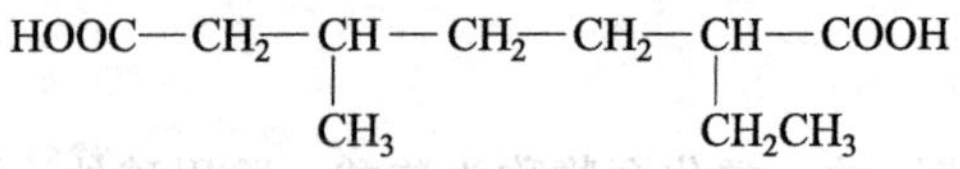

$$HOOC-CH_2-\underset{\underset{CH_3}{|}}{CH}-CH_2-CH_2-\underset{\underset{CH_2CH_3}{|}}{CH}-COOH$$

5-甲基-2-乙基庚二酸

如前所述,羧酸是人类最早从自然界中取得的有机化合物,因此常常根据其来源而命名(即俗名),一些常用羧酸的俗名列于表 10-1 中。

表 10-1　一些羧酸的物理常数

名称(俗名)	熔点/℃	沸点/℃	溶解度/g·(100g 水)$^{-1}$
甲酸(蚁酸)	8.4	100.8	∞
乙酸(醋酸)	16.6	117.9	∞
丙酸(初油酸)	—20.8	140.7	∞
丁酸(酪酸)	—4.5	163.5	∞
戊酸(缬草酸)	—33.8	187	3.7
己酸(羊油酸)	—1.5	205.4	1.0
庚酸	—7.5	223	0.25
辛酸(羊脂酸)	16	239.7	0.7
癸酸(羊蜡酸)	31.5	270	0.2
十二酸(月桂酸)	44～46	225(13.3kPa)	不溶
十四酸(豆蔻酸)	50～57	326	不溶
十六酸(棕榈酸)	63～64	351	不溶
十八酸(硬脂酸)	71.5～72	232(2.0kPa)	不溶
顺-9-十八碳烯酸(油酸)	16.3	286(13.3kPa)	不溶
苯甲酸(安息香酸)	122	249	0.34

10.1.2　羧酸的结构

羧基中的碳原子以 sp^2 杂化轨道与氢原子(甲酸)或碳原子、羰基氧原子、羟基氧原子形成 3 个 σ 键,羰基碳原子未杂化的 p 轨道与羰基氧原子的 p 轨道平行重叠形成 π 键。同时,羟基氧原子的未共用电子对所在的 p 轨道与羰基的 π 轨道形成 p-π 共轭体系。其结构如图 10-1 所示。

10.1.3　羧酸的物理性质

在饱和一元羧酸中,C$_1$～C$_9$ 是液体,C$_{10}$ 以上的羧酸是蜡状固体。其中甲酸、乙酸、丙酸具有强烈酸味和刺激性,丁酸至壬酸有腐败气味,固体羧酸由于其挥发性低则基本没有气味。脂肪族二元酸和芳香族羧酸是结晶固体。从羧酸的结构可以看出,羧酸是极性分子,且能与水分子形成氢键,因此甲酸至丁酸与水可互溶,随着羧酸相对分子质量的增加,在水中

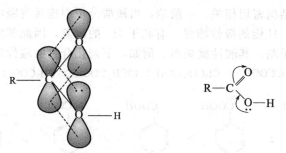

图 10-1 羧酸结构及羧基的 p-π 共轭体系示意图

的溶解度降低。常见羧酸的物理常数见表 10-1。

饱和一元羧酸的沸点比相对分子质量相近的醇还要高,如乙酸与丙醇的相对分子质量都是 60,乙酸的沸点为 117.9℃,而丙醇的沸点为 97.2℃。这是因为羧酸分子间可以形成两个氢键而缔合成二聚体,低相对分子质量的羧酸甚至在气态中仍以二聚体形式存在:

$$R-C\overset{O\cdots H-O}{\underset{O-H\cdots O}{}}C-R$$

羧酸分子间形成的氢键

10.1.4 羧酸的化学性质

羧基是羧酸的官能团,羧酸的性质主要发生于羧基以及由于羧基的影响而具有一定活性的 α-H 上。

羧基（—COOH）从结构上看是由羰基（C=O）与羟基（—OH）组成的,因此羧酸在不同程度上反映出羟基和羰基的性质,但其化学性质也不是两个基团的简单加和,由于 p-π 共轭效应的影响,使羧酸分子具有独特的化学性质。

（1）羧酸的酸性

羧酸具有一定的酸性,大多数羧酸的 pK_a 在 4~5 之间（见表 10-2）,是比碳酸（$pK_a=6.35$）的酸性强的有机酸,可以与 NaOH、Na_2CO_3 或 $NaHCO_3$ 反应生成羧酸钠。例如:

$$RCOOH+NaOH \longrightarrow RCOONa+H_2O$$
$$RCOOH+NaHCO_3 \longrightarrow RCOONa+CO_2\uparrow+H_2O$$

一元羧酸的酸性要比无机强酸的酸性弱,因此当向羧酸盐的水溶液中加入无机强酸时,羧酸又可以游离出来:

$$RCOONa+HCl \longrightarrow RCOOH+NaCl$$

利用羧酸的酸性可以很容易地把羧酸从其他非酸性混合物中分离出来,如炼油厂里的直馏柴油的电精制工艺,就是用 NaOH 水溶液与柴油混合脱除其中的环烷酸。有机酸是人类最早从自然界中取得的有机化合物之一,同样是利用其可与碱反应生成溶于水的有机酸盐的性质,从而分离得到有机酸类化合物。

表 10-2 一些羧酸的 pK_a 值

化 合 物	pK_a(25℃)	化 合 物	pK_{a_1}(25℃)	pK_{a_2}(25℃)
甲酸	3.75	乙二酸	1.27	4.27
乙酸	4.75	丙二酸	2.85	5.70
丙酸	4.87	丁二酸	4.21	5.64
丁酸	4.82	戊二酸	4.34	5.41
苯甲酸	4.20	顺丁烯二酸	1.9	6.1
氯乙酸	2.81	反丁烯二酸	3.0	4.4
溴乙酸	2.87	邻苯二甲酸	2.9	5.4
碘乙酸	3.13	间苯二甲酸	3.5	4.6
苯乙酸	4.31	对苯二甲酸	3.5	4.8

羧酸的酸性与其结构密切相关。一般地，当羧酸分子中连接有吸电子基团时，由于吸电子效应使羧基中的 O—H 键的极性增强，有利于 H^+ 的解离，因此其酸性增强。相反，若羧酸分子中连接有供电子基，其酸性就减弱。例如，下列化合物的酸性顺序为：

$$Cl_3CCOOH > Cl_2CHCOOH > ClCH_2COOH > CH_3COOH$$

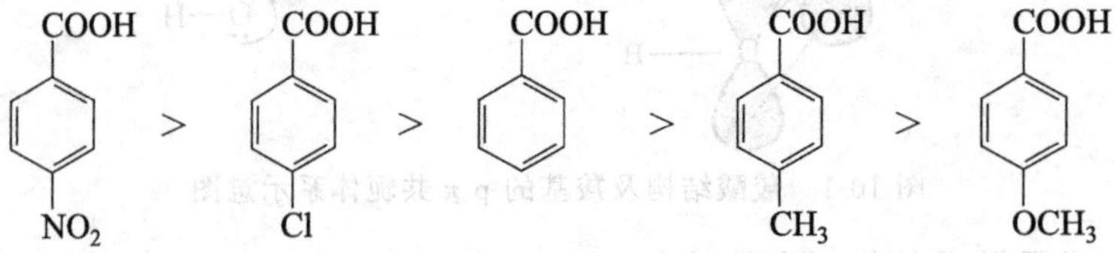

(2) 羧酸衍生物的生成

羧酸分子中，羧基上的羟基被卤素原子（—X）、酰氧基（—OCOR）、烷氧基（—OR）、氨基（—NH_2）取代，分别生成酰卤、酸酐、酯和酰胺，它们统称为羧酸衍生物。

羧酸与 PCl_3、PCl_5、$SOCl_2$（亚硫酰氯）反应，羧酸中的羟基被卤素取代，生成酰氯。例如：

$$R-\overset{\overset{O}{\|}}{C}-OH + PCl_5 \longrightarrow R-\overset{\overset{O}{\|}}{C}-Cl + POCl_3 + HCl$$

$$R-\overset{\overset{O}{\|}}{C}-OH + PCl_3 \longrightarrow R-\overset{\overset{O}{\|}}{C}-Cl + H_3PO_3$$

$$R-\overset{\overset{O}{\|}}{C}-OH + SOCl_2 \longrightarrow R-\overset{\overset{O}{\|}}{C}-Cl + SO_2 + HCl$$

酰氯非常活泼，易水解，通常用蒸馏法分离提纯产物。甲酰氯极不稳定，故无法制得。

羧酸在脱水剂（如五氧化二磷、乙酸酐等）的作用下，脱水生成酸酐。例如：

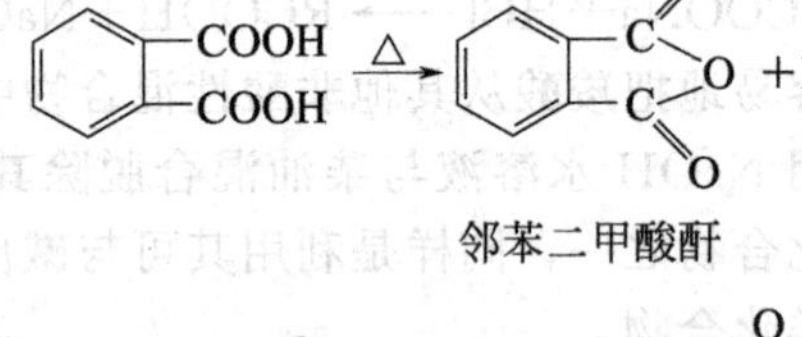

对于脱水可以形成五元或六元环状酸酐的二元酸，不需脱水剂加热就可脱水。例如：

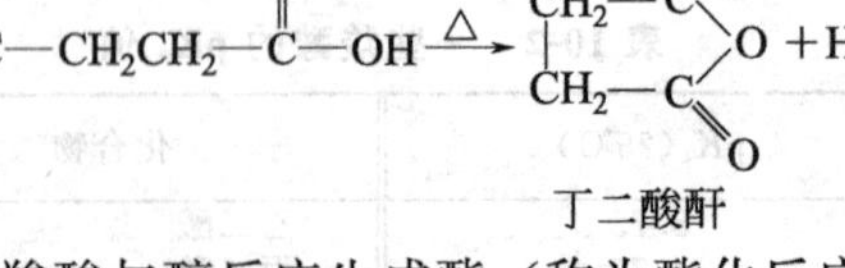

邻苯二甲酸酐

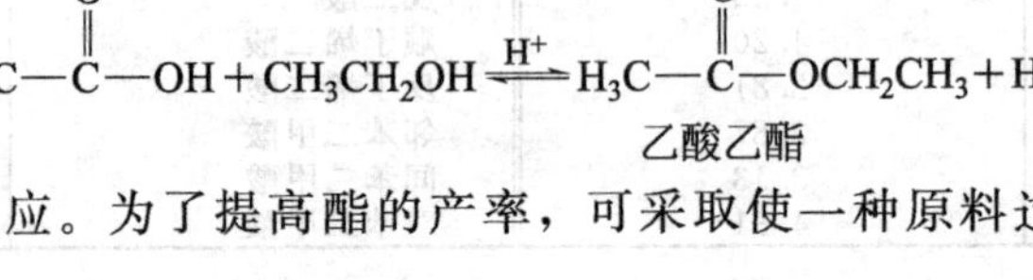

丁二酸酐

在强酸性催化剂作用下，羧酸与醇反应生成酯（称为酯化反应）。例如：

$$H_3C-\overset{\overset{O}{\|}}{C}-OH + CH_3CH_2OH \overset{H^+}{\rightleftharpoons} H_3C-\overset{\overset{O}{\|}}{C}-OCH_2CH_3 + H_2O$$

乙酸乙酯

酯化反应为可逆反应。为了提高酯的产率，可采取使一种原料过量（一般是价廉、易得、易回收的原料）或反应过程中不断除去反应产物之一（酯或水）的方法。

羧酸与氨或胺反应，形成羧酸铵盐，铵盐加热脱水得到酰胺。例如：

$$
\underset{O}{\overset{O}{R-C-OH}} + NH_3 \longrightarrow RCOO^-NH_4^+ \overset{\triangle}{\longrightarrow} \underset{O}{\overset{O}{R-C-NH_2}}
$$

$$
\underset{O}{\overset{O}{R-C-OH}} + R'NH_2 \longrightarrow RCOO^-NH_3^+R' \overset{\triangle}{\longrightarrow} \underset{O}{\overset{O}{R-C-NH-R'}}
$$

（3）脱羧反应

从羧酸或其盐中脱去羧基（失去二氧化碳）的反应称为脱羧反应。饱和一元羧酸加热较难发生脱羧反应，但其碱金属盐与碱石灰共熔，可脱羧生成烃。由于副反应多，产品复杂，因此只能用于低级羧酸盐的脱羧。例如：

$$
CH_3COONa + NaOH \xrightarrow[\triangle]{CaO} CH_4 + Na_2CO_3
$$

此反应可用于实验室中制备少量的甲烷。

当羧酸的 α-C 上连有强的吸电子基（如—CCl_3、—NO_2、$\diagdown C=O$、—COOH 等）时，则较容易脱羧。例如：

$$
Cl_3CCOOH \overset{\triangle}{\longrightarrow} CHCl_3 + CO_2
$$

$$
\underset{O}{\overset{O}{H_3C-C}}-CH_2-\underset{O}{\overset{O}{C}}-OH \overset{\triangle}{\longrightarrow} \underset{O}{\overset{O}{H_3C-C}}-CH_3 + CO_2
$$

$$
\underset{O}{\overset{O}{HO-C}}-CH_2-\underset{O}{\overset{O}{C}}-OH \overset{\triangle}{\longrightarrow} \underset{O}{\overset{O}{H_3C-C}}-OH + CO_2
$$

（4）羧酸的还原反应

羧酸分子中的羧基含有不饱和键，属于不饱和官能团，因此可以发生还原反应，可被四氢铝锂（$LiAlH_4$）还原成相应的醇，也可在较苛刻的条件下催化加氢得到醇。例如：

$$
RCOOH \xrightarrow[\text{② } H_2O, H^+]{\text{① } LiAlH_4, 乙醚} RCH_2OH
$$

$$
RCOOH + H_2 \xrightarrow[\text{高温、高压}]{催化剂} RCH_2OH
$$

四氢铝锂对羧酸的还原反应不仅产率高，而且不影响 $C=C$ 键和 $C\equiv C$ 键。但由于其价格昂贵，仅限于实验室制备特殊结构的伯醇。

（5）α-H 的取代反应

受到羧基的吸电子性质的影响，羧酸的 α-H 比较活泼，但不如醛酮的 α-H 活泼，在红磷的催化下能被卤素取代生成 α-卤代羧酸。例如：

$$
\underset{O}{\overset{O}{H_3C-C}}-OH + Cl_2 \overset{P}{\longrightarrow} \underset{\underset{Cl}{|}}{CH_2}-\underset{O}{\overset{O}{C}}-OH + HCl
$$

$$
\alpha\text{-氯代乙酸}
$$

$$
ClCH_2COOH \xrightarrow{Cl_2,P} Cl_2CHCOOH \xrightarrow{Cl_2,P} Cl_3CCOOH
$$

$$
\text{二氯乙酸} \qquad\qquad \text{三氯乙酸}
$$

若控制好反应条件，可使反应停留在一元取代的阶段，得到较高产率的一氯乙酸。α-卤代羧酸中的卤原子与卤代烃中的相似，可以发生亲核取代反应，如可与氨、氰化钠、氢氧化钠等反应生成相应的 α-氨基酸、α-氰基酸和 α-羟基酸等；也可以发生消除反应，生成相应的不饱和脂肪酸，因此在有机合成上具有重要的应用。

10.1.5 重要的羧酸

（1）甲酸（HCOOH）

甲酸俗名蚁酸，最初是由蚂蚁蒸馏得到，在蚂蚁和蜜蜂的分泌液中含有蚁酸。甲酸是无色有刺激性气味的液体，沸点 100.8℃，易溶于水，在饱和一元酸中酸性最强（$pK_a=3.77$）。

甲酸的工业制法是将 CO 与 NaOH 在加压加热下反应制成甲酸钠，再经酸化而得：

$$CO+NaOH \xrightarrow[6\sim10atm]{210℃} HCOONa \xrightarrow{H^+} HCOOH$$

也可将 CO 和水蒸气在高温高压下与催化剂硫酸共热得到：

$$CO+H_2O \xrightarrow[20MPa, H_2SO_4]{200\sim300℃} HCOOH$$

从分子结构上看，甲酸分子中既含有羧基，又含有醛基，因此甲酸与其同系物相比具有更特殊的性质，既有羧酸的一般性质，又具有醛的某些性质。如甲酸具有还原性，可与斐林（Fehling）试剂作用生成红色沉淀，又可与托伦（Tollens）试剂反应生成银镜。

$$H-C \overset{O}{\underset{OH}{\big|}}$$

甲酸与浓硫酸共热，生成一氧化碳和水：

$$HCOOH \xrightarrow[H_2SO_4]{60\sim80℃} CO+H_2O$$

甲酸加热到 160℃ 以上时分解为二氧化碳和氢气：

$$HCOOH \xrightarrow{160℃} CO_2+H_2$$

甲酸在工业上用作还原剂，也用作橡胶的凝固剂、纺织品或纸张的着色剂等，还可作为消毒剂和防腐剂等。

（2）乙酸（CH$_3$COOH）

乙酸俗名醋酸，存在于食醋中，食醋中约含有 6%～10% 的乙酸，是酒精在酵母菌的作用下经空气氧化而得到。工业上制备乙酸均采用氧化为主的合成方法，如乙醛在醋酸锰的催化下经空气氧化可生成乙酸。

$$H_3C-\overset{O}{\overset{\|}{C}}-H + O_2 \xrightarrow[60\sim80℃]{(CH_3COO)_2Mn} CH_3COOH$$

还可以用石油产品丁烷为原料，乙酸钴为催化剂，在一定温度和压力下用空气氧化制备乙酸。

$$CH_3CH_2CH_2CH_3+O_2 \xrightarrow[165℃, 2MPa]{(CH_3COO)_2Co} CH_3COOH$$

无水乙酸在常温下为具有强烈刺激性酸味的无色液体，沸点 117.9℃，熔点 16.6℃。当室温较低时，无水乙酸就呈冰结晶析出，因此无水乙酸又称为冰醋酸。当作为溶剂使用时，可加入一定量的丙酸降低其熔点。乙酸可与水混溶，具有羧酸的典型的化学性质。

乙酸是一种重要的工业原料，常用其合成各种化合物，如乙酸酯、乙酸酐、氯乙酸、醋酸纤维素、维尼纶纤维、乙酰胺等；另外经常作为溶剂使用，如可作为高氯酸非水电位滴定有机胺的溶剂。

（3）乙二酸（HOOC—COOH）

乙二酸俗名草酸，通常以盐的形式存在于植物中，秋天植物的落叶中含有较多的草酸，可用碱液萃取出来。工业上用甲酸钠快速加热到 400℃ 得到草酸钠，再用稀硫酸酸化得到草酸。

$$2HCOONa \xrightarrow{400℃} \begin{matrix} COONa \\ | \\ COONa \end{matrix} \xrightarrow{H^+} \begin{matrix} COOH \\ | \\ COOH \end{matrix}$$

草酸很容易被氧化成二氧化碳和水，在定量分析中，用草酸标定高锰酸钾溶液：

$$5(COOH)_2 + 2KMnO_4 + 3H_2SO_4 \longrightarrow K_2SO_4 + 2MnSO_4 + 10CO_2 + 8H_2O$$

草酸可与许多金属生成配合物（也称为络合物），如草酸钾与草酸铁生成如下的配合物：

$$Fe(C_2O_4)_3 + 3K_2C_2O_4 + 6H_2O \longrightarrow 2K_3[Fe(C_2O_4)_3] \cdot 6H_2O$$

这种配合物可溶于水，因此可用草酸除去铁锈或蓝墨水的痕迹。草酸是还原剂和漂白剂，主要用于金属和大理石的清洗及纺织品的漂白等。

草酸急速加热时脱羧失去二氧化碳生成甲酸：

$$(COOH)_2 \xrightarrow{\triangle} CO_2 + HCOOH$$

10.2　羧酸衍生物

羧酸衍生物一般是指羧酸分子中的羟基被其他原子或原子团所取代后形成的化合物，主要的羧酸衍生物有酰卤、酸酐、酯和酰胺。

$$\underset{酰卤}{R-\overset{\overset{\displaystyle O}{\|}}{C}-X} \qquad \underset{酸酐}{\begin{matrix} R-\overset{\overset{\displaystyle O}{\|}}{C} \\ \diagdown \\ O \\ \diagup \\ R-\underset{\underset{\displaystyle O}{\|}}{C} \end{matrix}} \qquad \underset{酯}{R-\overset{\overset{\displaystyle O}{\|}}{C}-OR'} \qquad \underset{酰胺}{R-\overset{\overset{\displaystyle O}{\|}}{C}-NH_2}$$

10.2.1　羧酸衍生物的命名

（1）酰卤和酰胺的命名

四种羧酸衍生物中均含有酰基（ $R-\overset{\overset{\displaystyle O}{\|}}{C}-$ ），酰卤和酰胺常根据酰基的名称来命名，酰卤中最重要的是酰氯，称为"某酰氯"，酰胺称为"某酰胺"。例如：

$$\underset{乙酰氯}{H_3C-\overset{\overset{\displaystyle O}{\|}}{C}-Cl} \qquad \underset{苯甲酰氯}{\bigcirc\!\!\!\!-\overset{\overset{\displaystyle O}{\|}}{C}-Cl} \qquad \underset{丙烯酰氯}{CH_2=CH-\overset{\overset{\displaystyle O}{\|}}{C}-Cl}$$

$$\underset{乙酰胺}{H_3C-\overset{\overset{\displaystyle O}{\|}}{C}-NH_2} \qquad \underset{苯甲酰胺}{\bigcirc\!\!\!\!-\overset{\overset{\displaystyle O}{\|}}{C}-NH_2} \qquad \underset{丙烯酰胺}{CH_2=CH-\overset{\overset{\displaystyle O}{\|}}{C}-NH_2}$$

当酰胺分子中氮原子上连有烃基时，称为"N-烃基某酰胺"。例如：

$$\underset{N\text{-甲基苯甲酰胺}}{\bigcirc\!\!\!\!-\overset{\overset{\displaystyle O}{\|}}{C}-NHCH_3} \qquad\qquad \underset{N,N\text{-二甲基甲酰胺}}{H-\overset{\overset{\displaystyle O}{\|}}{C}-N(CH_3)_2}$$

（2）酸酐的命名

酸酐是根据相应的羧酸来命名的，有时可将"酸"字省略掉。例如：

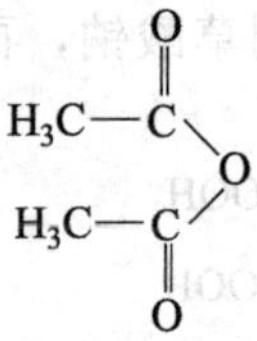

乙(酸)酐 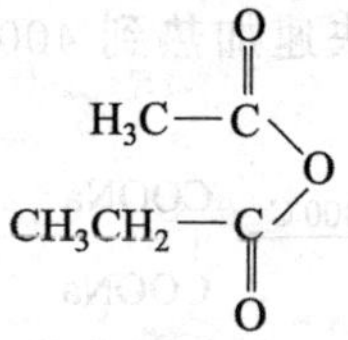　　　乙丙(酸)酐 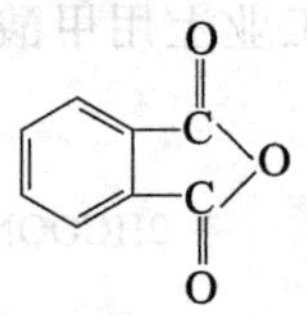　　　邻苯二甲酸酐

（3）酯的命名

酯是由相应的酸和醇的名称共同命名的，称为"某酸某酯"。例如：

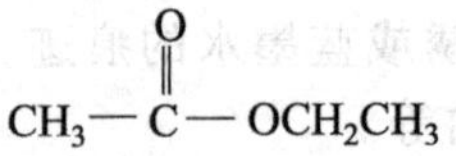

乙酸乙酯 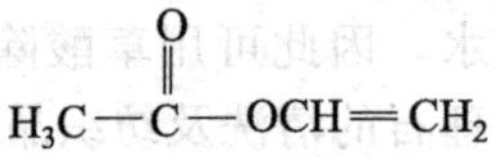　　　　　　　　醋酸乙烯酯

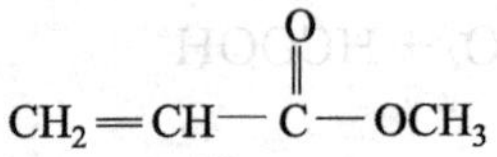

丙烯酸甲酯 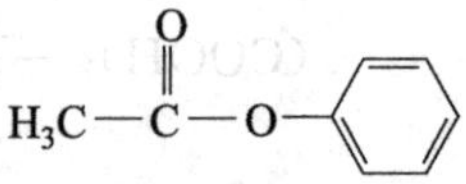　　　　　　　乙酸苯酯

对于多元醇形成的酯，命名时通常将醇的名称放在前，称为"某醇某酸酯"。例如：

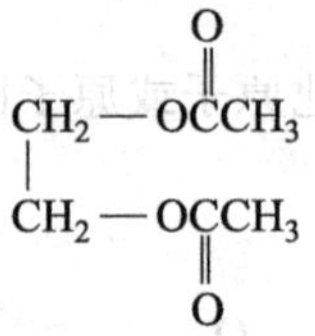

乙二醇二乙酸酯 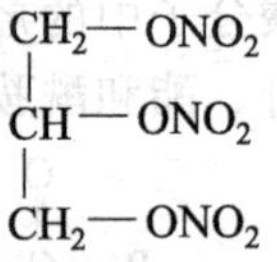　　　甘油三硝酸酯

10.2.2　羧酸衍生物的物理性质

甲酰氯不存在，低级酰氯是具有刺激性气味的液体，高级酰氯是白色固体。酰卤的沸点比相应的羧酸低，因为酰卤分子中没有羟基，分子间不能形成氢键。酰氯不溶于水，低级酰氯遇水容易水解。

甲酸酐不存在，低级酸酐是具有刺激性气味的液体，壬酸酐以上的酸酐为固体。酸酐的沸点比分子量相近的羧酸的沸点低。酸酐溶于乙醚、氯仿、苯等有机溶剂。

低级酯为无色液体，高级酯为蜡状固体，酯的沸点比相对分子质量相近的羧酸和醇都低。挥发性的酯有香味，许多花、果的香味是由于其中含有酯的原因。

由于氨基上氢原子的存在，使酰胺分子间可以形成强的氢键，使酰胺的沸点比相应的羧酸高，当氨基上的氢被烃基取代后，则分子间不能形成氢键，而使沸点降低。除甲酰胺是液体外，其他酰胺均为结晶固体。N,N-二甲基甲酰胺是一种性能优良的溶剂，不但可以溶解有机物，还可溶解许多无机物，有"万能溶剂"之称。

10.2.3　羧酸衍生物的化学性质

羧酸衍生物的典型反应是酰基碳上的亲核取代反应，结果是卤素原子（—X）、酰氧基（RCOO—）、烷氧基（RO—）和氨基（—NH₂）被取代，这种亲核取代反应实际上是通过加成和消除两步反应完成的，因此这种反应机理称为加成-消除机理。

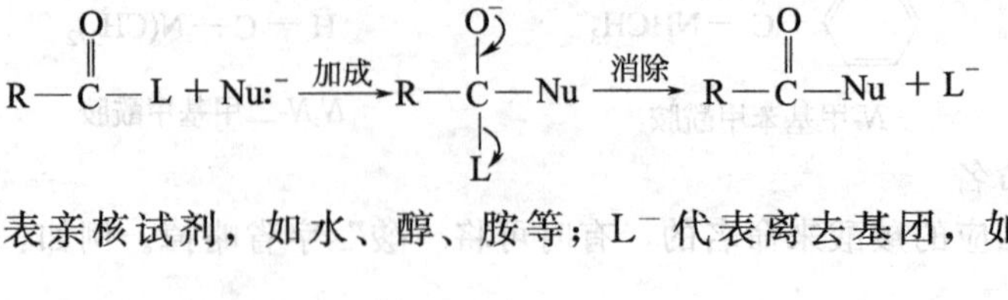

其中，Nu⁻代表亲核试剂，如水、醇、胺等；L⁻代表离去基团，如 Cl⁻、RCOO⁻、

RO⁻ 和 NH₂⁻ 等。所发生的反应分别称为水解、醇解和氨（胺）解。

羧酸衍生物除了亲核取代反应外，还有各类衍生物的特殊反应，例如酰胺的脱水反应、降级反应等。

（1）羧酸衍生物的水解

酰氯、酸酐、酯和酰胺都可与水作用生成相应的羧酸。

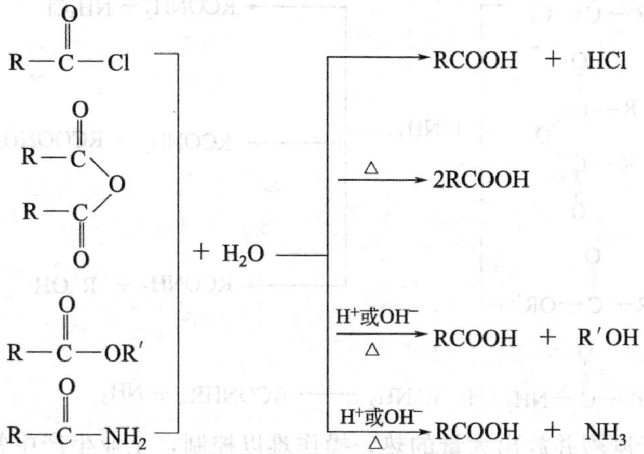

水解反应的难易顺序为：酰氯＞酸酐＞酯＞酰胺。酰氯最为活泼，如乙酰氯可与水剧烈反应，其中酯或酰胺需在酸性或碱性催化剂的作用下才能发生水解反应。

酯的水解是可逆过程，在大量水存在时，可使反应趋向完成。相同物质的量的酯与水在酸性溶液中生成平衡混合物，而在碱性溶液中，水解生成的羧酸可立即与碱反应生成盐，使平衡破坏，从而水解反应进行到底。

酯在碱溶液中的水解反应也称为皂化反应，因为油脂的碱性水解得到的高级脂肪酸盐是肥皂的主要成分。

（2）羧酸衍生物的醇解

酰氯、酸酐、酯和酰胺都可与醇作用，通过亲核取代反应生成酯。

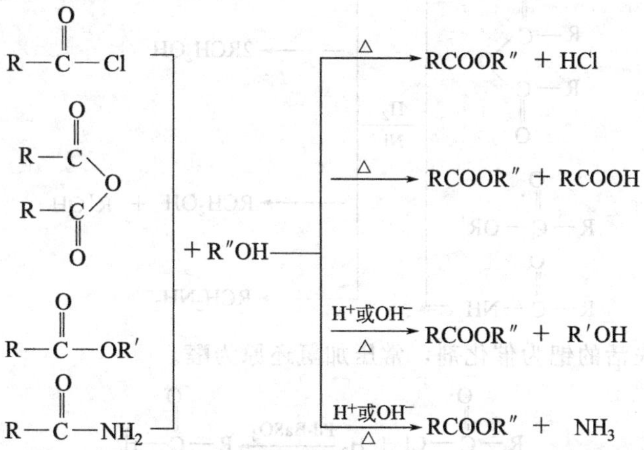

酰氯和酸酐的醇解反应较活泼，可以与醇直接反应生成酯。通常不容易用酯化方法得到的酯，可以用酰氯和酸酐与醇的反应得到。

酯与醇的反应需要在强酸或强碱（如醇钠）的催化作用下，生成另一种酯和另一种醇，因此该反应也称为酯交换反应。酯交换反应也是可逆的，要使反应进行完全，同样需要将反应物之一（如醇）过量或使产物之一离开反应体系。

酰胺的醇解也是可逆的，需要催化剂，并且需要过量的醇才能生成酯，并释放出氨（或胺）。

（3）羧酸衍生物的氨解

酰氯、酸酐和酯可与氨或胺反应生成相应的酰胺。酰胺与胺反应需要过量的胺才能反应完全，生成 N-烃基酰胺：

$$
\begin{array}{l}
\underset{\displaystyle\|}{\overset{\displaystyle O}{R-C-Cl}} \\[4pt]
\underset{\displaystyle\|}{\overset{\displaystyle O}{R-C}} \\
\qquad\quad O \\
\underset{\displaystyle\|}{\overset{\displaystyle O}{R-C}} \\[4pt]
\underset{\displaystyle\|}{\overset{\displaystyle O}{R-C-OR'}}
\end{array}
\Bigg\} + NH_3 \longrightarrow
\begin{array}{l}
RCONH_2 + NH_4Cl \\[10pt]
RCONH_2 + RCOONH_4 \\[10pt]
RCONH_2 + R'OH
\end{array}
$$

$$
\underset{\displaystyle\|}{\overset{\displaystyle O}{R-C-NH_2}} + R'NH_2 \longrightarrow RCONHR' + NH_3
$$

酰氯的氨解过于剧烈并放出大量的热，操作难以控制，工业生产中常用酸酐的氨解来制取酰胺。酰胺与胺的反应是可逆反应，必须用过量的胺才能得到 N-烃基取代的酰胺。酰氯、酸酐与氨（或胺）的反应是制备酰胺的有效方法，在有机合成中常用来保护氨基，反应完成后再水解得到胺。

（4）羧酸衍生物的还原

羧酸衍生物比羧酸容易还原，催化加氢是工业上常用的还原方法，可使酰氯、酸酐、酯还原成相应的醇，而酰胺可被还原成有机胺。

$$
\begin{array}{l}
\underset{\displaystyle\|}{\overset{\displaystyle O}{R-C-Cl}} \\[4pt]
\underset{\displaystyle\|}{\overset{\displaystyle O}{R-C}} \\
\qquad\quad O \\
\underset{\displaystyle\|}{\overset{\displaystyle O}{R-C}} \\[4pt]
\underset{\displaystyle\|}{\overset{\displaystyle O}{R-C-OR'}} \\[4pt]
\underset{\displaystyle\|}{\overset{\displaystyle O}{R-C-NH_2}}
\end{array}
\Bigg\} \xrightarrow[\text{Ni}]{\text{H}_2}
\begin{array}{l}
RCH_2OH \\[10pt]
2RCH_2OH \\[12pt]
RCH_2OH + R'OH \\[10pt]
RCH_2NH_2
\end{array}
$$

酰氯可用部分失活的钯为催化剂，常压加氢还原为醛。

$$
\underset{\displaystyle\|}{\overset{\displaystyle O}{R-C-Cl}} + H_2 \xrightarrow[\text{喹啉-硫}]{\text{Pd-BaSO}_4} \underset{\displaystyle\|}{\overset{\displaystyle O}{R-C-H}}
$$

酯可被钠/醇还原成醇，且不还原酯分子中的 C═C 键和 C≡C 键。例如：

$$
n\text{-}CH_3(CH_2)_7CH{=}CH(CH_2)_7COOC_4H_9 \xrightarrow{\text{Na-C}_2\text{H}_5\text{OH}}
$$

$$
CH_3(CH_2)_7CH{=}CH(CH_2)_7CH_2OH + n\text{-}C_4H_9OH
$$

油醇

此法可制备长碳链的醇，这在工业生产中具有实际意义。

除了催化加氢外，实验室也常用四氢铝锂还原羧酸衍生物，其中酰卤、酸酐和酯还原成相应的醇，酰胺还原成相应的胺。

（5）酰胺的脱水和降级反应

酰胺与强脱水剂（P_2O_5 或 $SOCl_2$ 等）共热，分子内脱水生成腈，这是合成腈常用的方法之一：

$$R-\overset{\overset{\displaystyle O}{\|}}{C}-NH_2 \xrightarrow[\triangle]{P_2O_5} R-CN$$

酰胺与溴或氯在碱溶液中共热脱去羰基生成伯胺，反应的结果是碳链减少一个碳原子，这个反应称为霍夫曼（Hofmann）降级反应。

$$R-\overset{\overset{\displaystyle O}{\|}}{C}-NH_2 + Br_2 + NaOH \xrightarrow{\triangle} RNH_2 + Na_2CO_3 + H_2O$$

注意：N-烃基取代酰胺不能发生脱水反应和霍夫曼降级反应。

10.2.4　碳酸衍生物

（1）碳酰氯

碳酰氯俗称光气，在室温时是无色的气体，沸点 8.3℃，微溶于水并逐渐发生水解反应，易溶于苯、甲苯等溶剂中，有剧毒，具有酰氯的一般性质，是有机合成的重要原料。工业上以活性炭为催化剂，用氯气和一氧化碳反应来制备光气：

$$CO + Cl_2 \xrightarrow[\text{活性炭}]{200℃} \underset{\text{光气}}{Cl-\overset{\overset{\displaystyle O}{\|}}{C}-Cl}$$

（2）碳酰胺

碳酰胺也称为脲，存在于人和哺乳动物的尿液中，俗称尿素。工业上是在高温高压下，用二氧化碳和过量的氨作用来制备的：

$$CO_2 + NH_3 \xrightarrow[\text{20MPa}]{180℃} H_2N-\overset{\overset{\displaystyle O}{\|}}{C}-NH_2$$

脲为结晶固体，熔点 132.7℃，易溶于水及乙醇中。脲具有酰胺的一般性质，如在酸或碱溶液中水解生成碳酸（或碳酸盐）和氨。

$$H_2N-\overset{\overset{\displaystyle O}{\|}}{C}-NH_2 \xrightarrow[H_2O]{H^+} CO_2 + NH_3$$

由于脲分子中的两个氨基连在同一个羰基上，因此表现出一些特殊性质，如与草酸作用生成难溶于水的草酸脲。

$$2CO(NH_2)_2 + (COOH)_2 \longrightarrow [CO(NH_2)_2]_2 \cdot (COOH)_2$$

脲的用途广泛，是高效的固体氮肥，含氮量高达 46.6%，适用于各种土壤和各类作物。脲与甲醛作用可生成脲醛树脂，脲还是很多合成药物的原料。

10.2.5　油脂和蜡

油脂普遍存在于动物脂肪组织和植物的种子中，习惯上把室温下呈液态的称为油，而呈固态的称为脂肪，油脂是油和脂肪的简称。油脂是高级脂肪酸的甘油酯，也称为甘油三酯，其结构通式为：

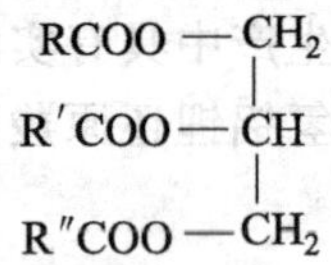

$$RCOO-CH_2$$
$$R'COO-CH$$
$$R''COO-CH_2$$

组成甘油酯的脂肪酸的种类很多，但绝大多数是含有偶数碳原子的直链羧酸，其中有饱和的，也有不饱和的，而不饱和的脂肪酸均为顺式不饱和脂肪酸。当油脂中的不饱和脂肪酸较多时，油脂表现为液态，当饱和脂肪酸较多时，油脂表现为固态或半固态。油脂碱性条件下水解生成的高级脂肪酸钠盐是肥皂的主要成分。

蜡是指 C_{16} 以上的高级脂肪酸与高级脂肪醇所形成的酯，是存在于动植物中的蜡状物质，如蜂蜡（$C_{15}H_{31}COOC_{30}H_{61}$）、白蜡（$C_{25}H_{51}COOC_{26}H_{53}$）、鲸蜡（$C_{15}H_{31}COOC_{16}H_{33}$）等。蜡与来自石油的石蜡、地蜡有很大的区别，石蜡和地蜡是从石油中分离的烃类物质。

【阅读材料】

生物柴油及其制备方法

油脂与低分子量醇如甲醇发生酯交换反应，得到高级脂肪酸甲酯即生物柴油，油脂可以通过高含油的植物如棕榈树、麻风树的果实得到，也可从高含油的海藻中得到，可以预期未来陆上和海上的"绿色油田"将为人类提供大量的燃料。

生物柴油是一种高品质的柴油调和组分，具有高的十六烷值，使用生物柴油时无需对现有柴油机的结构进行改造。作为柴油的替代燃料，生物柴油具有如下几方面的性能：良好的燃烧性能，适当的黏度和良好的低温流动性，安全性好，对发动机没有腐蚀等优点。生物柴油是可再生能源的一种，与矿物柴油相比，它不含硫、芳香烃等有毒物质；具有更好的润滑性；燃烧后具有低 CO（一氧化碳）、$HC+NO_x$（碳氢化合物和氮氧化物）、PM（微粒，碳烟）排放的特性，这非常符合"可再生性"、"环境友好"和"节能减排"型燃料的要求。生物柴油不仅可以作为代用燃料直接使用，而且还可以作为柴油清洁燃烧的添加剂。

生物柴油的制备反应包括碱催化酯交换法、酸催化酯交换法、酶催化酯交换法和超临界法，相对而言，碱催化酯交换法的能耗较低，反应速度快，但对原料油脂的纯度要求高，特别是其中的游离脂肪酸的含量要有严格的控制，否则游离脂肪酸与碱反应使催化剂失活；而酸催化的活性较低，因此酯交换反应需要较高的温度和较长的反应时间，但对原料油脂中脂肪酸的含量没有严格要求，因此可以使用未精制的油脂（也称为毛油），因为在酸催化下，游离的脂肪酸可以与甲醇发生酯化反应直接生成生物柴油。

甘油是生物柴油制备过程中的主要副产物，约占原料油脂的 10%。甘油是油脂化学工业的重要产品之一，甘油具有优良的溶解和润湿性能，在医药工业、食品工业、化学工业等领域中有着广泛的应用。甘油的价值在生物柴油总生产成本中所占的比例为 9%~17%，所以在生物柴油的生产过程中，如果同时兼顾副产物甘油的生产与精制，既可降低生物柴油的生产成本，有利于生物柴油的推广，同时也缓解了甘油供不应求的现状。

习 题

1. 命名或写出结构式。

(1) 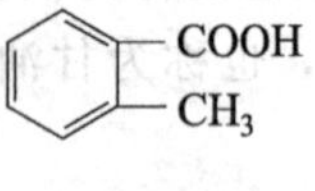 邻甲基苯甲酸 COOH CH₃

(2) 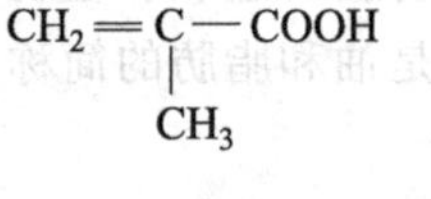 $CH_2=C-COOH$，CH_3

(3) 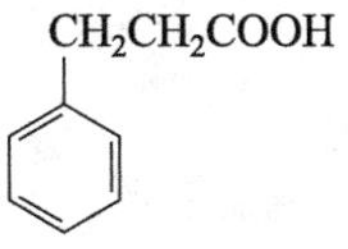
$$CH_2CH_2COOH$$
（苯环）

(4) 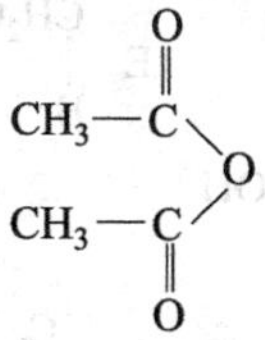
$$CH_3-C(=O)-O-C(=O)-CH_3$$
（苯环）

(5) 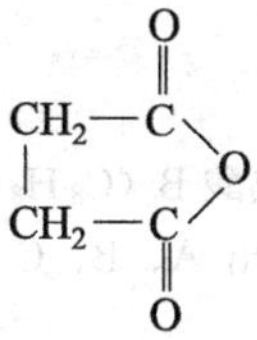
$$CH_2-C(=O) \\ CH_2-C(=O)$$ O
（环状酸酐）

(6) 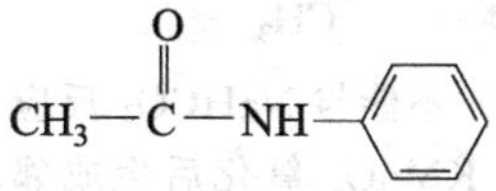
$$CH_3-C(=O)-NH-$$（苯环）

(7)
$$CH_3-C(=O)-Cl$$

(8) N-甲基丙烯酰胺

(9) 醋酸乙烯酯

(10) 邻苯二甲酸酐

(11) 碳酸二甲酯

2. 完成下列反应式。

(1)
$$CH_3-C(=O)-OH \xrightarrow[P]{Cl_2} (A) \xrightarrow{NH_3} (B)$$

(2) 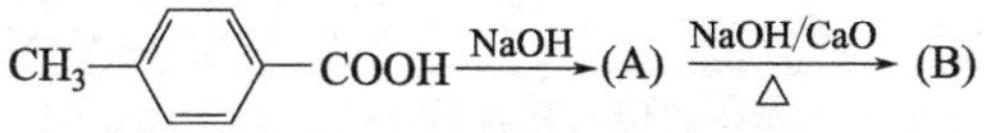
$$CH_3-\!\!\bigcirc\!\!-COOH \xrightarrow{NaOH} (A) \xrightarrow[\triangle]{NaOH/CaO} (B)$$

(3)
$$CH_3CH_2CH_2COOH \xrightarrow[②H_2O,\ H^+]{①LiAlH_4,\ 乙醚} (A) \xrightarrow[\triangle]{H^+} (B) \xrightarrow{H_2} (C)$$

(4)
$$C_{15}H_{31}COOC_{30}H_{61} \xrightarrow[H_2O,\ \triangle]{NaOH}$$

(5)
$$CH_3-C(=O)-OC_2H_5 \xrightarrow{Na-C_2H_5OH}$$

(6) 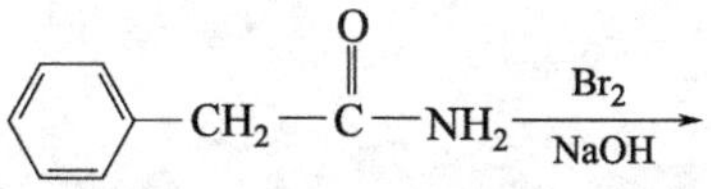
$$\bigcirc\!\!-CH_2-C(=O)-NH_2 \xrightarrow[NaOH]{Br_2}$$

3. 用简单的化学方法鉴别下列各组化合物。

(1) 甲酸、乙酸、草酸

(2) 苯酚、苯甲酸、苯甲醇

(3) 乙酸、乙酰氯、乙酸乙酯、乙酰胺

4. 由指定原料合成下列化合物（无机试剂任选）。

(1) $CH_3-CH=CH_2 \longrightarrow CH_2=CH-CH_2-COOH$

(2)  $CH_3-\!\!\bigcirc \longrightarrow \bigcirc\!\!-CN$

(3) $CH_3-CH=CH_2 \longrightarrow CH_3COOC_2H_5$

(4)
$$CH_3-C(CH_3)=CH_2 \longrightarrow (CH_3)_3C-COOH$$

5. 写出乙酸与下列试剂反应的反应式。

(1) $NaHCO_3$

(2) $P+Br_2/\triangle$

(3) $LiAlH_4$

(4) CH_3CH_2OH/H^+

(5) $SOCl_2$

(6) 苯胺/加热

6. 比较下列各组化合物的酸性强弱。

(1) A. CH_3CH_2COOH

B. $CH_3CHCOOH$ (Cl)

C. $CH_3CHCOOH$ (Br)

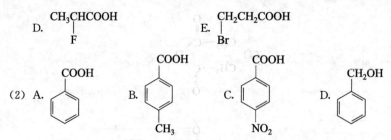

D. $\underset{F}{CH_3CHCOOH}$ 　　E. $\underset{Br}{CH_2CH_2COOH}$

（2）A. 苯甲酸

B. 对甲基苯甲酸（COOH, CH₃）

C. 对硝基苯甲酸（COOH, NO₂）

D. 苯甲醇（CH₂OH）

7. 化合物 A（$C_{11}H_{14}O_2$）不能与 $NaHCO_3$ 反应，可在 $NaOH$ 水溶液中水解后酸化生成酸 B（$C_8H_8O_2$）和醇 C（C_3H_8O）。B 经 $KMnO_4$ 氧化后生成邻苯二甲酸，C 可发生碘仿反应，试写出 A、B、C 可能的结构。

第 11 章 胺及其衍生物

氨分子中的氢原子部分或全部被烃基取代后的化合物称为胺，是一类重要的含氮有机化合物，广泛存在于生物界中，如植物中的生物碱类，可用作药物，一些有机胺是重要的有机化工原料。本章重点讨论胺、季铵盐、季铵碱、重氮和偶氮化合物等。

11.1 胺

11.1.1 胺的分类及命名

（1）胺的分类

根据氨分子中氢原子被烃基取代的数目，可将胺分为伯胺或一级胺（1°胺）、仲胺或二级胺（2°胺）、叔胺或三级胺（3°胺）。例如：

$$CH_3CH_2NH_2 \qquad CH_3CH_2NHCH_2CH_3 \qquad (CH_3CH_2)_3N$$

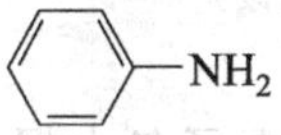

伯胺 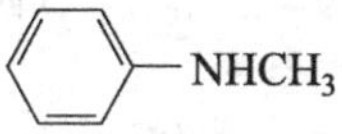　　　　　　　　　仲胺 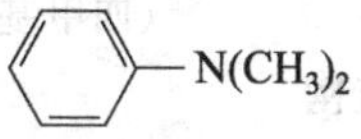　　　　　　　　　叔胺

根据胺分子中所连烃基的不同，可将胺分为脂肪胺和芳香胺。注意，芳香胺是指芳环与氮原子直接相连的胺。例如：

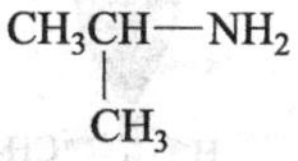

异丙胺 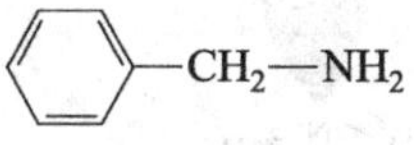　　　　　　　　　　　苯甲胺

（脂肪胺）

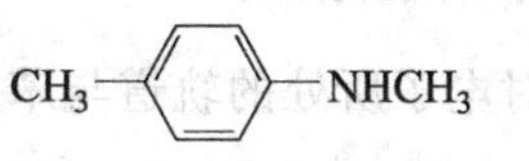

N-甲基对甲苯胺　　　　　　　β-萘胺

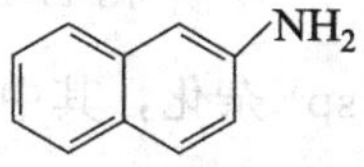

（芳香胺）

根据分子中氨基的数目，可将胺分为一元胺、二元胺和多元胺。例如：

$$CH_3CH_2NH_2 \qquad H_2NCH_2CH_2NH_2 \qquad H_2NCH_2CH_2NHCH_2CH_2NH_2$$

乙胺　　　　　　　乙二胺　　　　　　　　二亚乙基三胺

（一元胺）　　　　（二元胺）　　　　　　　　（多元胺）

对应于氯化铵和氢氧化铵的四烃基衍生物为季铵化合物，分别称为季铵盐和季铵碱。例如：

$$R_4N^+Cl^- \qquad\qquad R_4N^+OH^-$$

季铵盐　　　　　　　　季铵碱

（2）胺的命名

① 脂肪胺的命名　简单的脂肪胺常用普通命名法，即在烃基的名称后加"胺"字，称为"某胺"。当氮原子上连的烃基相同时，用"二"、"三"标明烃基的数目；烃基不同时，

按照"次序规则"将优先基团放在后面，烃基的"基"字一般可以省略。例如：

$(CH_3)_3N$ 　　　　　—NH_2　　　　$CH_3NHCH_2CH_3$　　　　—CH_2NH_2

三乙胺　　　　　环己胺　　　　　甲乙胺　　　　　苄胺

② 芳香胺的命名　以芳胺为母体，称为"某芳胺"。当氮原子上同时连有脂肪烃基时，则必须在母体前加"N-某烃基"，表明烃基与氮原子相连。例如：

—NH_2　　　　　—$NHCH_3$　　　　　—N—CH_2CH_3
　　CH₃　　　　　　　　　　　　　　　　　　　　　CH₃

2-甲基苯胺　　　　　N-甲基苯胺　　　　　N-甲基-N-乙基苯胺

③ 复杂胺的命名　以烃为母体，氨基作为取代基。例如：

$$CH_3CHCH_2CH_2CHCH_2CH_2CH_3$$
　　　|　　　　　　|
　　NH₂　　　　NHCH₃

2-氨基-5-甲氨基辛烷

④ 季铵盐与季铵碱的命名与无机盐、无机碱的命名相似，在"铵"字的前面加上每个烃基的名称。例如：

$(CH_3)_4N^+Cl^-$　　　　　　　$(C_2H_5)_4N^+OH^-$

氯化四甲铵　　　　　　　氢氧化四乙铵
（四甲基氯化铵）　　　　（四乙基氢氧化铵）

11.1.2　胺的结构

与氨分子相似，脂肪胺中的氮原子为 sp^3 杂化，3 个未成对电子各占据一个 sp^3 杂化轨道，剩余的一个 sp^3 杂化轨道上有一对未共用电子，因此胺分子呈棱锥形结构（见图 11-1）。

图 11-1　氨和甲胺的结构

芳香胺中氮原子采取 sp^3 杂化，其中孤对电子所处的轨道与苯环的 π 轨道形成共轭体系（见图 11-2）。

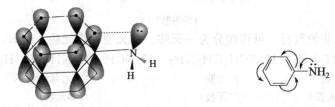

图 11-2　苯胺的结构

11.1.3　胺的物理性质

低相对分子质量的脂肪胺与氨相似，常温是气体，有氨的气味，易溶于水。室温时甲胺、二甲胺、三甲胺和乙胺是气体，丙胺以上为液体或固体。高级胺由于不挥发，几乎没有气味。与醇相似，胺是极性化合物，除叔胺外，伯胺、仲胺能形成分子间氢键，因此沸点比非极性化合物如烃类高。由于叔胺不能形成分子间氢键，因此其沸点比相对分子质量相近的伯胺或仲胺低。

伯胺、仲胺、叔胺都能与水形成分子间氢键，因此低级胺易溶于水，随着相对分子质量的升高，氨分子中烃基的憎水作用越来越强，胺在水中的溶解度下降甚至不溶。芳香胺的气味不如脂肪胺那样强烈，但芳香胺的毒性很大，无论是皮肤接触或吸入它的蒸气，都能引起中毒，某些芳香胺甚至有很强的致癌作用。一些胺的物理常数见表 11-1。

表 11-1　一些胺的物理常数

名称	熔点/℃	沸点/℃	溶解度 /g·(100g 水)$^{-1}$	pK_b
甲胺	−93.5	6.3	易溶	3.34
二甲胺	−96	7.4	易溶	3.27
三甲胺	−117	3.2~3.8	91	4.19
乙胺	−80.6	16.6	∞	3.36
二乙胺	−39	55.5	易溶	3.06
三乙胺	−114.7	89.7	14	3.25
正丙胺	−83	47.8	∞	3.29
异丙胺	−101	34	∞	3.40
正丁胺	−49.1	77.8	易溶	3.23
异丁胺	−85	68	∞	3.52
仲丁胺	−104	63	∞	3.40
叔丁胺	−67	46	∞	3.30
苯胺	−6	184.4	3.7	9.37
N-甲基苯胺	−57	196	微溶	9.15
邻甲苯胺	−24	200	1.7	9.56
间甲苯胺	−30	203~204	微溶	9.27
对甲苯胺	44~45	200.3	0.7	8.92

11.1.4　胺的化学性质

胺分子的氮原子上有一对未共用电子对，因此胺的性质主要表现为碱性和亲核性。

（1）碱性

胺与氨相似，所有的胺都是弱碱，其水溶液呈弱碱性，可与酸作用生成盐。

$$RNH_2 + H_2O \rightleftharpoons RNH_3^+ + OH^-$$

$$CH_3CH_2NH_2 + HCl \longrightarrow CH_3CH_2NH_3^+ Cl^-$$

$$\text{乙基氯化铵}$$

胺的碱性强弱通常用碱性电离常数 K_b 或 pK_b 表示，K_b 值越大或 pK_b 值越小，碱性越强。某些常见胺的 pK_b 值见表 11-1。

胺的碱性强弱与其分子结构有关，脂肪胺的碱性比氨的强，而芳香胺的碱性比氨的弱。

在脂肪胺中，因为烷基的推电子作用，使氮原子上的电子云密度增加，接受质子的能力增强，故碱性增强。从诱导效应看，烷基越多，胺的碱性应越强，但在水溶液中，甲胺、二甲胺、三甲胺的碱性强弱顺序为：

$$CH_3NH_2 \quad > \quad (CH_3)_2NH \quad > \quad (CH_3)_3N \quad > \quad NH_3$$

pK_b　　　　　3.27　　　　　　3.34　　　　　　4.19　　　　　4.76

这是因为影响碱性的因素除了诱导效应外，还有空间效应和溶剂化效应。从空间效应看，烷基数目增多，阻碍了氮原子上的未共用电子对与质子的结合，因此叔胺的碱性较小。从溶剂化效应看，氮原子上氢原子越多，相应的铵离子在水溶液中的溶剂化作用越强，其稳定性越大，越有利于电离向右移动，胺的碱性就越强。由此可见，胺的碱性强弱是诱导效应、空间效应和溶剂化效应综合影响的结果。

芳胺的碱性比氨的弱，是因为氮原子上未共用电子对所在轨道与芳环上的 π 轨道形成共轭体系，通过共轭效应使氮原子上的电子云密度降低，减弱了与质子结合的能力，使芳胺的碱性减弱。

芳胺分子中芳环上的取代基对其碱性也有影响，通常供电子基团使其碱性增强，吸电子基使其碱性减弱。例如：

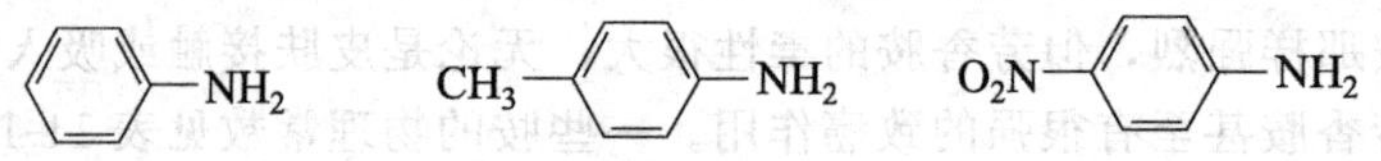

$$pK_b \qquad 9.37 \qquad\qquad\qquad 8.92 \qquad\qquad\qquad 13.0$$

胺是弱碱，与酸形成的铵盐在与强碱溶液作用时，可使胺重新游离出来。例如：

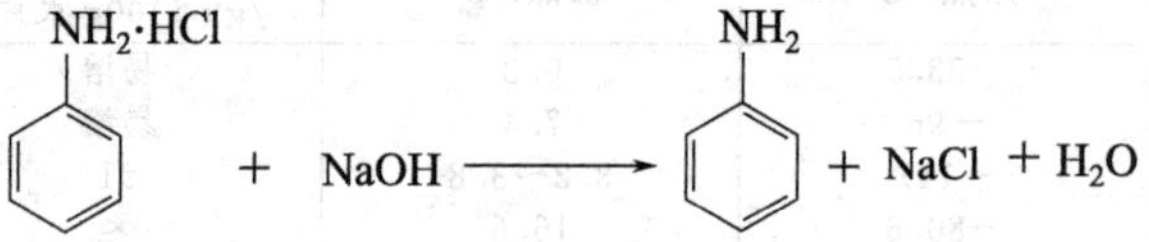

此性质可用于胺的分离、提纯。

（2）烃基化

胺与氨相似，可与卤代烃发生亲核取代反应，在氮原子上引入烃基，称为胺的烃基化反应（也即卤代烃的氨解）。氨与氯代烃反应生成伯胺盐，生成的伯胺盐与强碱反应游离出伯胺，伯胺的亲核性比氨强，故可以继续与氯代烃反应，生成仲胺、叔胺和季铵盐。

$$RCl \xrightarrow{NH_3} RNH_2 \cdot HCl \xrightarrow{NaOH} RNH_2$$

$$RNH_2 \xrightarrow{RCl} R_2NH \cdot HCl \xrightarrow{NaOH} R_2NH$$

$$R_2NH \xrightarrow{RCl} R_3N \cdot HCl \xrightarrow{NaOH} R_3N$$

$$R_3N \xrightarrow{RCl} R_4N^+Cl^-$$

反应中使用的卤代烃通常是伯卤代烷、活泼的卤代烯烃和卤代芳烃，仲卤代烷产率较低，叔卤代烷与胺发生的主要是消除反应，生成相应的烯烃。

工业上通常用醇代替卤代烃作为烃基化试剂与胺反应。例如，用甲醇与苯胺在酸催化下可以制备 N-甲基苯胺和 N,N-二甲基苯胺。

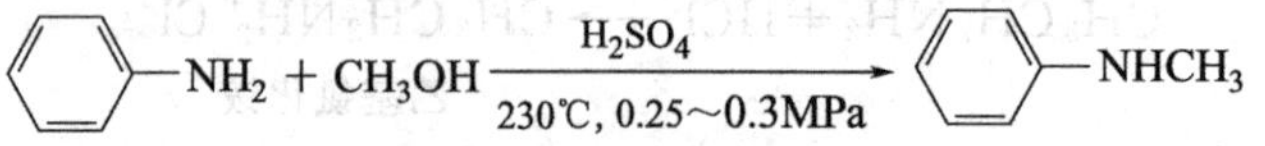

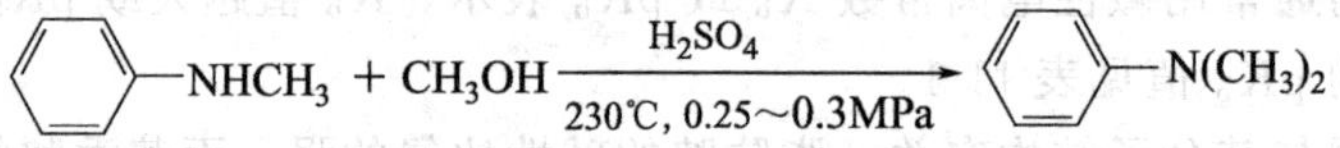

可通过调节反应物甲醇与苯胺的物料配比，使某一种胺为主要产物。工业上甲醇与氨在 Al_2O_3 催化作用下生产甲胺、二甲胺和三甲胺。

$$NH_3 + CH_3OH \xrightarrow[\triangle]{Al_2O_3} CH_3NH_2 + (CH_3)_2NH + (CH_3)_3N$$

（3）酰基化

在羧酸及其衍生物一章已经介绍了酰氯、酸酐的氨解反应。同样伯胺、仲胺也可与酰氯、酸酐反应，生成 N-烷基取代的酰胺。例如：

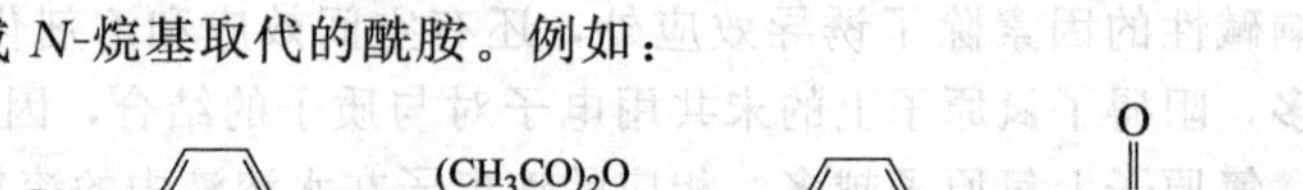

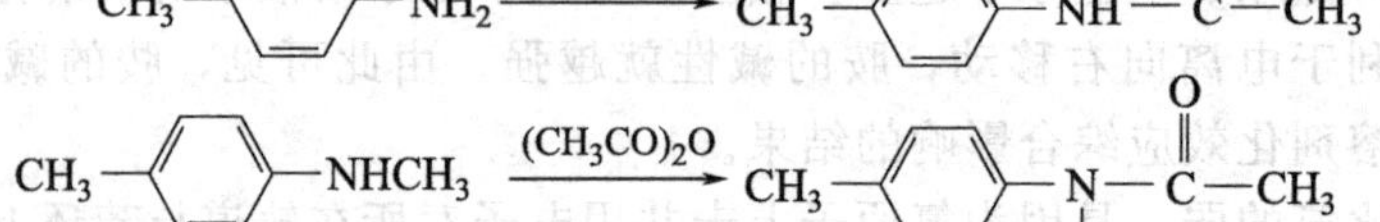

这些反应可以看做是在胺分子中的氮原子上引入酰基，故称为胺的酰基化反应。叔胺的氮原子上没有氢原子，因此不能发生此反应。

反应生成的酰胺多为结晶固体，具有一定的熔点，可根据熔点来推断酰胺的结构，从而进一步推断形成该酰胺的胺的结构，因此可用于鉴定伯胺和仲胺。

胺形成酰胺后一般显中性，不能与酸形成盐，因此当伯胺（或仲胺）与叔胺的混合物与酰氯或酸酐反应后，再加稀酸，则只有叔胺可与稀酸反应生成盐，利用这个性质可以把叔胺与伯胺（或仲胺）分离开。分离出的叔胺盐可用强碱游离出叔胺，而伯胺（或仲胺）的酰胺经水解后又生成原来的胺。例如：

$$R_3N \cdot HCl \xrightarrow{\text{NaOH}} R_3N + NaCl + H_2O$$

$$CH_3 - \overset{\overset{\displaystyle O}{\|}}{C} - NHR \xrightarrow[H_2O]{OH^-} RNH_2 + CH_3COOH$$

芳胺的酰基衍生物不像芳胺那样容易氧化，它们容易由芳胺酰化制得，又容易水解再转化为原来的芳胺。因此在有机合成中，常利用芳胺的酰基化反应来保护氨基。

（4）与亚硝酸的反应

各类胺与亚硝酸的反应产物取决于胺的结构，而由于亚硝酸不稳定，一般是用亚硝酸钠与强无机酸（如盐酸、硫酸）反应得到。

脂肪族伯胺与亚硝酸反应生成不稳定的脂肪族重氮盐，该重氮盐即使在较低温度下也会立刻分解，定量地生成氮气和碳正离子。生成的碳正离子可发生各种反应，如生成卤代烃、烯烃、醇等混合物，因此该反应在有机合成上没有实用价值，但由于反应定量放出氮气，因此可用于脂肪族伯胺的定性、定量分析。

$$CH_3CH_2CH_2NH_2 \xrightarrow{\text{NaNO}_2, \text{HCl}} CH_3CH_2CH_2\overset{+}{N}\equiv NCl^- \longrightarrow CH_3CH_2\overset{+}{C}H_2 + N_2\uparrow$$

芳香族伯胺在低温下（一般在 5℃ 以下）与亚硝酸反应生成相应的重氮盐，称为重氮化反应。

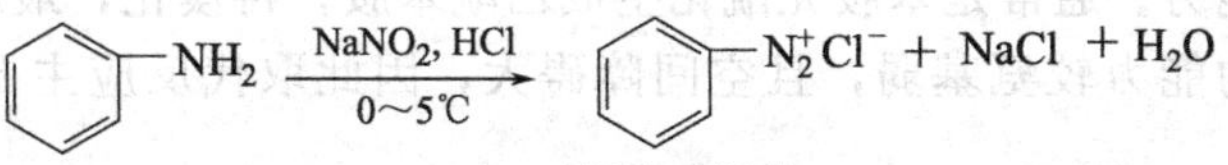

氯化重氮苯

芳香族重氮盐虽然也不稳定，但在低温时可稳定存在，在有机合成上有许多用途。

脂肪族仲胺和芳香族仲胺与亚硝酸反应都生成黄色油状或固体的 N-亚硝基胺。例如：

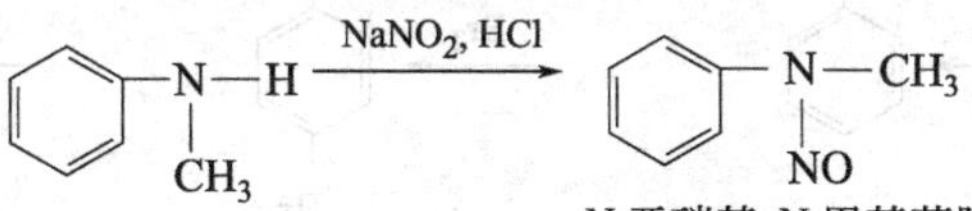

N-亚硝基-N-甲基苯胺

$$(CH_3)_2NH \xrightarrow{\text{NaNO}_2, \text{HCl}} (CH_3)_2N - NO$$

N-亚硝基二甲胺

脂肪族叔胺因氮原子上没有氢原子，因此不发生上述反应，但因为是在强酸环境中，因此实际上是生成叔胺的盐；而芳香族叔胺与亚硝酸反应时，则在环上发生亲电取代反应，引入亚硝基。

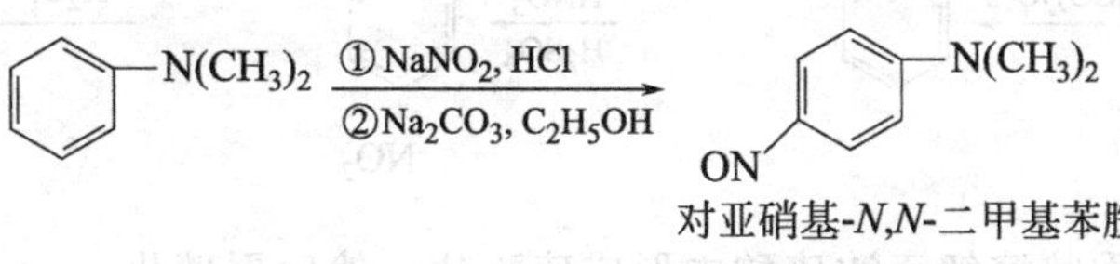

对亚硝基-N,N-二甲基苯胺

（绿色固体）

　　由于亚硝酸与伯胺、仲胺、叔胺反应的现象不同，因此可用于鉴别脂肪族和芳香族伯、仲、叔胺。

（5）胺的氧化反应

　　胺特别是芳香胺很容易被各种氧化剂氧化，甚至被空气氧化。如新蒸馏得到的无色苯胺，在空气中放置就逐渐变成浅黄色，随着储存时间的增加，颜色逐渐变深，直至变成黑色。芳香胺的氧化产物很复杂，主要的产物取决于氧化剂和反应条件，如苯胺用重铬酸钾/硫酸或二氧化锰/硫酸氧化，反应的主要产物是对苯醌。

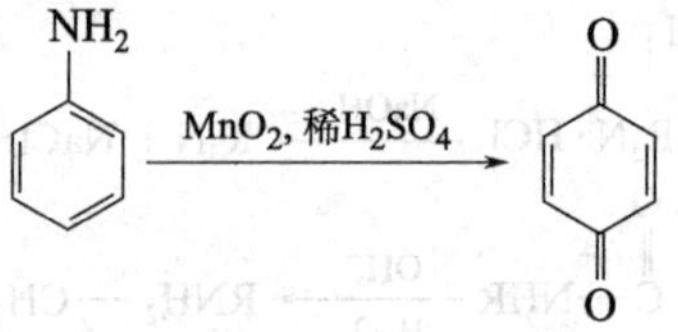

　　铵盐对氧化剂不敏感，因此经常将胺变成盐后再储存。

（6）芳环上的取代反应

　　芳香胺除了具有胺的性质外，由于氨基对芳环的活化作用，使芳环容易发生卤代、硝化、磺化等亲电取代反应，而且由于氨基是邻对位定位基，因此取代反应主要发生在氨基的邻、对位。

　　① 卤代　苯胺与卤素很容易发生取代反应，如在常温下与溴水反应立刻生成 2,4,6-三溴苯胺白色沉淀，该反应能定量进行，因此可以用于苯胺的定性与定量分析。

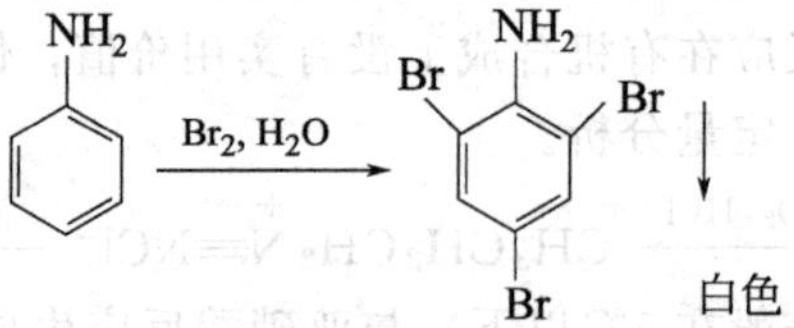

　　反应很难停留在一元取代的阶段，如要得到一溴代物，需要降低苯环的活性，或者说降低氨基活化苯环的能力。通常是苯胺先酰化生成乙酰苯胺，再溴化，最后去掉乙酰基。由于乙酰氨基活化苯环的能力较氨基弱，且空间障碍大，因此取代反应主要发生在乙酰氨基的对位。

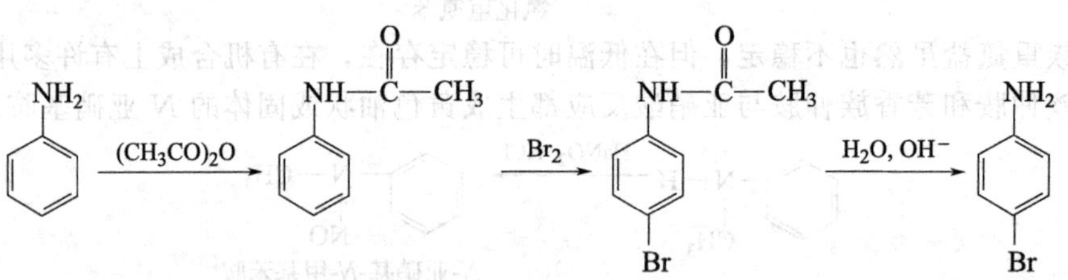

　　② 硝化　由于芳胺很容易被氧化，因此硝化反应不能直接进行，应先将氨基保护起来，然后依次硝化、水解得到对位取代苯胺。

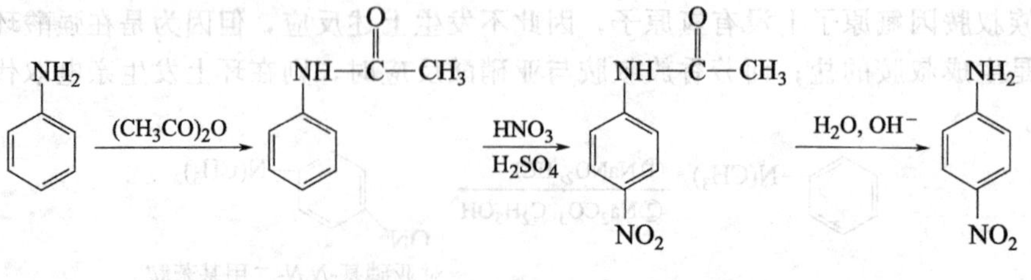

　　另外也可先把芳香胺溶解于浓硫酸中形成硫酸盐，然后再硝化。

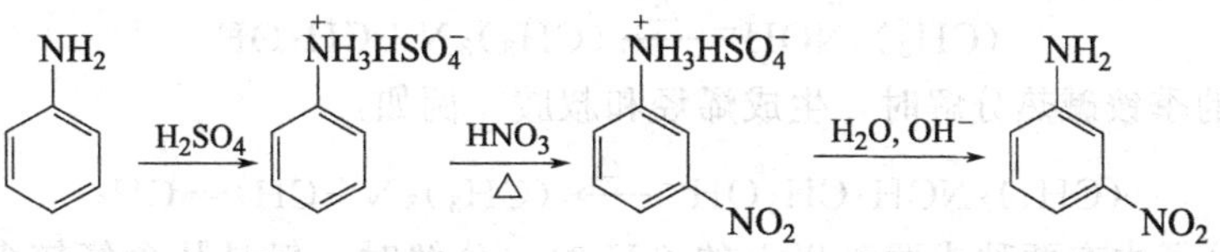

由于形成的铵盐中的—NH_3^+ 是钝化苯环的间位定位基,因此在硝化反应时硝基主要进入其间位而形成间硝基苯胺。

③ 磺化 苯胺与浓硫酸反应,首先生成苯胺硫酸氢盐,然后在加热下脱水,重排为对氨基苯磺酸。

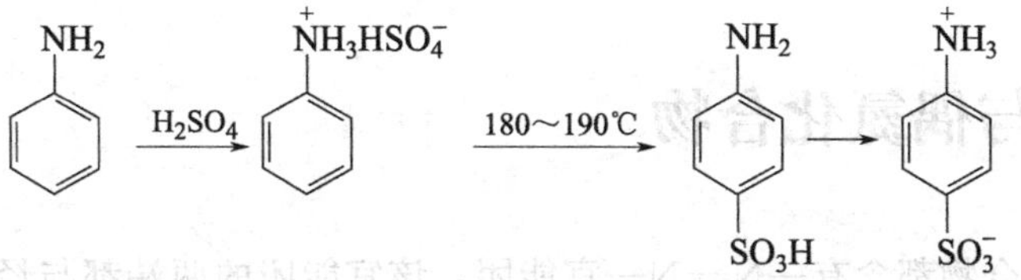

这是目前工业上生产对氨基苯磺酸的方法。对氨基苯磺酸俗称磺胺酸,是制备偶氮染料和磺胺药物的原料。

在对氨基苯磺酸分子内同时具有碱性的氨基和酸性的磺酸基,因此在分子内形成盐,称为内盐。

11.2 季铵盐和季铵碱

叔胺与卤代烃反应生成季铵盐,季铵盐是氨彻底烃基化的产物。

$$R_3N + RX \longrightarrow R_4N^+ X^-$$

季铵盐是白色晶体,具有盐的性质,易溶于水而不溶于非极性有机溶剂;熔点高,常常在加热到熔点时即分解。季铵盐加热分解时生成叔胺和卤代烃。

$$R_4N^+ X^- \xrightarrow{\triangle} R_3N + RX$$

具有长烷基的季铵盐是一种阳离子型的表面活性剂,具有去污和杀菌作用。如十二烷基二甲基苄基氯化铵(工业上简称为 1227)是油田常用的杀菌剂;季铵盐在有机合成中常用作相转移催化剂。

伯胺、仲胺、叔胺的铵盐与强碱反应,则伯胺、仲胺、叔胺被游离出来,而季铵盐与强碱反应,不能游离出胺而产生下列平衡体系:

$$R_4N^+ X^- + NaOH \Longrightarrow R_4N^+ OH^- + NaX$$

如要得到季铵碱,可采用两种方法,一是上述反应在乙醇中进行,因为生成的碱金属的卤化物不溶于乙醇,能使平衡向右移动而生成季铵碱,这也是工业上制备季铵碱的主要方法。第二种方法是用湿的氧化银代替强碱如 NaOH、KOH,生成难溶于水的卤化银沉淀,反应也可向生成季铵碱的方向进行。

$$R_4N^+ X^- + AgOH \longrightarrow R_4N^+ OH^- + AgX \downarrow$$

过滤除去卤化银沉淀,然后减压蒸发溶液可得到季铵碱。

季铵碱是强碱,碱性与 NaOH、KOH 相当,易吸潮,易溶于水,并能吸收空气中的二氧化碳。季铵碱加热时很容易分解,分解产物取决于季铵碱的结构,不含有 β-H 的季铵碱热分解时生成叔胺和醇。例如:

$$(CH_3)_4\overset{+}{N}OH^- \xrightarrow{\triangle} (CH_3)_3N + CH_3OH$$

含有 β-H 的季铵碱热分解时，生成烯烃和叔胺，例如：

$$(CH_3)_3\overset{+}{N}CH_2CH_3OH^- \xrightarrow{\triangle} (CH_3)_3N + CH_2{=\!\!=}CH_2$$

当季铵碱分子中有两种或两种以上的 β-H 时，分解时一般是从含氢较多的 β 碳原子上脱去氢原子，即生成烷基取代较少的烯烃，这称为 Hofmann 规则。例如：

$$\underset{\overset{\displaystyle |}{\underset{\displaystyle \overset{+}{N}(CH_3)_3}{}}}{CH_3\overset{\beta}{-}CH_2\overset{\alpha}{-}CH\overset{\beta}{-}CH_3OH^-} \xrightarrow{\triangle} (CH_3)_3N + \underset{95\%}{CH_3CH_2CH{=\!\!=}CH_2} + \underset{5\%}{CH_3CH{=\!\!=}CHCH_3}$$

11.3　重氮与偶氮化合物

重氮和偶氮化合物都含有—N=N—官能团，该官能团的两端都与烃基相连的化合物称为偶氮化合物。例如：

偶氮苯　　　　　　　　　偶氮二异丁腈

如果该官能团仅一端与烃基相连，而另一端与非碳原子相连的化合物称为重氮化合物。例如：

苯重氮氨基苯　　　　　　　　重氮甲烷

另一类在有机合成上非常重要的重氮化合物称为重氮盐，例如：

氯化重氮苯

11.3.1　重氮盐的制备——重氮化反应

芳香族伯胺在低温（一般为 $0\sim5\,^\circ\!C$）和强酸（一般为盐酸和硫酸）溶液中与亚硝酸反应生成重氮盐，称为重氮化反应。例如：

$$\text{C}_6\text{H}_5\text{—NH}_2 + NaNO_2 + HCl \xrightarrow{0\sim5\,^\circ\!C} \text{C}_6\text{H}_5\text{—}\overset{+}{N}_2Cl^-$$

$$O_2N\text{—}\text{C}_6\text{H}_4\text{—NH}_2 + NaNO_2 + H_2SO_4 \xrightarrow{0\sim5\,^\circ\!C} O_2N\text{—}\text{C}_6\text{H}_4\text{—}\overset{+}{N}_2HSO_4^-$$

重氮盐具有盐的性质，大多能溶于水，由于是离子化合物，因此其水溶液能导电。干燥状态的重氮盐极不稳定，受热或震动时容易发生爆炸；在水溶液和低温时较稳定，但许多重氮盐即使保持在 $0\,^\circ\!C$ 的水溶液中也会慢慢地分解，温度升高，则分解速率更快，因此制备后不但要保持在低温的水溶液中，而且要尽快使用。

11.3.2　重氮盐的性质及其在有机合成中的应用

重氮盐的化学性质非常活泼，能发生许多反应，一般可分为两类：一类是失去氮的反应，另一类是保留氮的反应。

（1）失去氮的反应

重氮盐在一定条件下分解，重氮基被其他原子或基团取得，同时释放出氮气。

① **重氮基被羟基取代** 将重氮盐的酸性溶液加热,重氮基被羟基取代而生成酚,并有氮气放出,这是通过重氮盐制备酚的方法。

$$\text{C}_6\text{H}_5\text{-N}_2^+\text{HSO}_4^- \xrightarrow[\text{H}_2\text{O},\triangle]{\text{H}_2\text{SO}_4} \text{C}_6\text{H}_5\text{-OH}$$

反应一般用芳香族重氮硫酸盐,并在较浓的强酸中进行,这样可避免生成的酚与重氮盐发生偶合反应,也可避免用盐酸重氮盐时生成副产物氯苯。

在有机合成上,常常利用这一反应来合成不能用常规方法而制得的酚。例如,间溴苯酚不宜用间溴苯磺酸盐通过碱熔法制备,因为溴原子在碱熔的条件下,也会被羟基取代,常采用下述方法制备:

$$\text{(NO}_2\text{,Br)}\text{C}_6\text{H}_4 \xrightarrow[\text{HCl}]{\text{SnCl}_2} \text{(NH}_2\text{,Br)}\text{C}_6\text{H}_4 \xrightarrow[0\sim5℃]{\text{NaNO}_2,\text{H}_2\text{SO}_4} \text{(N}_2^+\text{HSO}_4^-\text{,Br)}\text{C}_6\text{H}_4 \xrightarrow[\text{H}_2\text{O},\triangle]{\text{H}_2\text{SO}_4} \text{(OH,Br)}\text{C}_6\text{H}_4$$

② **重氮基被氢原子取代** 重氮盐与还原剂次磷酸或乙醇反应,重氮基被氢原子取代。

$$\text{C}_6\text{H}_5\text{-N}_2^+\text{Cl}^- \xrightarrow{\text{H}_3\text{PO}_2} \text{C}_6\text{H}_6 + \text{N}_2\uparrow + \text{H}_3\text{PO}_3 + \text{HCl}$$

$$\text{C}_6\text{H}_5\text{-N}_2^+\text{HSO}_4^- \xrightarrow{\text{C}_2\text{H}_5\text{OH}} \text{C}_6\text{H}_6 + \text{N}_2\uparrow + \text{CH}_3\text{CHO} + \text{H}_2\text{SO}_4$$

此反应可以作为除去氨基的方法,在有机合成中有非常重要的应用。由于氨基是强的邻对位定位基,可以通过向芳环引入氨基和去氨基的方法,合成一些用其他方法难以得到的化合物,如 1,3,5-三溴苯的合成。

$$\text{C}_6\text{H}_5\text{NH}_2 \xrightarrow{\text{Br}_2/\text{H}_2\text{O}} \text{(NH}_2\text{,3Br)}\text{C}_6\text{H}_2 \xrightarrow[0\sim5℃]{\text{NaNO}_2,\text{H}_2\text{SO}_4} \text{(N}_2^+\text{HSO}_4^-\text{,3Br)}\text{C}_6\text{H}_2 \xrightarrow{\text{H}_3\text{PO}_2} \text{(3Br)}\text{C}_6\text{H}_3$$

由于三个溴互为间位,因此用苯直接溴代的方法得不到这个化合物。又如间硝基甲苯的合成,无论是用甲苯硝化反应还是硝基苯甲基化反应均不能得到,但可以采用引入氨基再去除氨基的方法来得到。

$$\text{C}_6\text{H}_5\text{CH}_3 \xrightarrow[\text{H}_2\text{SO}_4]{\text{HNO}_3} \text{(CH}_3\text{,4-NO}_2) \xrightarrow[\text{HCl}]{\text{Fe}} \text{(CH}_3\text{,4-NH}_2) \xrightarrow{\text{(CH}_3\text{CO)}_2\text{O}} \text{(CH}_3\text{,4-NHCOCH}_3)$$

$$\xrightarrow[\text{H}_2\text{SO}_4]{\text{HNO}_3} \text{(CH}_3\text{,NO}_2\text{,NHCOCH}_3) \xrightarrow[②\text{NaNO}_2,\text{HCl},0\sim5℃]{①\text{H}_2\text{O},\text{OH}^-} \text{(CH}_3\text{,O}_2\text{N,N}_2^+\text{Cl}^-) \xrightarrow{\text{H}_3\text{PO}_2} \text{(CH}_3\text{,O}_2\text{N)}$$

氨基乙酰化的目的是保护氨基,乙酰氨基的定位能力大于甲基,因此第二步硝化时硝基主要进入乙酰氨基的邻位。

③ **重氮基被卤素原子取代** 在氯化亚铜盐的盐酸溶液或溴化亚铜的氢溴酸溶液作用下,

芳香族重氮盐分解，放出氮气，同时重氮基被氯原子或溴原子取代，此反应称为桑德迈尔（Sandmeyer）反应。

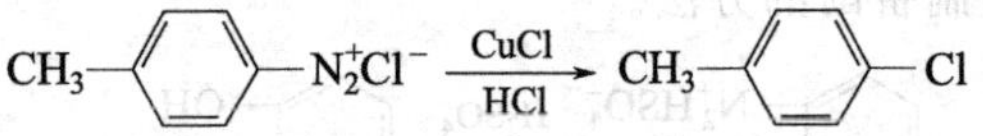

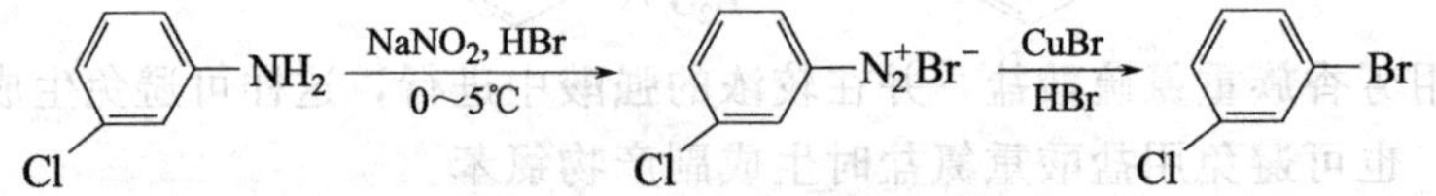

该反应常用于合成用其他方法不易或不能得到的卤代芳烃。

重氮盐与碘化钾水溶液一起加热，生成碘代芳烃并放出氮气，这是制备碘代芳烃的有效方法，因为芳环上直接碘代是困难的。

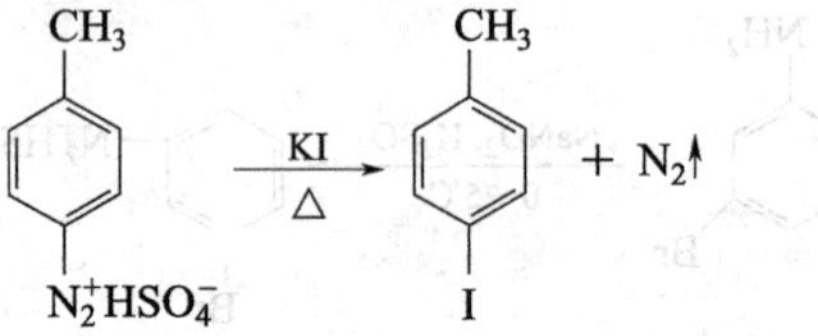

将氟硼酸（或氟硼酸钠）加入到重氮盐溶液中，沉淀出不溶解的氟硼酸重氮盐，对沉淀过滤、洗涤、干燥，加热后氟硼酸重氮盐分解，生成氟代物，这是将氟原子引入芳环的有效方法。

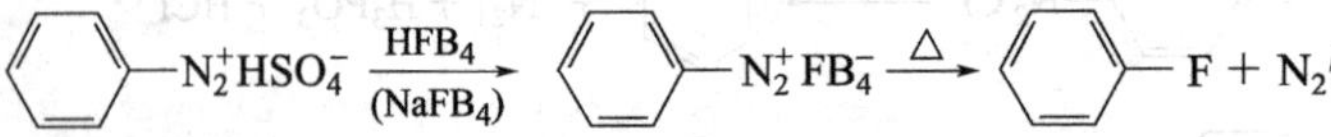

④ 重氮基被氰基取代　重氮盐与氰化亚铜的氰化钾溶液反应或在铜粉存在下与氰化钾反应，则重氮基被氰基取代。

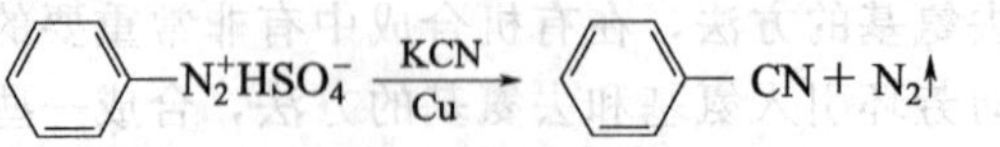

由于氰基水解可以得到羧基，加氢可以得到氨甲基，因此在有机合成上有重要的应用。如由甲苯合成对甲基苯甲酸：

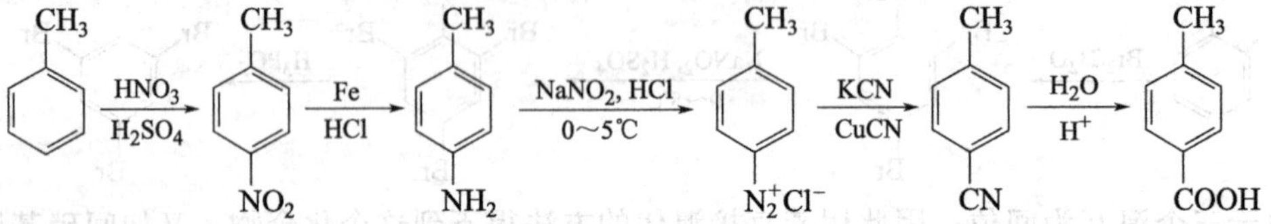

(2) 保留氮的反应

反应后重氮盐分子中的两个氮原子仍保留在产物的分子中，称为保留氮的反应，主要有偶合反应和还原反应。

① 偶合反应　重氮盐与酚或芳香胺反应生成有颜色的偶氮化合物，这个反应称为偶合反应或偶联反应。

重氮组分　偶合组分　对羟基偶氮苯

重氮组分　偶合组分　对(*N*, *N*-二甲氨基)偶氮苯

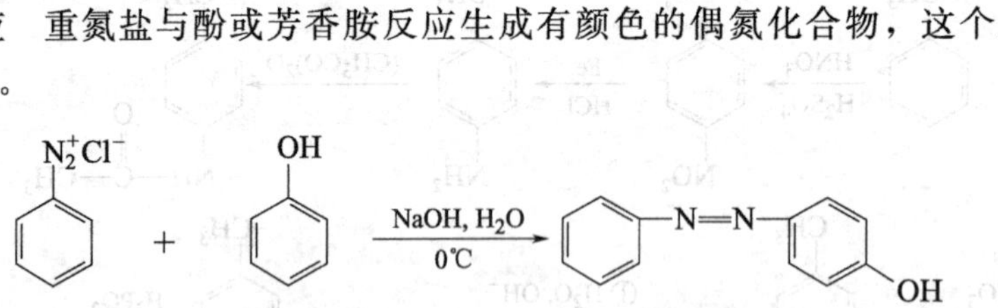

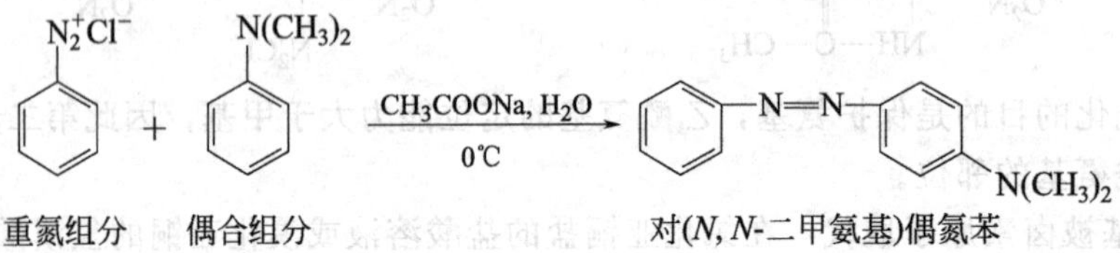

由于重氮正离子是弱的亲电试剂，所以只有非常活泼的芳环（一般是酚或芳香胺）且要在合适的 pH 条件下才能反应。重氮盐与酚的偶合反应需要在弱碱性溶液中进行，因为在碱性溶液中酚羟基（—OH）变成酚氧负离子（—O⁻），而后者是更强的活化芳环的基团。但如果碱性太强则重氮盐变成重氮酸（Ar—N＝N—OH），则不能发生亲电取代反应。重氮盐与芳香胺的偶合反应需要在弱酸或中性溶液（pH＝5～7）中进行，如果酸性太强，则芳香胺变成铵盐（氨基变成铵离子），而铵离子是强的钝化芳环的基团，使芳环的活性降低。

芳香胺的重氮盐与酚和芳香胺的偶合反应，通常得到有颜色的产物，可用作染料和指示剂。因为这些物质中含有偶氮基，因此这类染料又称为偶氮染料，偶合反应的最重要的应用是合成偶氮染料。

② 还原反应　重氮盐以二氯化锡/盐酸、亚硫酸钠、亚硫酸氢钠等还原剂还原，得到苯肼。

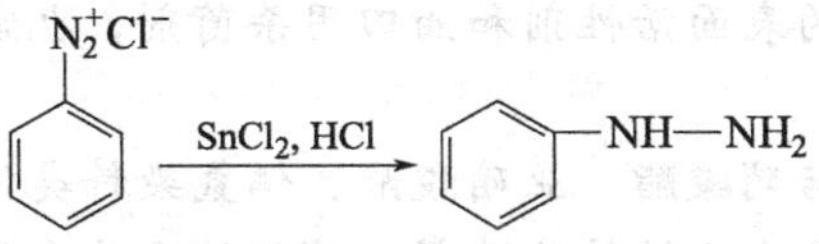

由于二氯化锡/盐酸也能还原硝基（—NO₂），因此含有硝基的重氮盐的还原可使用亚硫酸钠，这样可以保留硝基得到肼的硝基衍生物，如 2,4-二硝基苯肼的制备：

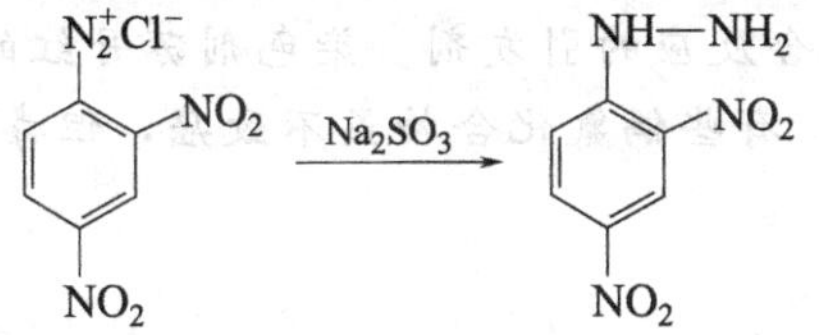

肼具有碱性，因此在酸性条件下还原时得到的是其盐，需用强碱才能把肼游离出来。苯肼的衍生物是重要的羰基试剂和有机合成的重要原料。

11.4 重要的含氮化合物

（1）苯胺

苯胺的主要制备方法是硝基苯的还原：

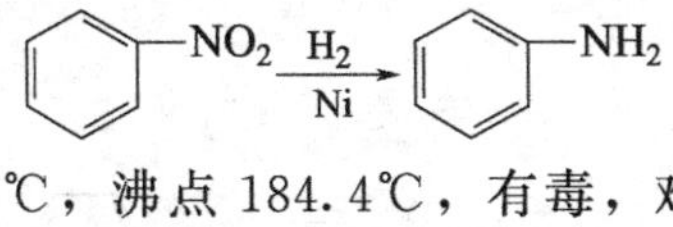

苯胺是无色液体，熔点 −6℃，沸点 184.4℃，有毒，难溶于水，易溶于有机溶剂，容易被氧化。苯胺是制备染料、磺胺药物的重要原料。

（2）乙二胺

乙二胺由 1,2-二氯乙烷与氨反应得到。

$$ClCH_2CH_2Cl + 2NH_3 \longrightarrow H_2NCH_2CH_2NH_2$$

乙二胺是制备药物、乳化剂和杀虫剂的原料，是环氧树脂的固化剂，是制备乙二胺四乙酸（EDTA）的原料，EDTA 在分析上有广泛的应用。

（3）己二胺

己二胺是合成尼龙-66 的基本原料，工业上由己二腈催化加氢反应得到。

$$NC-CH_2CH_2CH_2CH_2-CN \xrightarrow[Ni]{H_2} H_2N(CH_2)_6NH_2$$

【阅读材料】

含氮化合物的应用

胺的用途很广。最早发展起来的染料工业就是以苯胺为基础的，苯胺是重要的中间体，由苯胺生产的较重要产品达300种。有些胺的衍生物是维持生命活动所必需的，如蛋白质、核酸、胆碱、肾上腺素等，但也有些对生命十分有害，如海洛因、可卡因等，不少胺类化合物有致癌作用，尤其是芳香胺，如萘胺、联苯胺及染发剂中的对苯二胺等。

有些含氮化合物是重要的药物，如对乙酰氨基酚（扑热息痛），有解热镇痛作用，用于感冒发烧、关节痛、神经痛、偏头痛、癌痛及手术后止痛等；而磺胺类药物中起抑菌消炎作用的是对氨基苯磺酸。

季铵盐类化合物是重要的表面活性剂和油田用杀菌剂，也常在化学反应中作为相转移催化剂。

其他有机含氮化合物包括硝酸酯、亚硝酸酯、偶氮染料类化合物等。其中硝酸酯类化合物在炼油工业中是重要的柴油十六烷值改进剂，硝化甘油是重要的药物和炸药。偶氮染料是品种最多、应用最广的一类合成染料，可用于纤维、纸张、墨水、皮革、塑料、彩色照相材料和食品着色。有些偶氮化合物可用作分析化学中的酸碱指示剂（如甲基橙）和金属指示剂（如铬黑T）。有些偶氮化合物加热时容易分解，释放出氮气，并产生自由基，如偶氮二异丁腈（AIBN）等，故可用作聚合反应的引发剂。染色剂苏丹红的四个品种均为偶氮化合物。很多偶氮化合物有致癌作用，有些偶氮化合物虽不致癌，但毒性与硝基化合物和芳香胺相近，使用时应注意。

习　题

1. 命名下列化合物或写出构造式。

(1) $(CH_3CH_2)_2NCH_3$　　　(2) $H_2NCH_2CH_2NHCH_2CH_2NH_2$　　　(3) $CH_3-\!\!\!\!\!\bigcirc\!\!\!\!\!-NHCH_3$

(4) $\bigcirc\!\!\!-NH_2$　　　(5) $H_2N-\!\!\!\!\!\bigcirc\!\!\!\!\!-NHCH(CH_3)_2$　　　(6) $\bigcirc\!\!\!-N_2^+Cl^-$

(7) $(CH_3CH_2)_2\overset{+}{\underset{\underset{CH_3}{|}}{N}}-CH_2-\!\!\!\!\!\bigcirc$ Cl^-　　　(8) $CH_3CH_2\underset{\underset{CH_3}{|}}{C}H-CH_2-\underset{\underset{N(CH_3)_2}{|}}{C}H-CH_3$

(9) 仲丁胺　　　(10) 1,2-丙二胺

2. 比较下列各组化合物的碱性强弱。

(1) A. $(CH_3)_2NH$　　B. CH_3NH_2　　C. $(CH_3)_4\overset{+}{N}OH^-$　　D. $\bigcirc\!\!\!-NH_2$

(2) A. $\bigcirc\!\!\!-NH_2$　　B. $CH_3-\!\!\!\!\!\bigcirc\!\!\!\!\!-NH_2$（位置）　　C. $O_2N-\!\!\!\!\!\bigcirc\!\!\!\!\!-NH_2$　　D. 二硝基苯胺NH_2, NO_2　　E. $\bigcirc\!\!\!-NH_2$

3. 完成下列反应式。

(1) $(CH_3CH_2)_3N + \bigcirc\!\!\!-CH_2Cl \longrightarrow$

(2)

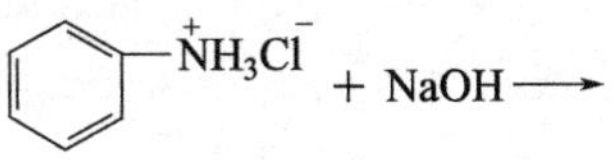

$$\underset{\text{苯基}}{C_6H_5}\overset{+}{N}H_3\overset{-}{Cl} + NaOH \longrightarrow$$

(3) $(CH_3CH_2)_2\overset{+}{N}(CH_3)_2\overset{-}{Cl} \xrightarrow[\triangle]{AgOH}$

(4)

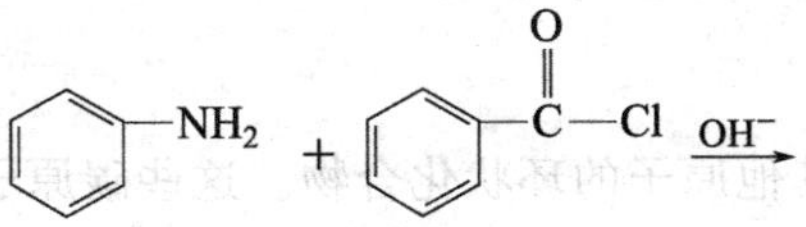

$$\underset{}{C_6H_5}-NH_2 + \underset{}{C_6H_5}-\overset{O}{\underset{\|}{C}}-Cl \xrightarrow{OH^-}$$

(5)

$$\underset{}{C_6H_5}-N(CH_3)_2 \xrightarrow{NaNO_2\text{-}HCl}$$

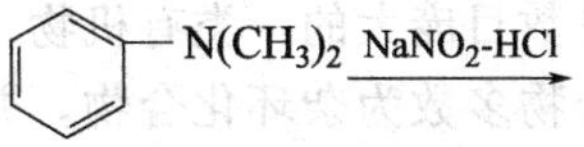

(6)

$$\underset{CH_3}{C_6H_4}-\overset{+}{N_2}\overset{-}{HSO_4} \xrightarrow[\triangle]{H_2O, H^+}$$

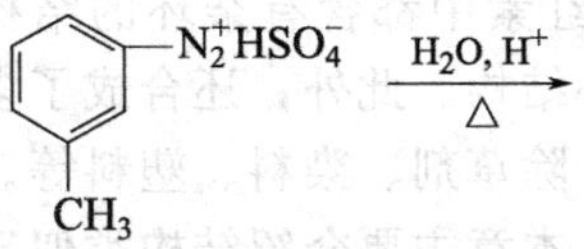

4. 用简单的化学方法鉴别下列各组化合物。

(1) A. 乙醇　　　B. 乙醛　　　C. 乙酸　　　D. 乙胺

(2) A. 苯胺　　　B. 苯酚　　　C. 环己酮　　　D. 甲苯

(3) A. $CH_3CH_2NH_2$　　B. 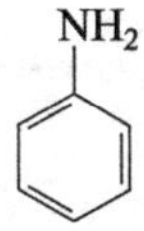 苯基$-NH_2$　　C. 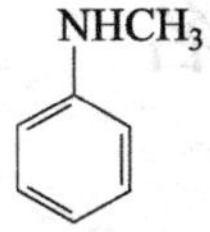 苯基$-NHCH_3$　　D. $(CH_3CH_2)_3N$

(4) A. 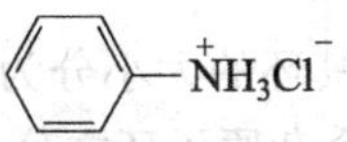 苯基$-\overset{+}{N}H_3\overset{-}{Cl}$　　B. 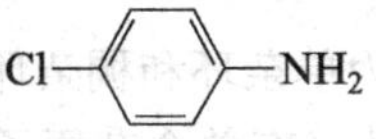 $Cl-$苯基$-NH_2$　　C. 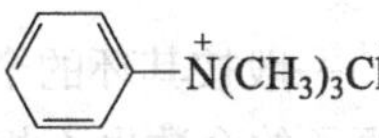 苯基$-\overset{+}{N}(CH_3)_3\overset{-}{Cl}$

5. 由指定原料合成下列化合物（无机试剂任选）。

(1) $CH_2{=}CH_2 \longrightarrow CH_3CH_2CH_2NH_2$

(2) 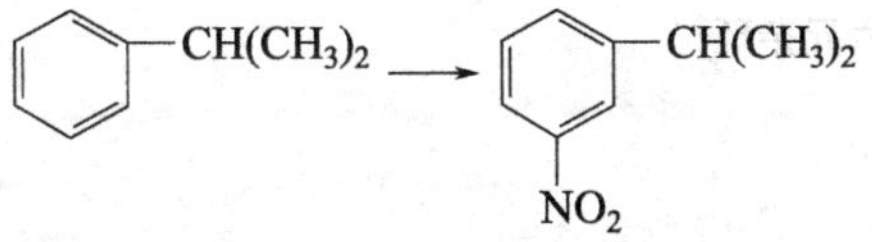 苯基$-CH(CH_3)_2 \longrightarrow$ 苯基（NO_2）$-CH(CH_3)_2$

(3) $CH_3CH_2OH \longrightarrow CH_3NH_2$

(4) 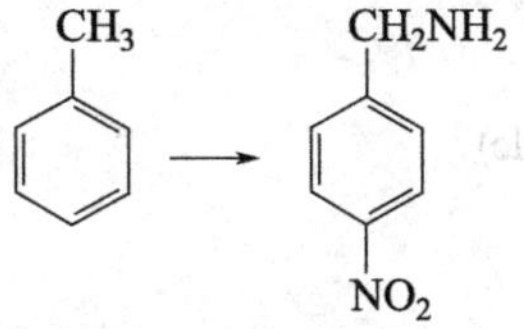 甲苯（CH_3）$\longrightarrow$ 苯（CH_2NH_2, NO_2）

(5) 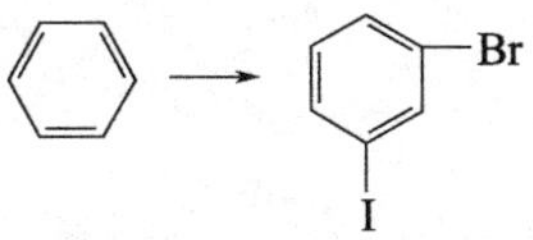 苯 $\longrightarrow$ 苯（Br, I）

6. 有一个化合物 A，经元素分析表明含有 C、H、O、N。A 经加热后失去一分子水得到 B，B 与溴的氢氧化钠溶液作用得到比 B 少一个碳原子的化合物 C，C 与亚硝酸作用得到的产物与次磷酸反应生成苯，试推断 A、B、C 的构造式。

第 12 章 杂环化合物

杂环化合物是指构成环的原子除碳原子外还有其他原子的环状化合物。这些碳原子以外的其他原子又叫杂原子，常见的有氧、硫、氮。杂环化合物是数目庞大的一类有机物。

自然界中存在许多杂环化合物，与生物学有关的重要化合物多数为杂环化合物，并且在生命体系中起着重要作用，如植物中的叶绿素、动物中的血红素中都含有杂环的结构。核酸、某些维生素、抗生素、激素、色素和生物碱等也含有杂环结构。此外，还合成了多种多样具有各种性能的杂环化合物，其中有些可作药物、杀虫剂、除草剂、染料、塑料等。

在杂环化合物中，有些具有芳香性，有些不具有芳香性，本章主要介绍结构类似于芳香族化合物、具有芳香性的杂环化合物。

12.1 杂环化合物的分类及命名

12.1.1 杂环化合物的分类

杂环化合物种类繁多，一般按其环的个数分为单杂环和稠杂环，按其环的大小分为五元杂环和六元杂环，而且环中杂原子的个数也不相同，故又有单个杂原子和多个杂原子环之分。

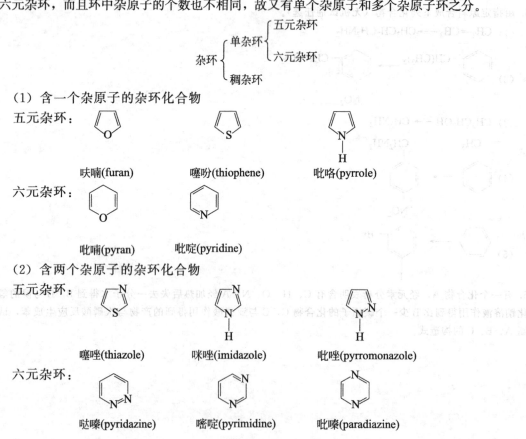

杂环 {
　单杂环 {
　　五元杂环
　　六元杂环
　}
　稠杂环
}

（1）含一个杂原子的杂环化合物

五元杂环：

呋喃(furan)　　　噻吩(thiophene)　　　吡咯(pyrrole)

六元杂环：

吡喃(pyran)　　　吡啶(pyridine)

（2）含两个杂原子的杂环化合物

五元杂环：

噻唑(thiazole)　　　咪唑(imidazole)　　　吡唑(pyrromonazole)

六元杂环：

哒嗪(pyridazine)　　　嘧啶(pyrimidine)　　　吡嗪(paradiazine)

（3）稠杂环

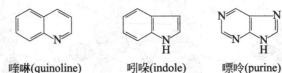

喹啉(quinoline)   吲哚(indole)   嘌呤(purine)

12.1.2 杂环化合物的命名

杂环化合物的中文命名，统一采用"音译法"，即根据杂环化合物的英文译音所接近的汉字，加上"口"字偏旁表示。例如：呋喃（furan）、吡啶（pyridine）、噻唑（thiazole）、吡咯（pyrrole）、嘧啶（pyrimidine）等。

当杂环上有取代基时，应以杂环为母体，然后给杂环的各个原子编号定位，编号时，除个别稠杂环外，只有 1 个杂原子的杂环，一般从杂原子开始按顺序编号。例如：

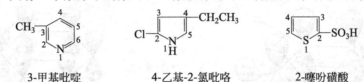

3-甲基吡啶   4-乙基-2-氯吡咯   2-噻吩磺酸

对于含有一个杂原子的杂环，也可以把靠近杂原子的位置称为 α-位，其次为 β 位和 γ-位。命名时用 α，β，γ……标明取代基的位置，例如：

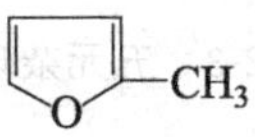

α-甲基呋喃 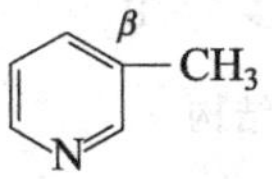 β-甲基吡啶

当环上有 2 个或 2 个以上相同的杂原子时，应从连有氢的或取代基的那个杂原子开始编号，并使杂原子的位次最小。如含有几个不相同的杂原子时，则按氧、硫、氮的顺序编号。例如：

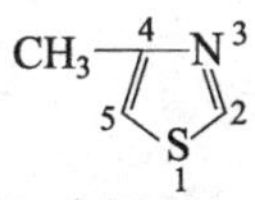

4-甲基噻唑 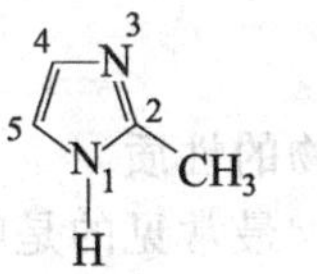   2-甲基咪唑

12.2 杂环化合物的结构

12.2.1 五元杂环的结构

呋喃、噻吩和吡咯是含有一个杂原子的五元杂环化合物，实验表明它们的五个原子在同一平面上，且都是 sp^2 杂化，彼此之间以 σ 键相连形成环。在垂直于环的平面上，五个原子分别有一个 p 轨道，且彼此平行，每个碳原子的 p 轨道上有一个电子，杂原子的 p 轨道上有一对电子，六个电子组成了 π 电子离域体系。呋喃、噻吩、吡咯的结构如图 12-1 所示。

12.2.2 六元杂环的结构

吡啶是六个原子组成的杂环化合物，氮原子和五个碳原子也都是 sp^2 杂化，氮原子的三个未成对电子中有两个各占据一个杂化轨道，另一个占据 p 轨道。氮原子的两个杂化轨道分别与相邻碳原子的杂化轨道形成 σ 键。六个原子形成一个环，各有一个未杂化的 p 轨道垂直于环平面且互相平行，形成由六个原子含六个 p 电子的封闭共轭体系。吡啶的结构如图 12-2 所示。

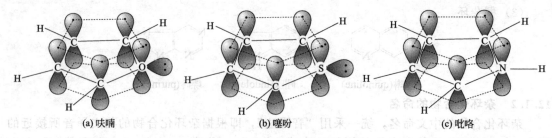

图 12-1 呋喃、噻吩、吡咯的结构

12.2.3 稠杂环的结构

五元杂环苯并体系结构如图 12-3 所示。

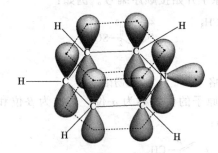

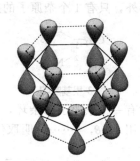

图 12-2 吡啶的结构　　　图 12-3 五元杂环苯并体系结构（Z＝O，S，N）

无论在单杂环还是稠杂环中，所形成的大 π 键含有的 π 电子数，均符合休克尔 $4n+2$ 规则的要求，所以它们具有一定的芳香性（可发生环上的亲电取代反应）。

12.3 杂环化合物的性质

12.3.1 五元杂环化合物的性质

五元杂环化合物中，最常见的是呋喃、噻吩和吡咯。五元杂环化合物中杂原子参与了环的共轭，使得环上碳原子的电子云密度升高并活化了环，所以这些化合物比苯活泼。但是由于杂原子的电负性较大，使得环上电子云密度分布不均匀，导致五元杂环的芳香性不如苯。下面对常见五元杂环化合物的物理、化学性质做一下介绍。

(1) 物理性质

呋喃是无色液体，沸点 32℃，具有类似氯仿的气味，微溶于水，易溶于乙醇、乙醚等有机溶剂。呋喃能使盐酸浸过的松木片显绿色，此现象可检验呋喃的存在。

噻吩与苯共存于煤焦油中，噻吩是无色而有特殊气味的液体，沸点 84℃。噻吩和靛红（吲哚满二酮）在硫酸作用下呈蓝色，此现象可检验噻吩的存在。

吡咯存在于煤焦油和骨焦油中，是无色液体，沸点 131℃，有弱的苯胺的气味。其蒸气遇盐酸浸湿的松木片则呈红色，可检验吡咯的存在。

三种化合物都能溶于有机溶剂，在水中的溶解度都小于六元杂环吡啶，溶解度顺序为：吡咯＞呋喃＞噻吩。

(2) 化学性质

① 酸碱性　呋喃、噻吩和吡咯的碱性都很弱，其中吡咯由于氮原子的未共用电子对参加了环的共轭，使得氮原子上的电子云密度降低，所以吡咯显弱酸性。

$$\text{(pyrrole)} + KOH \xrightarrow{\triangle} \text{(pyrrole-K)} + H_2O$$

② 亲电取代反应　呋喃、噻吩、吡咯和苯一样可以发生卤代、磺化、硝化等亲电取代反应，而且活性比苯要高，活性顺序为：吡咯＞呋喃＞噻吩＞苯。

对于卤化反应，不需要催化剂，较低温度下即可进行以下反应。

$$\text{(furan)} + Br_2 \xrightarrow[0℃]{\text{二噁烷}} \text{(2-bromofuran)} + HBr$$

$$\text{(thiophene)} + Br_2 \xrightarrow{\text{乙酸}} \text{(2-bromothiophene)} + HBr$$

$$\text{(pyrrole)} + 4Br_2 \xrightarrow[0℃]{\text{乙醚}} \text{(tetrabromopyrrole)} + 4HBr$$

（极易卤代）

对于磺化和硝化反应，呋喃和吡咯对酸很敏感，强酸可使它们开环、聚合，所以它们不能用通常的磺化、硝化试剂进行反应，而是用比较缓和的试剂并在冷却的条件下进行，反应一般发生在 α-位。

$$(CH_3CO)_2O + HONO_2 \longrightarrow CH_3COONO_2 + CH_3COOH$$

乙酰基硝酸酯

$$\text{(furan)} + CH_3COONO_2 \xrightarrow{-30\sim-5℃} \text{(2-nitrofuran)} + CH_3COOH$$

$$\text{(thiophene)} + CH_3COONO_2 \xrightarrow{0℃} \text{(2-nitrothiophene)} + CH_3COOH$$

噻吩对酸很稳定，可以与通常的亲电取代试剂反应：

$$\text{(thiophene)} \xrightarrow[30℃]{H_2SO_4} \text{(2-thiophenesulfonic acid)} SO_3H$$

α-噻吩磺酸

该反应生成的 α-噻吩磺酸溶于水中，通常利用这一性质除去苯中含有的微量噻吩。

③ 氧化反应　呋喃和吡咯对氧化剂不稳定，在空气中就能被氧化，颜色会逐渐变深，特别是呋喃可被氧化成树脂状物，所以若油品中含有呋喃和吡咯类物质，则油品在放置过程中极易变色。但噻吩对氧化剂比较稳定，不能被氧化为亚砜和砜。

④ 加成反应　呋喃、噻吩、吡咯很容易加成氢被还原为饱和体系：

$$\text{(furan)} \xrightarrow[125℃, 10MPa]{H_2, Ni} \text{(tetrahydrofuran)} \quad \text{四氢呋喃}$$

$$\text{(thiophene)} \xrightarrow[180℃, 压力]{H_2, Ni} \text{(tetrahydrothiophene)} \quad \text{四氢噻吩}$$

$$\text{(pyrrole)} \xrightarrow[200℃, 20MPa]{H_2, Ni} \text{(tetrahydropyrrole)} \quad \text{四氢吡咯}$$

12.3.2　六元杂环化合物的性质

六元杂环化合物中，最常见的是吡啶。

（1）吡啶的物理性质

吡啶存在于煤焦油、页岩油和骨焦油中。吡啶是具有特殊臭味的无色液体，沸点 115℃，熔点 42℃，相对密度 0.982。吡啶可与水、乙醇和乙醚等混溶，是一种很好的溶剂，能溶解多种有机物和无机物。

（2）吡啶的化学性质

① **弱碱性**　吡啶中由于氮原子的未共用电子对未参与环的共轭，所以显碱性，其 $pK_a = 5.2$。

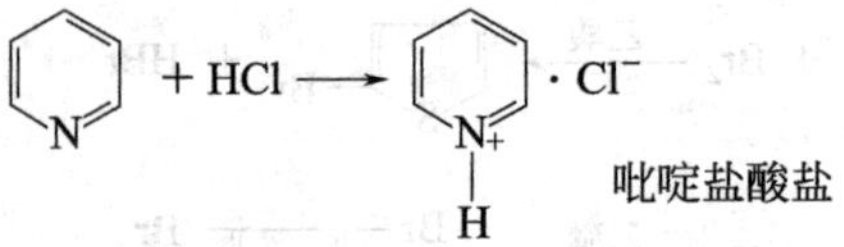

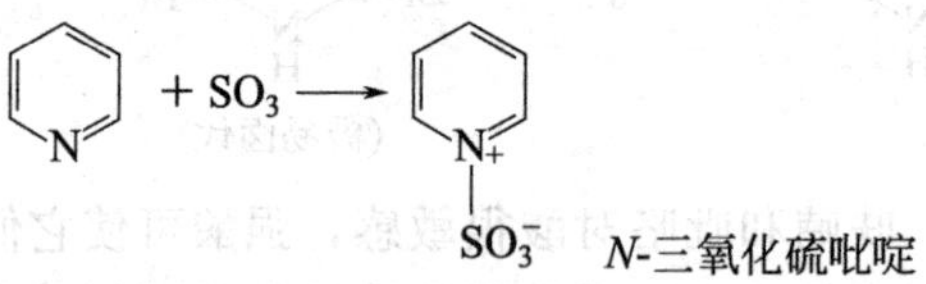

吡啶盐酸盐

N-三氧化硫吡啶

② **亲电取代反应**　氮原子的电负性比碳原子大，所以氮原子附近电子云密度较高，环上碳原子的电子云密度有所降低。亲电取代比苯困难，并且主要发生在 β 位上，反应条件要求较高：

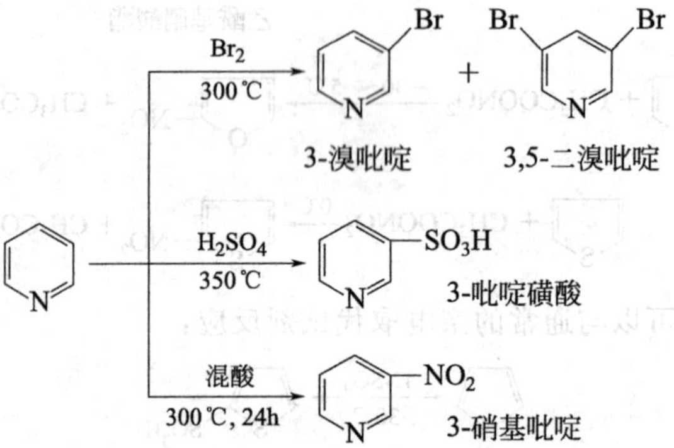

3-溴吡啶　　3,5-二溴吡啶

3-吡啶磺酸

3-硝基吡啶

③ **亲核取代反应**　由于环上的电子云密度较低，所以吡啶还可与强的亲核试剂发生亲和取代反应，主要生成 α 位取代物：

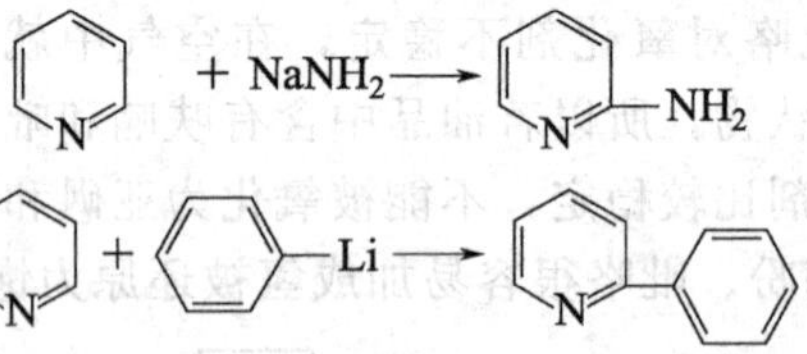

④ **氧化反应**　吡啶比苯稳定，不易被氧化，一般都是侧链被氧化，而杂环不被破坏，结果生成吡啶甲酸。

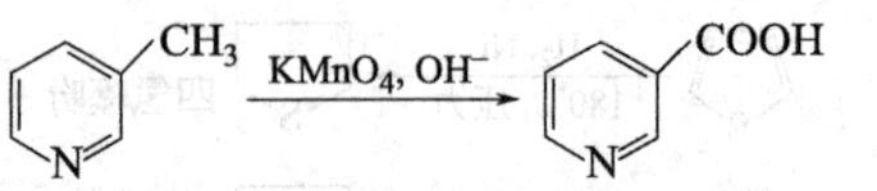

3-吡啶甲酸(烟酸)

⑤ **还原反应**　吡啶比苯易被还原，经催化氢化或用乙醇和钠还原，可得六氢吡啶。

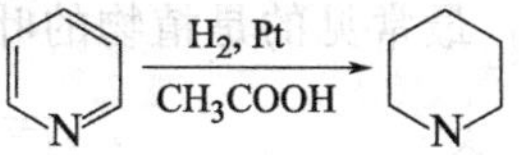

12.3.3　稠杂环化合物的性质

（1）喹啉和异喹啉

喹啉是由苯环和吡啶环稠合而来的，即苯并吡啶；异喹啉是喹啉的同分异构体，二者均存在于煤焦油和骨油中，喹啉的沸点是 238℃，异喹啉的沸点是 243℃。它们都难溶于水，易溶于有机溶剂。与吡啶相似，它们都有弱碱性。

喹啉和异喹啉都可发生亲电取代反应，且比吡啶易进行，亲电试剂主要进攻喹啉或异喹啉的苯环部分：

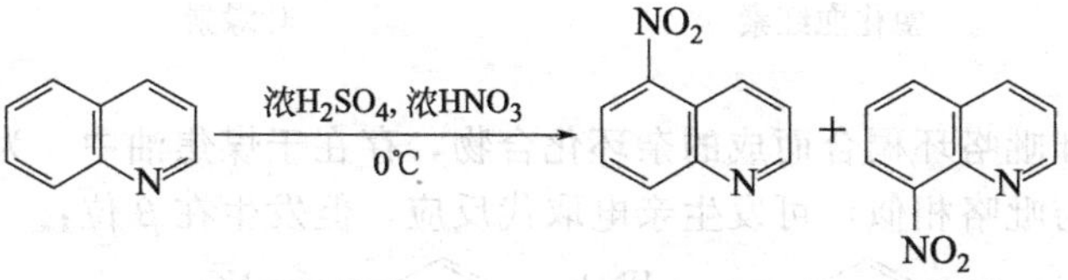

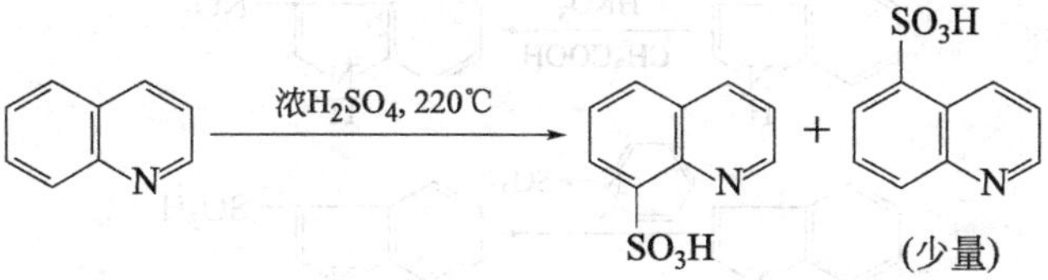

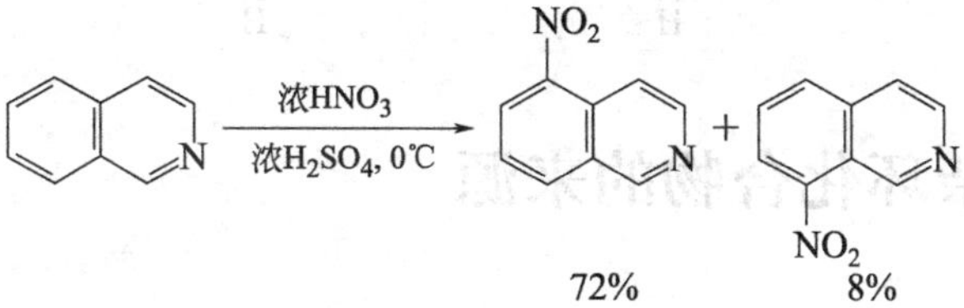

喹啉和异喹啉的亲核取代反应则发生在吡啶环上，其中喹啉主要在 2 位，异喹啉主要在 1 位：

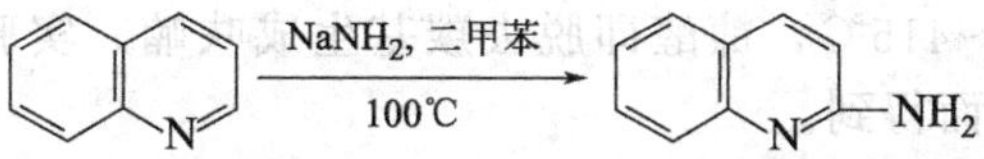

喹啉用高锰酸钾氧化时，苯环发生破裂，用钠和乙醇还原是其吡啶环被还原，这说明在喹啉分子中吡啶环比苯环难氧化，易还原。

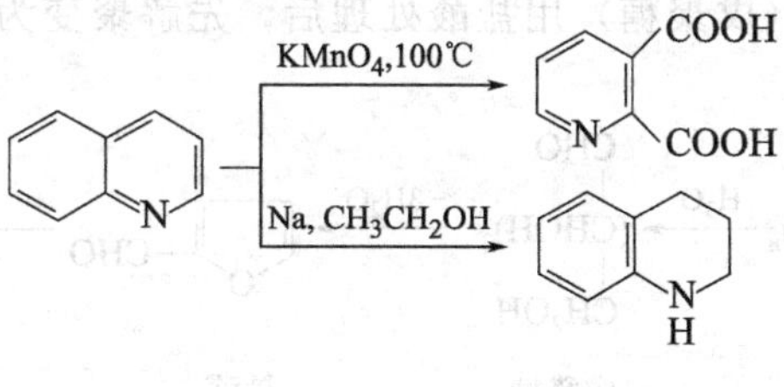

（2）卟啉类化合物

卟啉是卟吩的取代物，卟吩是由四个吡咯环的 α-位碳原子通过亚甲基相连而成的复杂共轭体，结构如下：

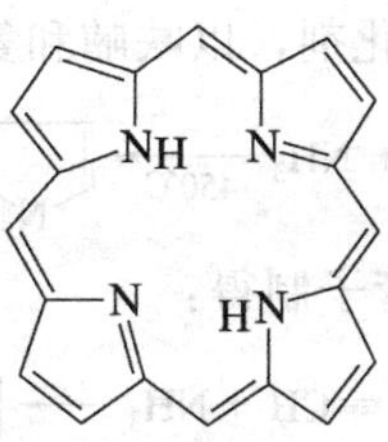

卟吩

自然界中，卟啉环系广泛存在，最常见的是植物的叶绿素和动物的血红素。

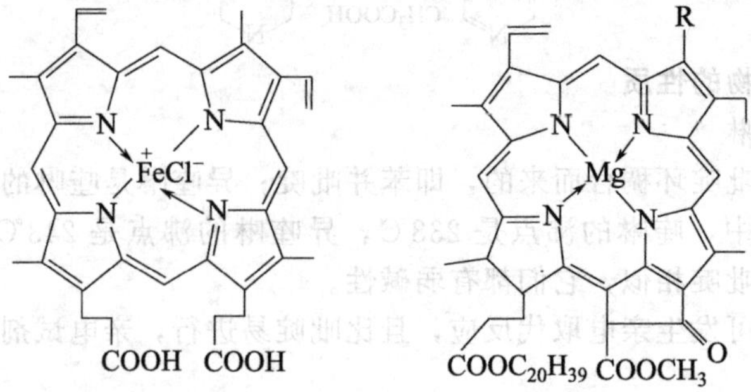

氯化血红素　　　　　　　　　　　叶绿素

（3）吲哚

吲哚是由苯环和吡咯环稠合而成的杂环化合物，存在于煤焦油中，为无色片状结晶，有臭味。其化学性质与吡咯相似，可发生亲电取代反应，但发生在 β-位：

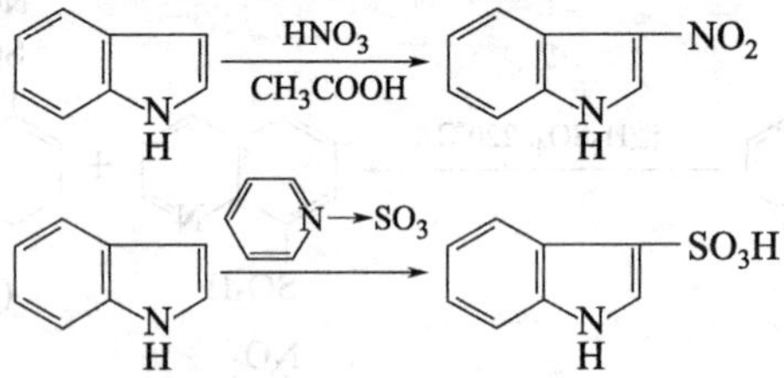

12.4　重要杂环化合物的来源

对于呋喃，工业上采用呋喃甲醛（又称糠醛）和水蒸气在气相下通过 $ZnO\text{-}Cr_2O_3\text{-}MnO_2$ 催化剂加热到 $400\sim415℃$，糠醛即脱去羰基生成呋喃。实验室中采取糠醛在铜催化剂和喹啉介质中加热脱羧而得到。

糠醛是呋喃的重要衍生物，糠醛是无色液体，沸点为 $162℃$，糠醛在醋酸存在下遇苯胺呈亮红色，可用来定性检验糠醛。糠醛可由农副产品如玉米芯、棉籽壳等原料制取。这些原料中含有的戊醛糖高聚物（戊聚糖）用盐酸处理后，先解聚变为戊醛糖，然后再失水而成糠醛。

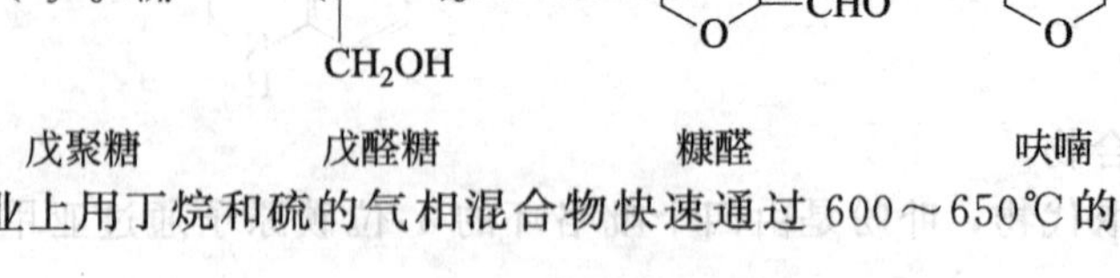

戊聚糖　　　　　戊醛糖　　　　　糠醛　　　　　呋喃

对于噻吩，工业上用丁烷和硫的气相混合物快速通过 $600\sim650℃$ 的反应器，然后快速冷却而得到。

对于吡咯，工业上用 Al_2O_3 为催化剂，以呋喃和氨气反应制备：

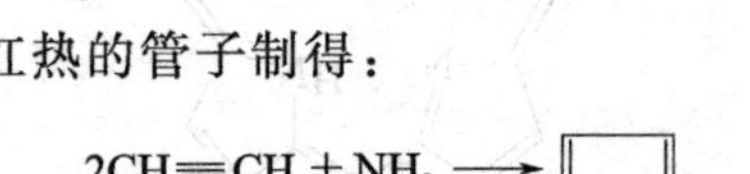

还可用乙炔与 NH_3 通过红热的管子制得：

对于吡啶，它的制法有许多种，主要是用 1,5-二羰基化合物与氨作用，得到不稳定的二氢吡啶，二氢吡啶脱氢即可得到吡啶。

【阅读材料】

嘌呤和吗啡

杂环化合物中的嘌呤是一类带碱性有两个相邻碳氮环的含氮化合物，是核酸的组成成分。DNA 和 RNA 中的嘌呤组成均为腺嘌呤和鸟嘌呤。嘌呤（purine，又称普林）经过一系列代谢变化，最终形成的产物（2,6,8-三氧嘌呤）又叫尿酸。嘌呤的来源分为内源性嘌呤（80%来自核酸的氧化分解）和外源性嘌呤（主要来自食物摄取，占总嘌呤的 20%），尿酸在人体内没有什么生理功能，在正常情况下，体内产生尿酸的 2/3 由肾脏排出，余下的 1/3 从肠道排出。若代谢发生紊乱使得血尿酸浓度过高时，尿酸即以钠盐的形式沉积在关节、软组织、软骨和肾脏中，引起组织的异物炎症反应，成了引起痛风的祸根。

吗啡，含一个被还原了的异喹啉环，它是从鸦片中提取的。吗啡的盐酸盐是很强的镇痛药，也能镇咳，但易上瘾。海洛因是吗啡的衍生物，自然界中不存在，它比吗啡更易上瘾，可用来解除晚期癌症患者的痛苦。

习　题

1. 给下列化合物命名或写出结构式。

(1) 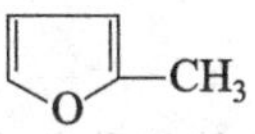 　　　　　(2)

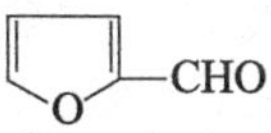

(3) 2-氨基噻吩　　　　　　(4) 2,4-二甲基吡咯

(5) N-乙烯基咔唑

2. 完成下列反应。

(1) 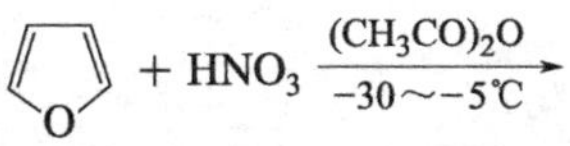 + HNO_3 $\xrightarrow[-30\sim-5℃]{(CH_3CO)_2O}$

(2) $\xrightarrow[0℃]{浓H_2SO_4, 浓HNO_3}$

(3) + $NaNH_2$ ⟶

(4) $\xrightarrow{HNO_3}{CH_3COOH}$

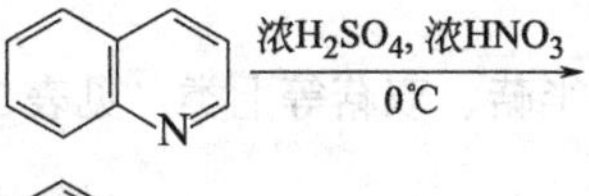

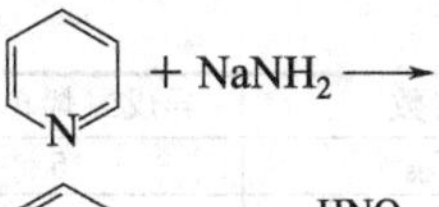

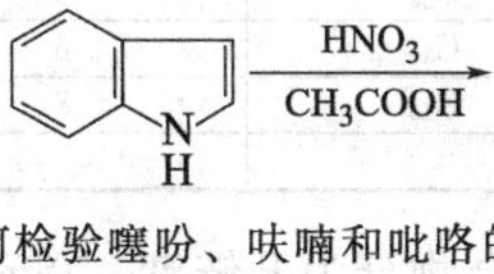

3. 如何检验噻吩、呋喃和吡咯的存在？

4. 如何除去苯中含有的少量噻吩？

第13章　萜类和甾族化合物

萜类和甾族化合物是两类重要的天然产物，广泛存在于生物体中，对生命活动起着重要作用，并且二者都是重要的生物标志化合物，它们在有机质的演化过程中基本保存了原始生化组分的碳骨架。该类有机化合物在有机质、原油、煤中含量虽然不高，但由于它们能提供原始有机质来源、沉积环境、有机质成熟度等信息，在有机地球化学研究中具有重要意义，广泛应用于原油成因、油源对比和油气运移研究中。

萜类化合物是指存在于自然界中，分子式为异戊二烯单位的倍数的烃类及其含氧衍生物。这些含氧衍生物可以是醇、醛、酮、羧酸、酯等。萜类化合物是构成某些植物的香精、树脂、色素等的主要成分。

甾族化合物是指具有环戊烷并氢化菲（称为甾核或甾体）环系结构的物质，这类化合物由于含有 4 个环和 3 个侧链，故用一象形字"甾"为其中文名，总称甾族化合物。很多甾族化合物具有特殊生理效能。例如，激素、维生素、毒素和药物等是重要的生物调节剂。

13.1　萜类化合物

由两个或两个以上异戊二烯单位按不同的方式头尾相连而成的化合物及其氢化物和含氧衍生物统称为萜类。

萜类化合物的通式为 $(C_5H_8)_n$，其共同特点是：分子中碳原子的数目都是 5 的整数倍，可以看成是由若干个含有五个碳原子的异戊二烯单位组成。

13.1.1　萜类化合物的分类及命名

（1）萜类化合物的分类

根据萜的碳骨架含异戊二烯的单元数可以将萜分为单萜、倍半萜、双萜等七类，见表 13-1。

表 13-1　萜的分类

类别	碳数	异戊二烯单元数	类别	碳数	异戊二烯单元数
半萜	C_5	1	二倍半萜	C_{25}	5
单萜	C_{10}	2	三萜	C_{30}	6
倍半萜	C_{15}	3	四萜	C_{40}	8
二萜	C_{20}	4			

根据萜的分子中各异戊二烯单元的连接方式，又可将萜类化合物分为开链萜、单环萜和双环萜等。

开链萜，如月桂烯；单环萜，如薄荷醇；双环萜，如 α-蒎烯。

月桂烯 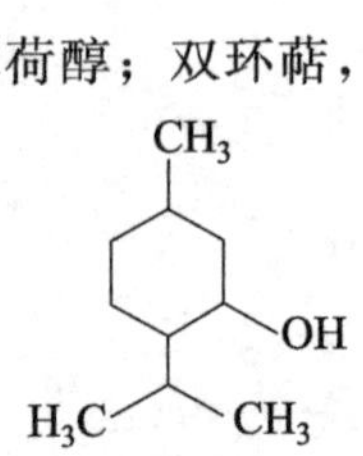　　　　　　　　薄荷醇　　　　　　　　α-蒎烯

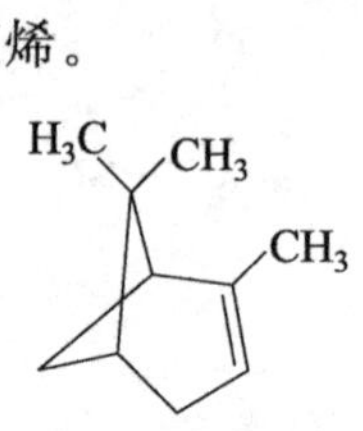

（2）萜类化合物的命名

萜类化合物的命名较常采用普通命名法，例如：

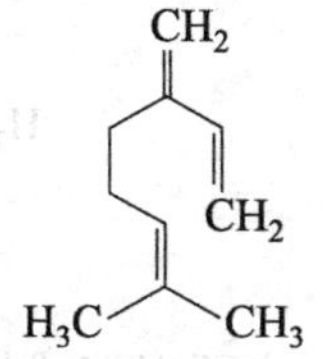

β-月桂烯（系统命名：7-甲基-3-亚甲基-1,6-辛二烯）

大多数萜类化合物都是以俗名来命名，例如：

对薄荷烷　　　　　松节烷　　　　　樟烷

13.1.2 萜类化合物的结构

萜类化合物结构上的共同特点是这些分子可以看做是两个或两个以上的异戊二烯分子以头尾相连的方式结合起来的。规定异戊二烯分子中 1 号碳原子为头，4 号碳原子为尾：

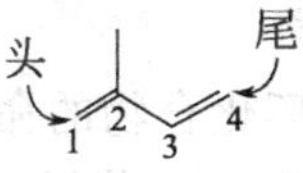

头　　　　　尾

1　2　3　4

异戊二烯

例如：月桂烯可看做是两分子异戊二烯头尾相连：

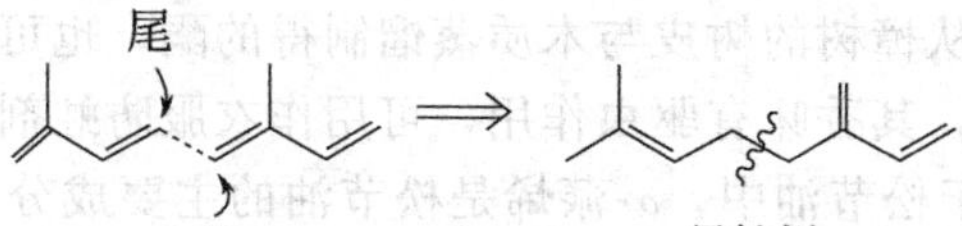

尾

头

月桂烯

13.1.3 重要的萜类化合物

（1）开链单萜

开链单萜是由两个异戊二烯单位结合成的开链化合物。

开链单萜中最重要的是柠檬醛，天然的柠檬醛有两种异构体，一种称为香叶醛，一种称为橙花醛：

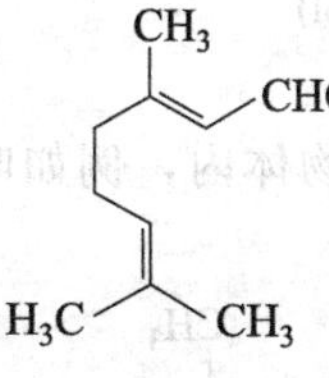

香叶醛 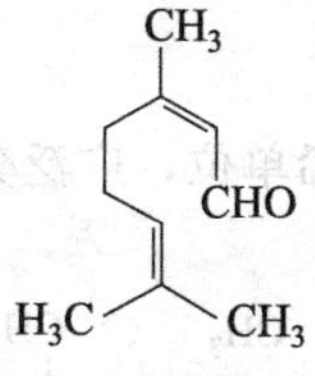　　　　　　　　橙花醛

开链单萜中的橙花醇和香叶醇为无色有玫瑰香气味的液体，可用于配制香料：

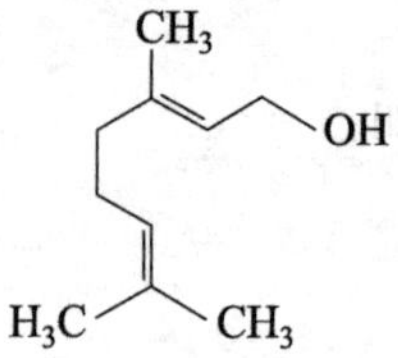

香叶醇 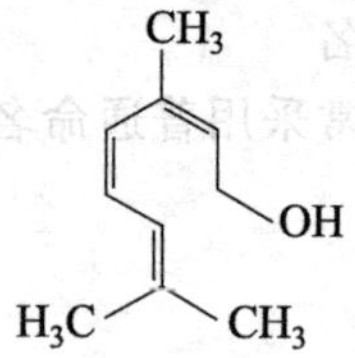　　　　　　　　　　橙花醇

（2）单环单萜

这一类化合物都含有一个六元碳环，主要以椅式构象存在。其中较重要的有：

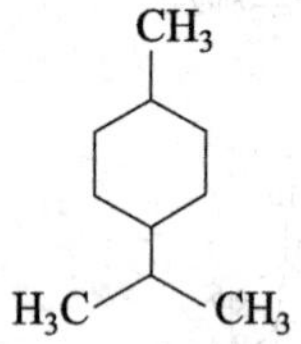

对薄烷 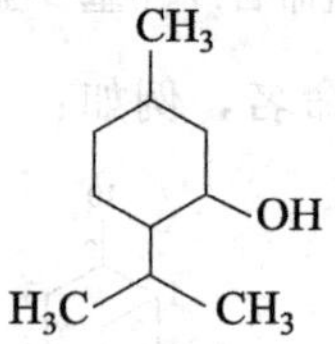　　　　　　薄荷醇 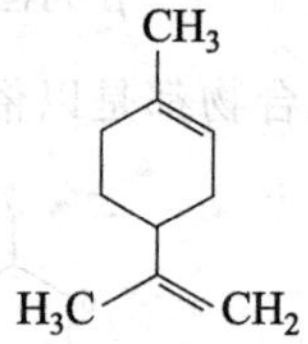　　　　　　苧烯

（3）双环单萜

双环单萜的骨架是由一个六元环分别和一个三元环或一个四元环或一个五元环共用若干个原子构成的，根据两个环的连接方式可分为侧柏、蒈、蒎、莰，它们的结构如下：

侧柏　　　　　蒈　　　　　蒎　　　　　莰

双环单萜属于桥环化合物，可按桥环化合物的命名原则命名。

重要的双环单萜化合物有莰醇、莰酮和 α-蒎烯、β-蒎烯。

莰醇，俗名龙脑或冰片，是龙脑香科植物龙脑香的树脂和挥发油加工品提取获得的结晶，是近乎于纯粹的右旋龙脑。难溶于水，有清凉气味，可用于医药、化妆品工业。

莰酮，俗名樟脑，是从樟树的树皮与木质蒸馏制得的酮，也可从松节油合成。它是无色闪光结晶，溶于有机溶剂，其香味有驱虫作用，可用作衣服防蛀剂。

α-蒎烯、β-蒎烯共存于松节油中，α-蒎烯是松节油的主要成分，是自然界中存在最多的一个萜化合物。二者均为不溶于水的油状液体，可作为漆和蜡的溶剂。

（4）倍半萜

倍半萜是由三个异戊二烯单元组成的，重要的倍半萜有法尼醇（存在于玫瑰花油中，芳香味精油）等：

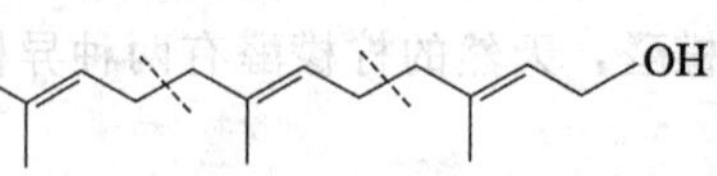

法尼醇(farnesol)

（5）二萜

二萜中有四个异戊二烯单位，广泛分布于动植物体内，例如叶绿醇（phytol）存在于叶绿素中：

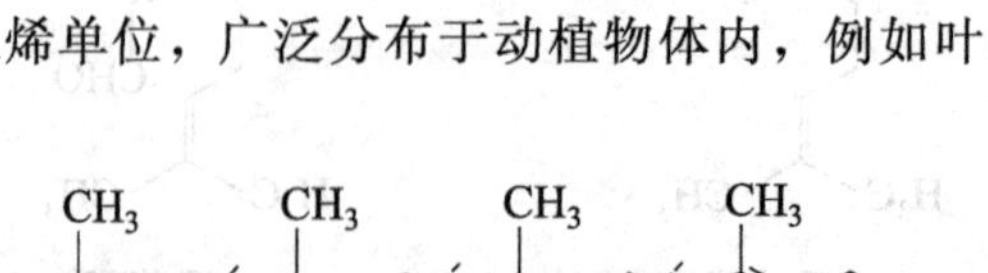

叶绿醇

维生素 A 也是二萜的一种，主要存在于鱼肝油、蛋黄中，是哺乳动物正常生长发育所必需的物质：

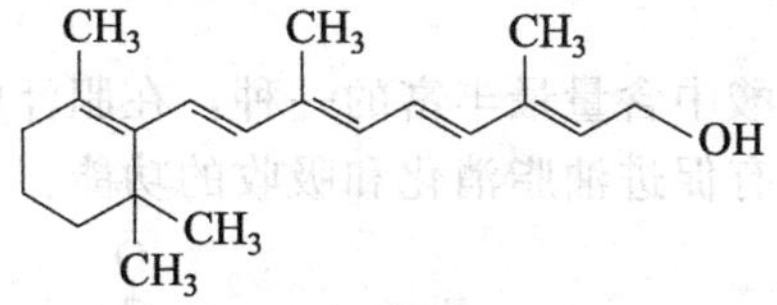

维生素A

（6）三萜

三萜分子中含有 30 个碳原子，存在于动植物体内。三萜常含有四个或五个稠合的碳环。许多三萜与甾族化合物在化学上或生物化学上有相似之处。

角鲨烯（squalene）是一种三萜烯，存在于角鲨鱼的肝及人的皮脂中。橄榄油、茶籽油中也存在角鲨烯，可用作杀菌剂、医药及染料的中间体等。

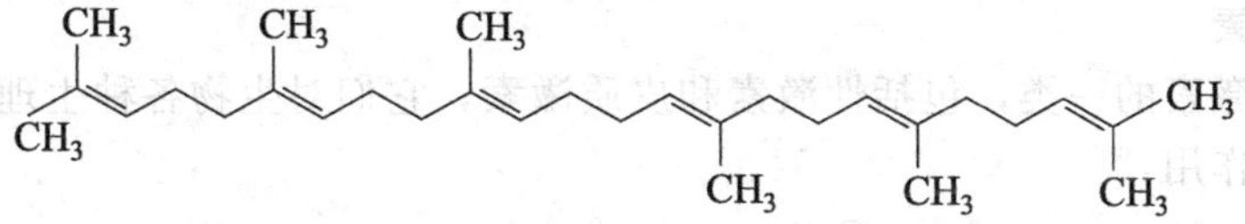

角鲨烯(squalene)

（7）四萜

四萜分子中有八个异戊二烯单元，这类化合物分子中通常会有较多的共轭双键，因此它们通常有颜色，如番茄红素和 β-胡萝卜素：

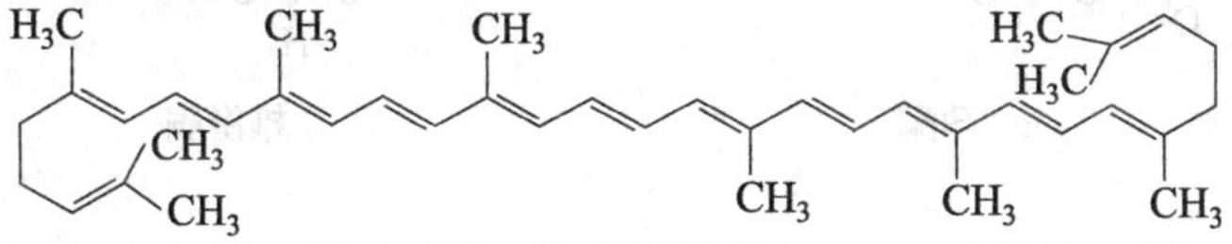

番茄红素

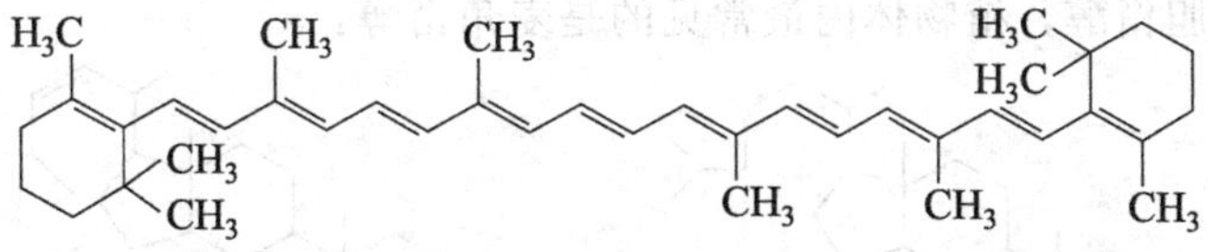

β-胡萝卜素

13.2　甾族化合物

甾族化合物（又称类固醇）也是广泛存在于动植物体内的一类化合物，具有重要的生理作用，在医药方面有着广泛应用。

它的特点是含有一个环戊烷与氢化菲并联的骨架。同时含有三个侧链，其中 10 位和 13 位通常为甲基，称为角甲基；17 位上连有不同的侧链，其基本结构如下：

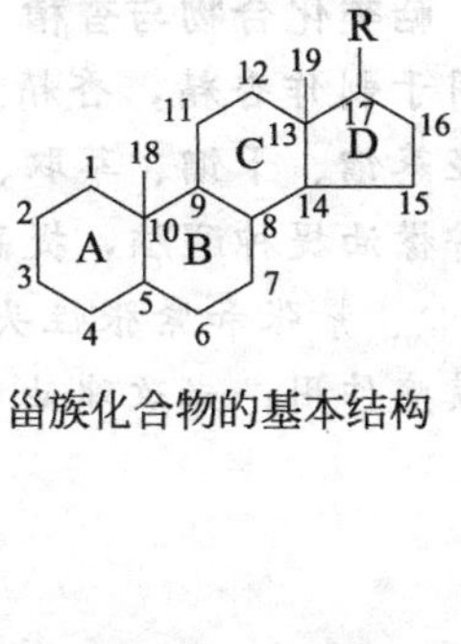

甾族化合物的基本结构

　　甾族化合物一般根据天然存在和结构分为胆酸、甾族激素和甾醇。甾体化合物的命名，常采用俗名，如胆固醇、黄体酮、睾丸酮等。

13.2.1　胆酸

　　胆酸是人类四种主要胆汁酸中含量最丰富的一种，在胆汁中以甘氨酸或牛磺酸结合成甘胆酸或牛磺胆酸的形态存在，有促进油脂消化和吸收的功能：

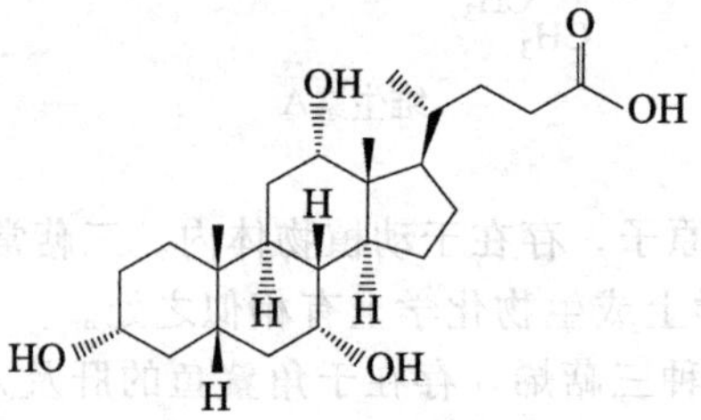

胆酸

13.2.2　甾族激素

　　甾族激素是激素的一类，包括性激素和皮质激素，它们对生物各种生理机能和代谢过程起着重要的协调作用：

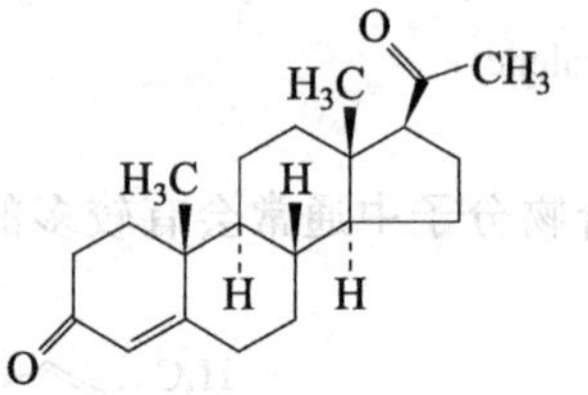

孕酮 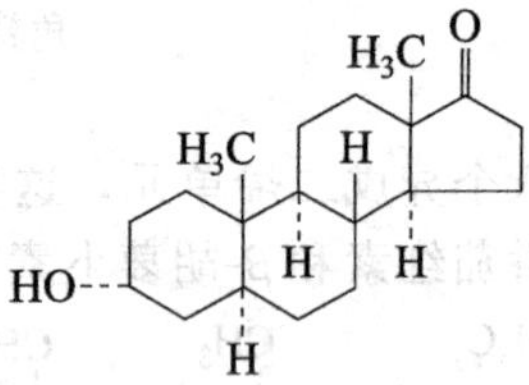　　　　　　　　　　　雄甾酮

13.2.3　甾醇

　　甾醇为饱和或不饱和的仲醇，又叫做固醇，可以从类脂中不能皂化的部分分离出来，动物体内最常见的是胆甾醇，植物体内最常见的是麦角甾醇：

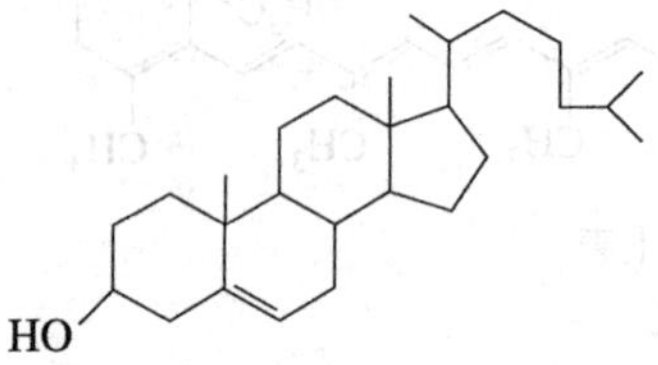

胆甾醇 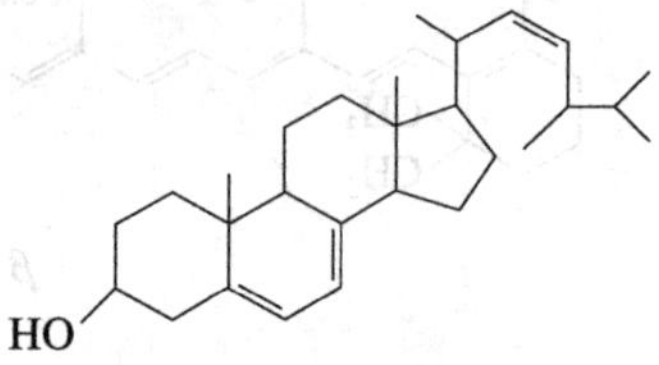　　　　　　　　　　麦角甾醇

　　在以甾醇为先质的化合物中有一类甾烷化合物，是一大类生物标志化合物，分为常规甾烷类、重排甾烷类、甲基甾烷类、短侧链甾烷亚类、降解甾烷亚类和芳构化甾烷类，它主要存在于未成熟地质沉积物中，在成熟样品中含量很低。所以可以提供丰富的信息，在生物化学、油气地球化学等领域有着重要的应用。

【阅读材料】

萜类化合物与香精

　　萜类化合物中有许多化合物可用于制作香精，香精是以香料植物的花卉、根、叶、茎、枝、木、皮、籽或分泌物为原料，经蒸馏、干馏、萃取、压榨等工艺提取的具有香味的精油物质。不同的香精有不同的功效：柠檬油提神醒脑，提高工作效率；肉桂油可扶正祛邪，抗感染（防腐抗菌）；薄荷油可消除恶心、紧张和紧张性头痛，可退热，还可祛除蚊虫，儿童闻香后倍感欢欣；茉莉油有抚慰、镇痛作用；岩玫瑰油（岩蔷薇油），安神镇静作用；檀香油有松弛、镇静作用，可抗焦虑、抑郁和神经紧张，止头痛；依兰油可调整和平衡机体功能，有抚慰、平静和松弛作用，可消除紧张，止痛，改善睡眠，治疗高血压，也可振奋精神，抗抑郁，恢复和增强信心；红橘油（福橘油）可振奋精神，令人欣快，还有助于消化；含羞草油可助消化，治呼吸道疾病，也有助于恢复青春，延缓衰老；茶油可治粉刺，也可退热；按油有镇静、松弛作用，可止头痛，也可有效缓解充血和呼吸道疾病（包括伤风感冒）；老鹳草油（香叶天竺葵油）可抗疲劳和精神创伤，也可驱蚊。

习　题

1. 指出下列化合物属于哪一类萜并用虚线分开结构中的异戊二烯单位。

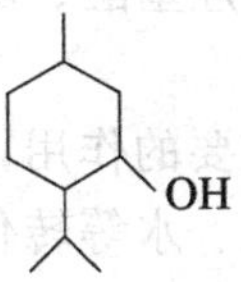

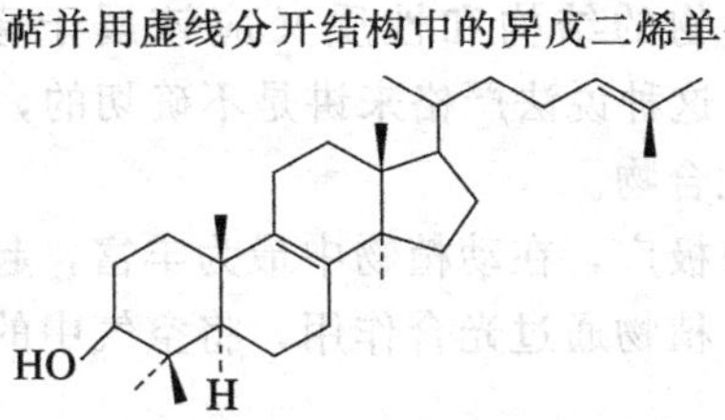

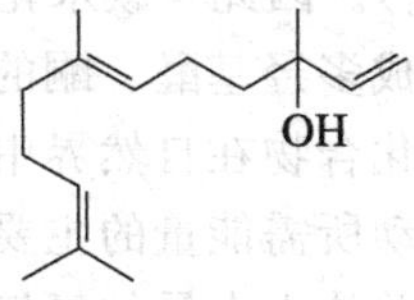

2. 简述萜类化合物是怎样分类的？

第 14 章 碳水化合物

碳水化合物又称为糖类，是自然界中存在最多的一类天然有机化合物，它仅含有碳、氢、氧三种元素，而且最初发现的这一类化合物其分子中氢和氧的比例为 $2:1$，与水分子中的氢氧比例相同，所以便将这一类物质叫做碳水化合物。但后来发现有些化合物其组成并不符合以上的规律，而这些化合物的结构和性质又应该属于碳水化合物，例如鼠李糖（$C_6H_{12}O_5$）。因此"碳水化合物"这种说法严格来讲是不确切的，糖类是多羟基醛、酮及水解后能生成多羟基醛、酮的一类化合物。

碳水化合物在自然界中的分布极广，在动植物中最为丰富，起着极其重要的作用，是维持生命活动所需能量的主要来源。植物通过光合作用，将空气中的二氧化碳、水等转化为碳水化合物并放出大量的氧气：

$$6CO_2 + 6H_2O \xrightarrow[\text{叶绿素}]{\text{光}} C_6H_{12}O_6 + O_2$$

这就是光合作用。植物通过光合作用生长、发育、繁殖，而动物则不能通过简单的二氧化碳制备碳水化合物，只能从食物中摄取，并通过吸收空气中的氧气将其分解以获得能量，满足动物生长、发育、繁殖的能量需求。由此可见，碳水化合物在自然界中是多么重要。

14.1 碳水化合物的分类

碳水化合物常常根据它能否水解和水解后的生成物，分为以下三类。

（1）单糖

不能再被水解成更小分子的多羟基醛或多羟基酮的一类物质，称为单糖。自然界中存在的最普遍和最重要的单糖为葡萄糖和果糖，它们的分子式都是 $C_6H_{12}O_6$。

（2）低聚糖

低聚糖是水解后能生成 $2\sim10$ 个单糖分子的糖类，低聚糖又称为寡糖。其中，最重要的是二糖，如蔗糖、麦芽糖和乳糖等，它们的分子式为 $C_{12}H_{22}O_{11}$。

（3）多糖

水解后能生成 10 个以上分子单糖的糖类，称为多糖。常见的多糖为淀粉和纤维素。

14.2 单糖

14.2.1 单糖的分类

单糖的种类很多，按分子中含有的碳原子数目可以分为：丙糖、丁糖、戊糖和己糖等。自然界中存在的单糖主要是戊糖和己糖，其中最重要的戊糖是核糖（戊醛糖），己糖是葡萄糖（己醛糖）和果糖（己酮糖）。例如：

```
                                   CHO              CH₂OH
            CHO                    CHOH             C=O
            CHOH                   CHOH             CHOH
            CHOH                   CHOH             CHOH
            CHOH                   CHOH             CHOH
            CH₂OH                  CH₂OH            CH₂OH
            戊醛糖                己醛糖            己酮糖
```

14.2.2　单糖的结构

（1）葡萄糖

葡萄糖为无色或白色结晶，分子式 $C_6H_{12}O_6$，熔点 146℃，存在于葡萄汁及其他果汁或蜂蜜中，在动物的血液中也含有葡萄糖，是动物新陈代谢不可或缺的物质，也是食品、医药工业的重要原料，在印染、制革工业中常用作还原剂。工业上，葡萄糖可由淀粉或纤维素水解来制备。葡萄糖存在开链式和氧环式两种典型的结构。

① 开链式结构　葡萄糖是含有五个羟基的己醛糖，五羟基己醛糖的结构为：

$$CH_2\overset{*}{-}CH\overset{*}{-}CH\overset{*}{-}CH\overset{*}{-}CH-CHO$$
$$\quad OH\quad OH\quad OH\quad OH\quad OH$$

五羟基己醛糖含有 4 个手性碳原子，其立体异构体总数为 $2^4=16$ 个，共八对对映体。天然葡萄糖只是其中一个立体异构体，其构型可用费歇尔投影式表示，为了书写方便，其开链式也常用简写的方法表示。例如：

```
        CHO               CHO               CHO
    H ──── OH                 ──── OH             ──── 
   HO ──── H         HO ────               HO ──── 
    H ──── OH                 ──── OH             ──── OH
    H ──── OH                 ──── OH             ──── 
        CH₂OH             CH₂OH             CH₂OH
```

单糖分子的旋光异构体，可用（＋）和（－）表示旋光方向，用"D"和"L"表示其相对构型。相对构型是根据分子中编号最大的手性碳的构型与甘油醛的构型相比较得到的，如与 D-（＋）-甘油醛的构型一致，则为 D 型糖，反之，为 L 型糖。天然葡萄糖为 D 型右旋光的糖，称为 D-（＋）-葡萄糖。例如：

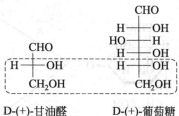

```
                                           CHO
                                       H ──── OH
                                      HO ──── H
             CHO                       H ──── OH
        ┌─────────────┐          ┌──────────────┐
        │ H ──── OH   │          │ H ──── OH    │
        │   CH₂OH     │          │   CH₂OH      │
        └─────────────┘          └──────────────┘
         D-(+)-甘油醛              D-(+)-葡萄糖
```

② 氧环式结构　用不同的方式对葡萄糖进行重结晶时，可得到两种物理性质不同的晶体。一种熔点为 146℃，$[\alpha]_D$ 为＋112°，另一种熔点为 150℃，$[\alpha]_D$ 为＋19°。将两者分别溶于水后，它们的比旋光度都逐渐变为＋52.7°。这种新配制的溶液随着时间的变化比旋光度发生变化的现象叫变旋光现象，这种现象用开链式结构是无法解释的。为了解释上述现象，有人提出葡萄糖主要以氧环式存在。葡萄糖的分子内含有羟基和醛基，同一分子内的醛基和适当位置的羟基可以发生缩合反应，形成环状半缩醛结构，又叫氧环式结构。D-葡萄

糖的氧环式结构是 C_5 上的羟基和醛基形成的半缩醛。由于羟基可以从羰基平面的两侧进攻羰基碳原子，因此可以生成两种不同构型的葡萄糖。

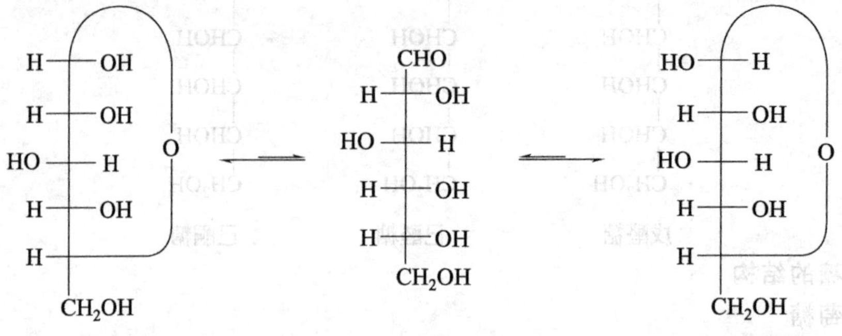

α-D-(+)-葡萄糖　　D-(+)-葡萄糖(链状)　　*β*-D-(+)-葡萄糖

这两种葡萄糖除 C1 构型不同外，其余碳原子的构型不变，它们互称为差向异构体。通常将半缩醛羟基（又称为苷羟基）在氧环式碳链右侧的称为 *α*-型，在碳链左侧的称为 *β*-型。如果将其中任何一个异构体溶于水后，都能通过开链式互相转变，形成一个平衡体系，其中 *α*-型约占 36.4%。*β*-型约占 63.6%，开链式极少（小于 0.0026%），这就是葡萄糖产生变旋光的原因，也是开链式与氧环式结构的互变异构现象。半缩醛式葡萄糖分子中的环是由五个碳原子与一个氧原子形成的六元环，它和杂环化合物中的吡喃环相似，所以六元环形的糖也叫吡喃糖。葡萄糖中 C4 上的羟基也可以和醛基形成半缩醛，相应的环状糖为五元环的呋喃糖，在水溶液中含量<1%。

氧环式不能反映出原子和原子团在空间的相对位置，因此常把氧环式结构写成平面透视式，又称哈沃斯（Harworth）式。哈沃斯式的书写方法如下：

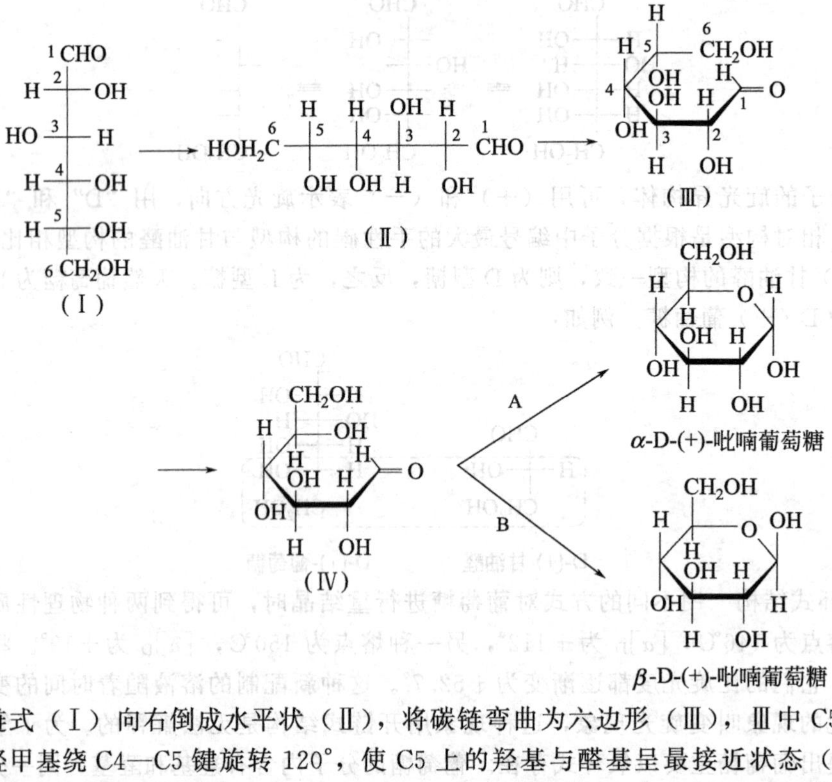

α-D-(+)-吡喃葡萄糖

β-D-(+)-吡喃葡萄糖

将开链式（Ⅰ）向右倒成水平状（Ⅱ），将碳链弯曲为六边形（Ⅲ），Ⅲ中 C5 所连的羟基、氢、羟甲基绕 C4—C5 键旋转 120°，使 C5 上的羟基与醛基呈最接近状态（Ⅳ）。Ⅳ式 C5 上的羟基可从羰基平面的上下两侧进攻羰基，分别得到 *α*-D-(+)-吡喃葡萄糖和 *β*-D-

（＋）-吡喃葡萄糖。α-构型与β-构型的区别在于苷羟基的方位，苷羟基与 C6 的 CH_2OH 在吡喃环异侧的为 α-构型，在吡喃环同侧的为 β-构型。

（2）果糖

果糖是白色晶体或结晶粉末，熔点 102℃，广泛存在于水果和植物的种子、球茎和叶子中，蜂蜜中也含有果糖。果糖的分子式为 $C_6H_{12}O_6$，天然果糖为左旋光 D 型糖。

D-（－）-果糖与葡萄糖一样具有开链式和氧环式结构。在水溶液中开链式和氧环式处于动态平衡，也存在变旋光现象。游离的 D-（－）-果糖中羰基与 C6 上的羟基形成吡喃型六元环，称为 D-（－）-吡喃果糖。构成蔗糖的果糖中羰基与 C5 上的羟基形成呋喃型五元环，称为 D-（－）-呋喃果糖。其开链式和氧环式构型及它们的平衡关系表示如下：

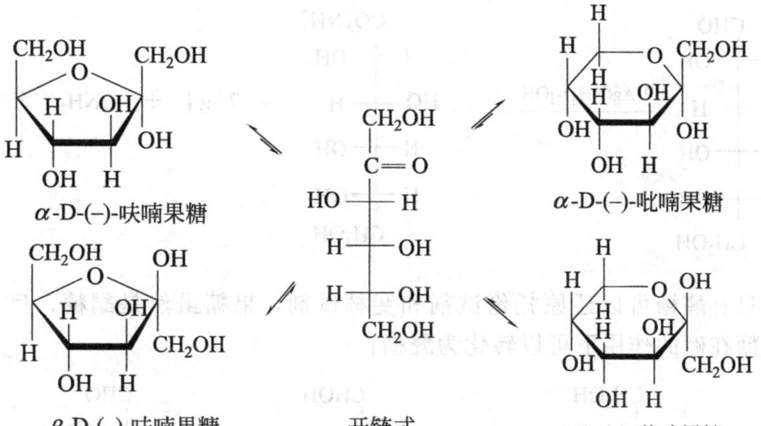

14.2.3 单糖的物理性质

单糖在常温下多为白色晶体，有甜味，在水中溶解度很大，常能形成过饱和溶液——糖浆。微溶于乙醇，不溶于乙醚和烃溶剂，水/醇混合溶剂常用于糖的重结晶。除丙酮糖外，单糖都有旋光性，具有环状结构的单糖还有变旋光现象。

14.2.4 单糖的化学性质

单糖是多羟基醛酮。所以单糖即显示了醇的一般性质，例如成酯、成醚的反应，又具有羰基化合物的典型性质。

（1）氧化反应

在不同条件下，单糖可被氧化为不同的产物。葡萄糖用溴水在 pH＝5 左右氧化生成葡萄糖酸，但是酮糖不能被溴水氧化，所以溴水可以区别酮糖与醛糖。反应过程如下：

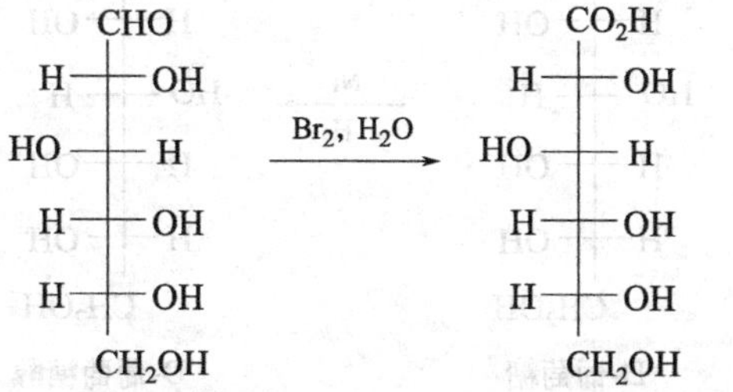

葡萄糖用强氧化剂硝酸氧化，生成葡萄糖二酸，葡萄糖二酸发生酯化反应形成双内酯，反应过程如下：

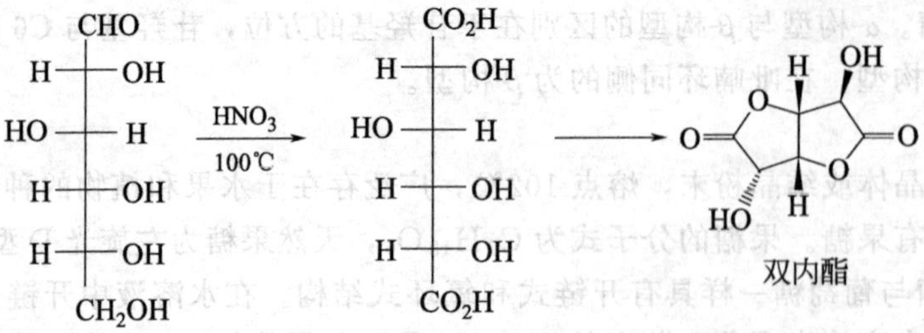

葡萄糖能与弱氧化剂托伦（Tollens）试剂和斐林（Fehling）试剂反应，分别生成银镜和氧化亚铜的砖红色沉淀，用于工业银镜的制作，或者葡萄糖的鉴定反应。例如：

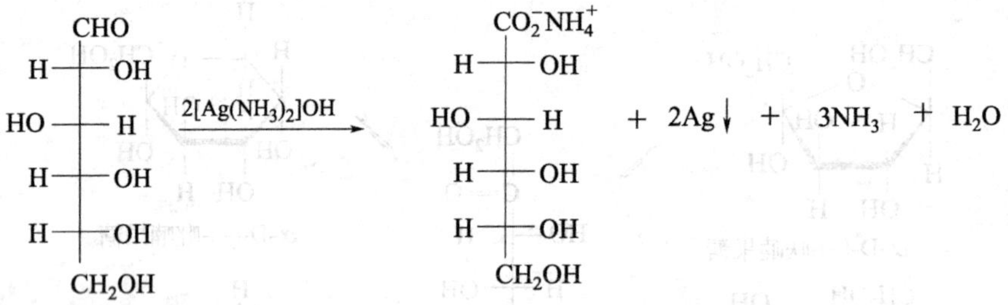

但并不是只有醛糖可以还原托伦试剂和斐林试剂，果糖虽然是酮糖，反应同样可以发生，原因是酮糖在碱的作用下可以转化为醛糖：

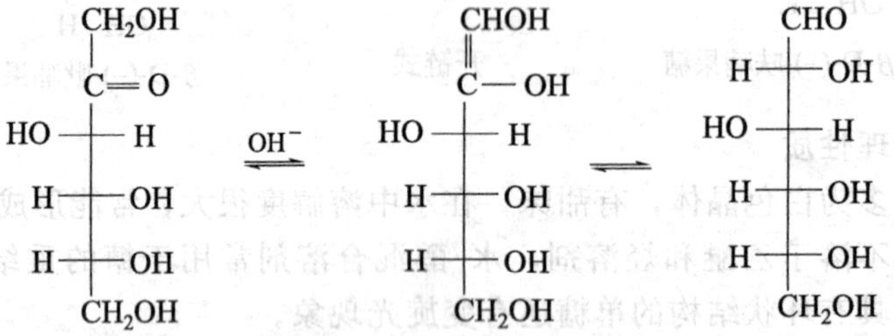

因此，不能用此反应区别醛糖和酮糖。凡是能被托伦试剂和斐林试剂氧化的糖，称为还原糖，不能被氧化的，称为非还原糖。该反应可以用于区别还原糖和非还原糖。

（2）还原反应

D-葡萄糖经催化加氢，或者用硼氢化钠还原生成 D-葡萄糖醇，或者叫己六醇，主要用于合成维生素 C。

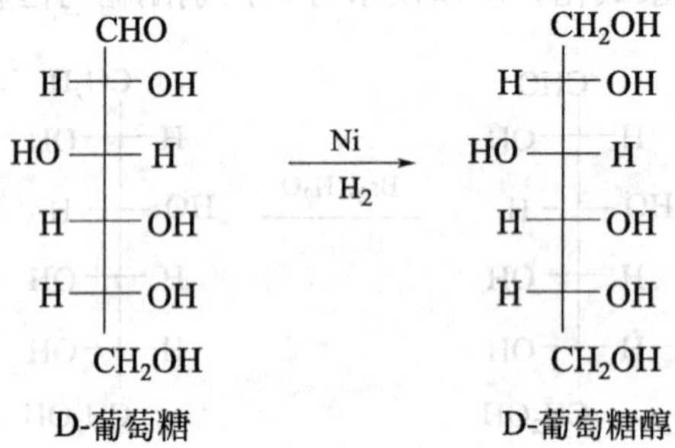

D-葡萄糖　　　　　　　　　　　D-葡萄糖醇

（3）成脎反应

单糖与苯肼作用，生成苯腙，在过量苯肼的存在条件下，生成的苯腙继续反应，最后生成糖脎。例如：

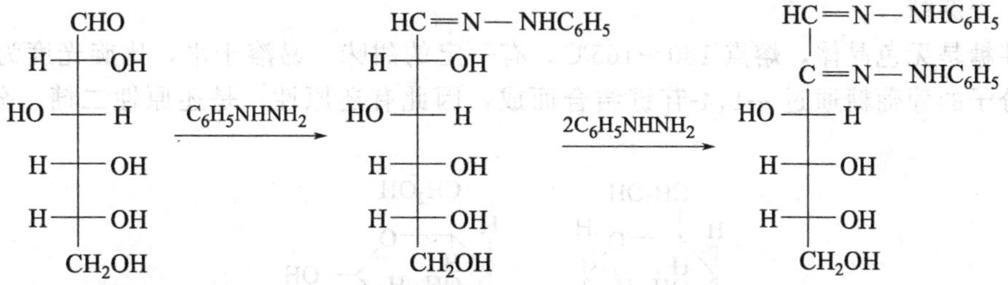

D-葡萄糖　D-葡萄糖苯腙　D-葡萄糖脎

无论醛糖还是酮糖都可以发生成脎反应，而且反应都发生在 C_1 和 C_2 上，其他碳原子不发生反应，因为葡萄糖和果糖的区别仅限于 C_1 和 C_2 的结构不同，所以葡萄糖和果糖形成的糖脎相同。糖脎为黄色结晶，不同糖的糖脎往往具有不同的熔点，结晶形态也有区别，可用于糖的鉴别。在早期糖化学的研究中，因为糖比较难结晶，有时会用成脎反应来分离提纯糖。

(4) 成苷反应

半缩醛可以与醇继续反应形成缩醛，半缩醛式的糖同样也可以与醇反应形成缩醛，在糖化学中，把这种缩醛叫做糖苷。例如：

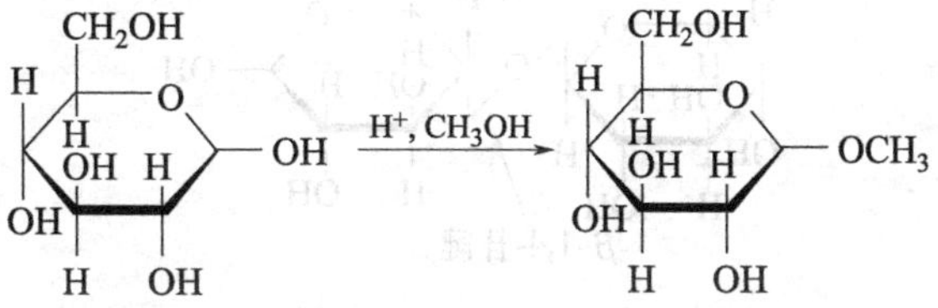

D-葡萄糖　D-甲基葡萄糖苷

缩醛是比较稳定的，作为缩醛的一个特殊例子，糖苷也比较稳定，糖苷在水溶液中不能再转化为链式结构，因此也不能再发生成脎反应，也不能与托伦试剂和斐林试剂作用，变旋光现象也随之消失，是非还原糖。

14.3　低聚糖

最重要的低聚糖是二糖，可看做是由一分子单糖的苷羟基与另一分子单糖的某一羟基脱水形成糖苷键生成。常见的二糖有蔗糖、麦芽糖、乳糖和纤维二糖。

(1) 蔗糖

蔗糖为无色晶体，熔点 186℃，易结晶，易溶于水，比旋光度为＋66.5°。蔗糖无还原性和变旋光作用，为非还原性二糖。蔗糖在自然界中分布最广，是最重要的二糖，它的分子式为 $C_{12}H_{22}O_{11}$，是由一分子 α-D-葡萄糖上的苷羟基和一分子 β-D-果糖上的苷羟基之间脱水后，通过糖苷键结合而成的，在酸性条件下可以水解为葡萄糖和果糖的混合物，蔗糖分子结构如下：

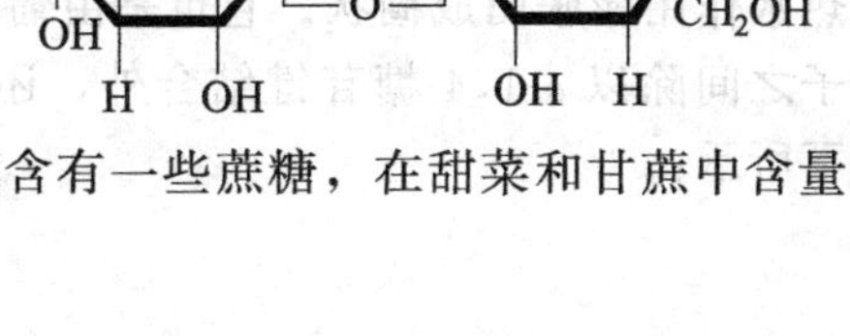

在所有的光合植物中都含有一些蔗糖，在甜菜和甘蔗中含量最多，其甜味仅次于果糖。

（2）麦芽糖

麦芽糖是无色晶体，熔点 160～165℃，有一定的甜味，易溶于水，比旋光度为＋136°，是由两分子的葡萄糖通过 α-1,4-苷键结合而成，因此有还原性，是还原性二糖。分子结构如下：

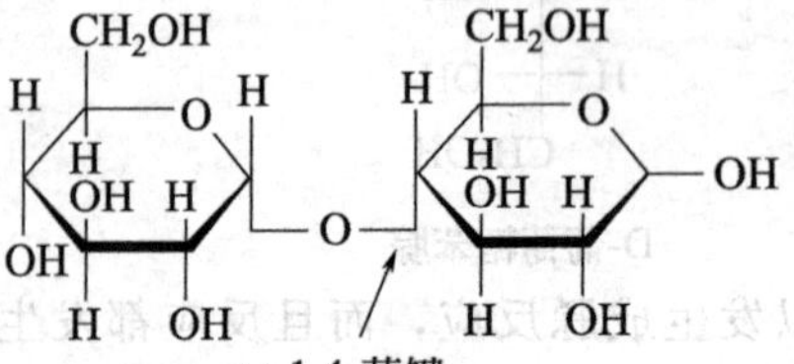

α-1,4-苷键

麦芽糖是饴糖的主要成分，甜度约为蔗糖的 40％。

（3）纤维二糖

纤维二糖是无色晶体，由纤维素部分水解得到，熔点 225℃，易溶于水，是右旋糖。化学性质与麦芽糖相似，也是还原性二糖，与麦芽糖不同的是，纤维二糖由两分子的葡萄糖通过 β-1,4-苷键结合而成。分子结构如下：

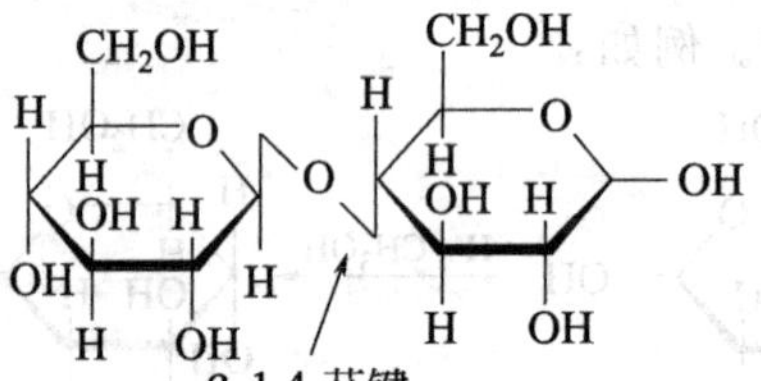

β-1,4-苷键

14.4　多糖

多糖是由 10 个以上单糖或单糖衍生物通过糖苷键聚合而成的高分子化合物。多糖大多为无定形粉末，无甜味，不溶于水，个别能与水形成胶体溶液，多糖没有还原性。最常见的、最重要的多糖是淀粉和纤维素。

（1）淀粉

淀粉是植物中储存的养分，多存在于种子与块茎中，淀粉是白色的无定形粉末，由直链淀粉（可溶性淀粉）和支链淀粉组成（不可溶淀粉）。可溶性淀粉能溶于热水而不成糊状，相对分子质量比支链淀粉小，其含量在淀粉中约占 10％～30％。它是葡萄糖以 α-1,4-糖苷键结合而成的链状化合物，如下所示：

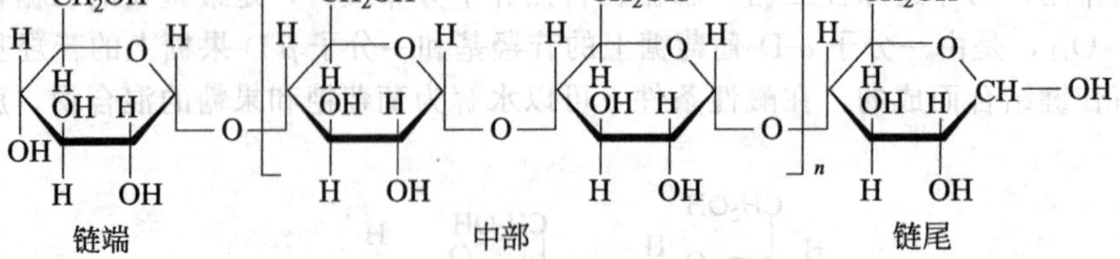

链端　　　　　　　　中部　　　　　　　　链尾
直链淀粉

支链淀粉不溶于水，与热水作用膨胀而成糊状。它也是由葡萄糖组成，但连接方式与直链淀粉有所不同，葡萄糖分子之间除以 α-1,4-糖苷键结合外，还有以 α-1,6-糖苷键相连的，所以聚合链中存在分支，如下所示：

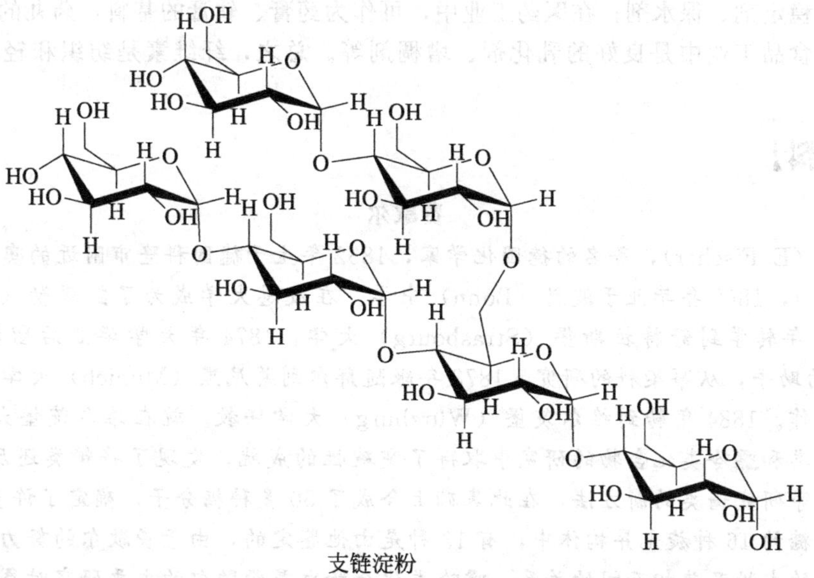

支链淀粉

淀粉可被淀粉酶水解为麦芽糖，麦芽酶可以使麦芽糖水解为两分子的葡萄糖，淀粉也可以在酸催化下水解为葡萄糖，酵母菌可使葡萄糖发酵制成酒精，其过程如下所示：

$$(C_6H_{10}O_5)_n \xrightarrow{H_2O} (C_6H_{10}O_5)_m \xrightarrow{H_2O} C_{12}H_{22}O_{11} \xrightarrow{H_2O} C_6H_{12}O_6 \xrightarrow{发酵} C_2H_5OH + H_2O$$
　　　淀粉　　　　　　　　糊精　　　　　　麦芽糖　　　　　葡萄糖

（2）纤维素

纤维素在自然界中的分布十分广泛，是植物细胞壁的主要成分，在植物中的作用与动物的骨骼相似。木材中含有约 50% 的纤维素，亚麻中含 80% 左右，棉花几乎是纯粹的纤维素（98%），其他如稻草、麦秸都含有相当多的纤维素。

纤维素分子由 3000～10000 个葡萄糖分子缩合而成，它和淀粉的不同之处在于纤维素是以 β 苷键在 1,4-位上互相连接结合起来的，其连接方式如下：

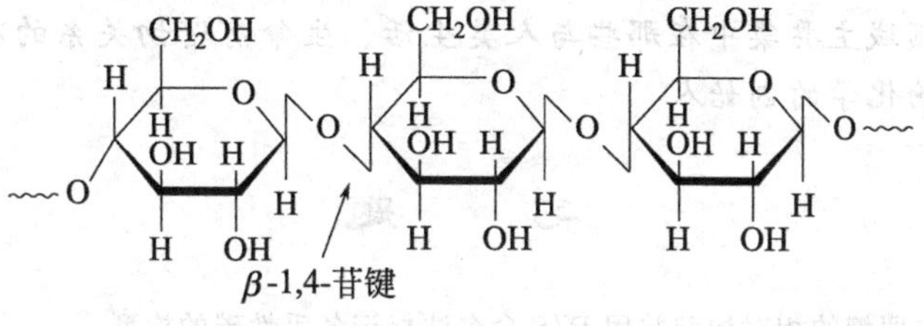

β-1,4-苷键

纤维素

纤维素不溶于水，也不溶于一般的有机溶剂。纤维素的水解也较淀粉困难，在酸性水溶液中，加热、加压可水解得到纤维二糖，最终产物是 D-葡萄糖。

纤维素不能作为人类的营养物质，因为人的消化道分泌出的淀粉酶不能分解纤维素，但可食用一些含有纤维素的食物，如玉米、大麦、水果、蔬菜等，增加肠胃的蠕动，有助于食物的消化吸收，而且纤维素还能吸收胆固醇，使人体内沉积的胆固醇减少。

组成纤维素的每个葡萄糖单位中的醇羟基可与碱、硝酸、乙酸酐等反应，生成相应的盐、硝酸酯、乙酸酯等。这些纤维素衍生物用途很广，如木质纤维可用于造纸；纤维素硝酸酯是制造油漆和塑料的原料，还可用于制造无烟火药；纤维素乙酸酯可用于制造胶片和香烟过滤嘴；纤维素还可以制造人造丝、人造棉、玻璃纸、赛璐珞制品等；纤维素在氢氧化钠溶液中与氯乙酸作用，生产羧甲基纤维素钠盐（CMC）。其用途十分广泛，在石油钻探中，可用作泥浆稳定剂、保水剂；在医药工业中，可作为药膏、软膏的基料，药丸的胶囊和药片黏合剂；在食品工业中是良好的乳化剂、增稠剂等。总之，纤维素是纺织和轻工业的重要原料。

【阅读材料】

费歇尔

费歇尔（E. Fischer），著名的德国化学家，1852 年生于德国科隆市附近的奥伊斯基兴镇（Euskirchen），1869 年毕业于波恩（Bonn）中学，在波恩大学成为了凯库勒（Kekulè）的学生，1872 年转学到舒特拉斯堡（Strasbourg）大学，1874 年大学毕业后留校成为拜尔（Baeyer）的助手，从事染料的研究，1878 年跟随拜尔到慕尼黑（Munich）大学继续从事染料的研究工作。1884 年转到维尔茨堡（Würzburg）大学任教。就在维尔茨堡大学的 10 年中，他在糖类和嘌呤类化合物的研究中取得了突破性的成就，发现了将糖类还原为多元醇、氧化为糖酸等研究糖类的新方法，在此基础上合成了 50 多种糖分子，确定了许多糖的构型。例如：己醛糖的 16 种旋光异构体中，有 13 种是由他鉴定的，由于费歇尔的努力，人们终于探明了单糖的本性及其相互间的关系。嘌呤类化合物也是费歇尔的主要研究对象，这类化合物包括可可碱、茶碱、咖啡碱等有生理活性的物质。费歇尔逐个确定了上述物质的组成和结构，合成了上述物质的母体化合物嘌呤及其许多衍生物，还制备了当时尚未被认知的天然嘌呤衍生物，其中包括他发现的安眠药：二乙基巴比安酸。他还探索了嘌呤类化合物与糖类及磷酸的结合，指出由它们能够得到构成细胞的主要成分——核酸，从而为生物化学的发展奠定了基础。基于以上研究成果，费歇尔荣获了 1902 年的诺贝尔化学奖。1892 年，费歇尔接受了柏林大学化学教授的聘任，年仅 40 岁的费歇尔成为了德国化学界的最高权威，关于蛋白质和氨基酸的研究就是在这里开始的。为了认识所有的氨基酸，他发展和改进了许多分析方法，将各种氨基酸分离出来进行鉴别。由于他的辛勤劳动，人们认识了 19 种氨基酸。1902 年他提出了蛋白质的多肽结构学说，并于 1907 年成功制取了由 18 种氨基酸分子组成的多肽，成为当时的重要科学新闻。

费歇尔的研究领域主要集中在那些与人类生活、生命有密切关系的有机物质的探索上，因此可以说他是生物化学的创始人。

习　题

1. 请指出阿拉伯糖和古罗糖的相对构型并用 R/S 命名法标记各手性碳的构型。

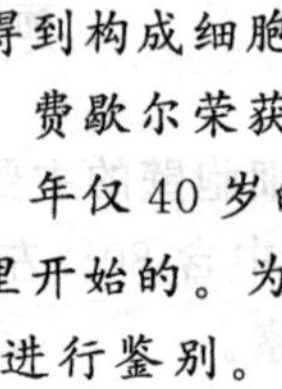

阿拉伯糖 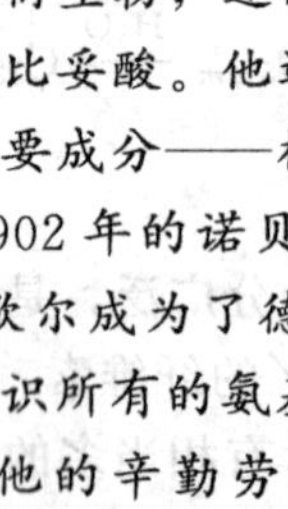　　　　古罗糖

2. 用简单的化学方法区别下列糖。

（1）葡萄糖和果糖　　　　（2）麦芽糖和蔗糖

3. 以下 D-甲基葡萄糖苷在酸性溶液中有变旋现象，请解释原因。

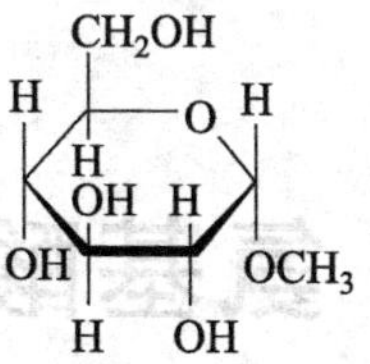

4. D-赤藓糖和 D-苏阿糖经过硝酸氧化后，前者旋光性消失，而后者旋光性保持，请写出反应方程式，并解释原因。

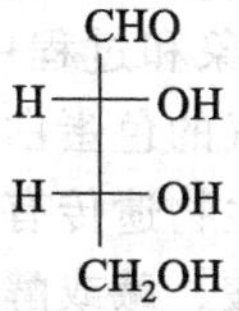

D-赤藓糖

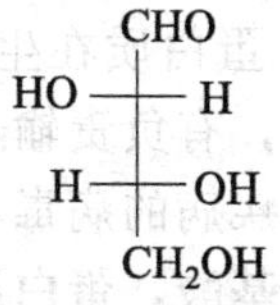

D-苏阿糖

5. 请简单描述淀粉和纤维素的区别，并说明人类为什么不能消化纤维素。

第 15 章　氨基酸和蛋白质

蛋白质是一种含氮的高分子化合物，它是生物一切组织的基本组成部分。细胞内除水分外，其余 80％ 的物质是蛋白质。蛋白质在生命现象和过程中起着决定性的作用，在生物体内，蛋白质的功能是极其复杂的，有负责输送氧气的色蛋白、有调节新陈代谢的激素、起催化作用的酶，也有可以引起各种疾病的病毒和与生物遗传有关的核蛋白素。

组成蛋白质的基础物质是氨基酸，蛋白质受酸、碱或酵母的作用，可水解为多种氨基酸的混合物。常见的氨基酸有 20 种，这 20 种氨基酸可以互相组合形成各种蛋白质。蛋白质中除氨基酸外，还常和色素、糖、磷有机化合物以及某些杂环化合物结合在一起。

植物能够由二氧化碳、水和无机盐合成蛋白质，动物必须从食物中摄取蛋白质，利用其中的氨基酸改组为本身的蛋白质。

15.1　氨基酸

15.1.1　氨基酸的结构及分类

含有氨基的羧酸叫做氨基酸。从蛋白质水解得到的二十多种氨基酸，它们在结构上都有一些共同点：

① 它们的分子中，氨基都在羧基的 α-碳上，所以又称为 α-氨基酸；

② 除甘氨酸（α-氨基乙酸）外，其他氨基酸都有旋光性，氨基酸的构型与糖一样（见 14.2.2 部分），习惯用相对构型 D 或 L 表示，天然氨基酸构型都属于 L 型，或者说手性碳的构型与 L-甘油醛相同，其通式及相对构型如下：

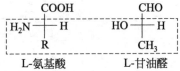

L-氨基酸　　　　　　　L-甘油醛

α-氨基酸的分类是根据以上通式中—R 基的结构、性质的不同来划分的。根据—R 基的结构不同，可以分为芳香族氨基酸（如苯丙氨酸）和脂肪族氨基酸（如丙氨酸）。有些烃基上还有其他的官能团，如—OH、—SH、—SCH₃、—COOH、—NH₂ 等。根据—R 基的性质可以分为：a. 中性氨基酸（氨基和羧基数目相等，如甘氨酸）；b. 酸性氨基酸（羧基数目多于氨基，如谷氨酸）；c. 碱性氨基酸（氨基数目多于羧基，如赖氨酸）。

15.1.2　氨基酸的命名

α-氨基酸的命名一般采用俗名而不是系统命名，且每个氨基酸都有它的符号，由 α-氨基酸英文名称的前三个字母组成，如 Gly、Ala 分别表示甘氨酸、丙氨酸。常见的氨基酸见表 15-1。

人体能消化吸收以及利用的氨基酸有 20 种。其中有 8 种氨基酸（表 15-1 中"①"标出的氨基酸）是成人体内不能合成或合成速度不能满足机体的需要，必须从膳食补充的氨基酸，称为必需氨基酸。其他非必需氨基酸可以用葡萄糖和别的矿物质来制造。

表 15-1　常见的氨基酸

序号	俗名,缩写符号	结构式	等电点(20℃)
中性氨基酸			
1	甘氨酸(Gly)	CH₂—COOH | NH₂	5.97
2	丙氨酸(Ala)	CH₃—CH—COOH | NH₂	6.02
3	亮氨酸(Leu)①	(CH₃)₂CHCH₂—CH—COOH | NH₂	5.98
4	异亮氨酸(Ile)①	CH₃CH₂CH—CH—COOH |　　　| CH₃　NH₂	6.02
5	缬氨酸(Val)①	(CH₃)₂CH—CH—COOH | NH₂	5.96
6	脯氨酸(Pro)	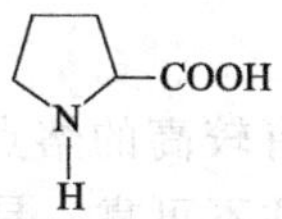	6.30
7	苯丙氨酸(Phe)①	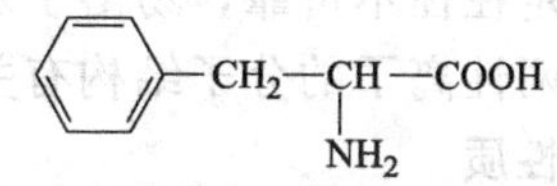	5.43
8	蛋(甲硫)氨酸(Met)①	CH₃SCH₂CH₂—CH—COOH | NH₂	5.74
9	色氨酸(Trp)①	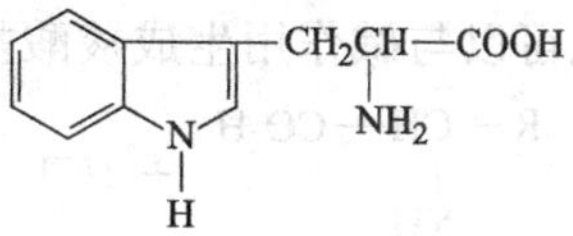	5.89
10	丝氨酸(Ser)	HOCH₂—CH—COOH | NH₂	5.68
11	谷氨酰胺(Gln)	H₂N—C—CH₂CH₂CH—COOH 　　‖　　　　　| 　　O　　　　　NH₂	5.65
12	苏氨酸(Thr)①	CH₃CH—CH—COOH 　　|　　| 　　OH　NH₂	6.53
13	半胱氨酸(Cys)	HSCH₂—CH—COOH | NH₂	5.02
14	天冬酰胺(Asn)	H₂N—C—CH₂CH—COOH 　　‖　　　| 　　O　　　NH₂	5.41
15	酪氨酸(Tyr)	HO—⟨benzene⟩—CH₂—CH—COOH 　　　　　　　　| 　　　　　　　　NH₂	5.66
酸性氨基酸			
16	天冬氨酸(Asp)	HOOCCH₂—CHCOOH 　　　　　| 　　　　　NH₂	2.77
17	谷氨酸(Glu)	HOOCCH₂CH₂—CH—COOH 　　　　　　　| 　　　　　　　NH₂	3.22

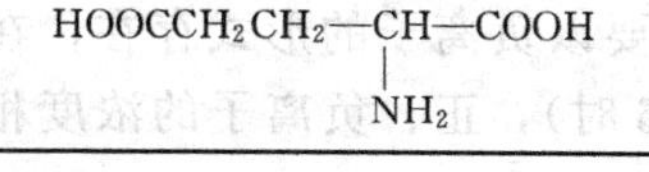

续表

序号	俗名,缩写符号	结构式	等电点(20℃)
碱性氨基酸			
18	赖氨酸(Lys)[①]	$H_2N-CH_2CH_2CH_2CH_2-\underset{\underset{NH_2}{|}}{CH}-COOH$	9.74
19	精氨酸(Arg)	$H_2N-\underset{\underset{}{\overset{\overset{NH}{||}}{C}}}-NHCH_2CH_2CH_2-\underset{\underset{NH_2}{|}}{CH}-COOH$	10.76
20	组氨酸(His)	$\underset{\underset{H}{\overset{}{N}}}{N}\diagdown\!\!/-\underset{\underset{NH_2}{|}}{CH_2}CH_2-COOH$	7.59

① 为必需氨基酸。

15.1.3　氨基酸的物理性质

氨基酸是无色结晶,具有较高的熔点 (一般在 200℃ 以上),加热熔化时容易分解,因此熔点用于氨基酸的鉴定往往不可靠,易溶于水而难溶于非极性有机溶剂。氨基酸的这种典型的物理性质与其具有两性离子的分子结构有关。

15.1.4　氨基酸的化学性质

(1) 两性和等电点

氨基酸分子内同时含有氨基和羧基,是具有氨基和羧基典型性质的两性化合物,既可以与酸作用生成铵盐,也可以与碱作用生成羧酸盐。例如:

$$R-\underset{\underset{NH_2}{|}}{CH}-CO_2H \ + \ HCl \ \longrightarrow \ R-\underset{\underset{NH_3Cl^-}{|+}}{CH}-CO_2H$$

$$R-\underset{\underset{NH_2}{|}}{CH}-CO_2H \ + \ NaOH \ \longrightarrow \ R-\underset{\underset{NH_2}{|}}{CH}-CO_2Na^+$$

氨基酸分子的氨基和羧基也可以相互作用,形成内盐,又称为偶极离子。

$$R-\underset{\underset{NH_2}{|}}{CH}-CO_2H \ \rightleftharpoons \ R-\underset{\underset{NH_3}{|+}}{CH}-CO_2^-$$

氨基酸在固态时,主要以内盐或偶极离子的形式存在,故熔点较高,不易挥发。在水溶液中,氨基酸的偶极离子既可以作为酸与 OH^- 结合生成负离子,又可以作为碱与 H^+ 结合成为正离子,形成一个平衡体系:

$$\underset{负离子}{R-\underset{\underset{NH_2}{|}}{CH}-CO_2^-} \ \underset{OH^-}{\overset{H^+}{\rightleftharpoons}} \ \underset{偶极离子}{R-\underset{\underset{NH_3}{|+}}{CH}-CO_2} \ \underset{OH^-}{\overset{H^+}{\rightleftharpoons}} \ \underset{正离子}{R-\underset{\underset{NH_3}{|+}}{CH}-CO_2H}$$

由于氨基酸中羧基的离解能力与氨基接受质子的能力并不相等,因此在上述平衡体系中,正、负离子和偶极离子的量是不相等的。究竟哪一种离子占优势,取决于溶液的 pH 值和氨基酸的结构。

在酸性介质中,氨基酸主要以正离子的形式存在,在外加电场中会向阴极移动,而在碱性介质中氨基酸则主要以负离子的形式存在,在外加电场中向阳极移动。在一定 pH 值下(例如甘氨酸,pH＝6 时),正、负离子的浓度相等,这时的氨基酸主要以偶极离子的形式存在，在外加电场中既不移向阳极，也不移向阴极。此时溶液的 pH 值，称为该氨基酸的等电点，或称 PI（isoelectric point）。不同氨基酸的等电点不同（见表 15-1），在等电点时，偶极离子的浓度最大，而溶解度最小。因此，通过调节水溶液 pH 值的方法，可以分离氨基酸。

（2）与水合茚三酮的反应

α-氨基酸与水合茚三酮在水溶液中发生多步反应，可生成蓝紫色物质，这个显色反应常用于 α-氨基酸的鉴别和色谱分离中氨基酸的显色。

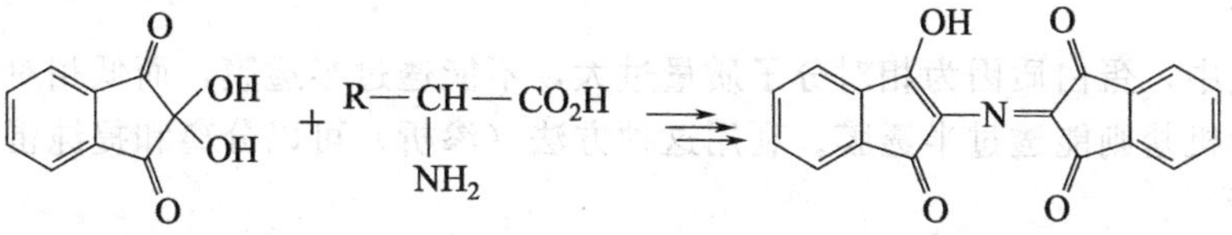

蓝紫色

（3）与亚硝酸的反应

α-氨基酸（脯氨酸除外）可以与亚硝酸反应，放出 N_2，反应可以定量进行，根据所得氮气的体积，可以推算出氨基酸或蛋白质中氨基的含量。这种方法称为范斯莱克（Van Slyke）氨基测定法。

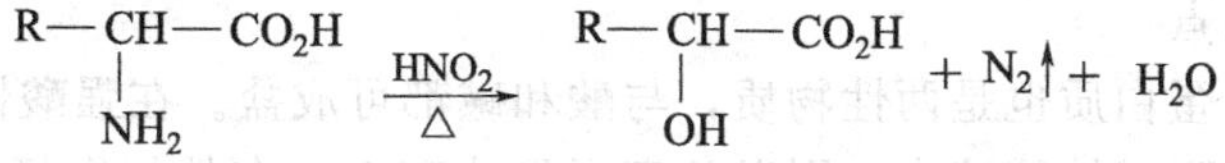

15.2　肽

一分子氨基酸中的氨基和另一分子氨基酸中的羧基脱水缩合形成酰胺键，在多肽及蛋白质中酰胺键称为"肽键"，所形成的化合物称为"肽"。两个氨基酸缩合的物质称为"二肽"，由多个氨基酸缩合而成的肽称为"多肽"。多肽广泛存在于自然界中，并有着重要的生理作用。下式为"三肽"谷胱甘肽的结构式，分子中包含两个肽键。

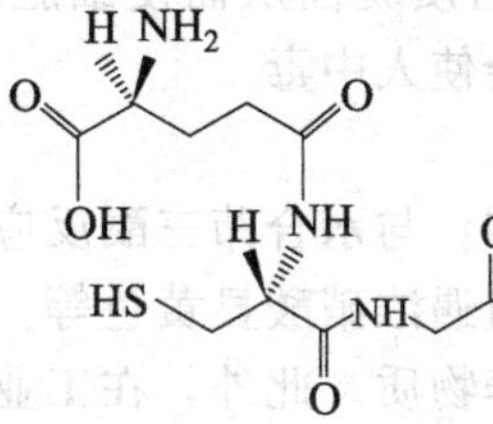

多肽是蛋白质部分水解的产物，因此多肽的研究是了解蛋白质的基础，多肽的合成也是蛋白质合成的基础。

15.3　蛋白质

蛋白质是由很多氨基酸通过肽键形成的链状高分子化合物。多肽与蛋白质从氨基酸的连接方式上来说是没有区别的，区别在于它们的相对分子质量大小不一样，或者说所包含的氨基酸残基个数有差别，但它们之间的界限也不是太明显。一般将包含 100 个氨基酸残基，相对分子质量在 10000 以下的称为多肽，10000 以上的称为蛋白质。

15.3.1　蛋白质的组成

蛋白质是一种含氮的生物高分子化合物，广泛存在于生物体内，是组成细胞的基础物质，不但种类多，而且结构复杂。蛋白质主要由 C、H、O、N 以及少量 S 组成，有些还含有 P、Cu、Fe、Zn、Mn 等多种元素。蛋白质除了由肽键形成的氨基酸残基连接的一级结构外，还存在二级结构、三级结构和四级结构。正是由于这些高级结构的存在，使得蛋白质中存在活性的基团在空间上互相接近，从而实现了蛋白质的各种生物活性。

15.3.2　蛋白质的性质

（1）渗析

在水溶液中，蛋白质因为相对分子质量过大，不能透过半透膜，而低相对分子质量的有机化合物和无机盐则能透过半透膜。利用这种方法（渗析）可以分离和提纯蛋白质。

（2）盐析

在蛋白质水溶液中加入浓的无机酸盐，例如硫酸铵、硫酸钠、硫酸镁、氯化钠等，可使蛋白质的溶解度降低而从溶液中析出，这种作用叫做盐析。盐析是一个可逆过程。这样析出的蛋白质仍可以溶解于水中，并不影响原来蛋白质的性质。所有的蛋白质在浓的盐溶液中都能盐析出来，但是，不同的蛋白质盐析出来时所需盐的最低浓度是不相同的。利用这个性质可以分离不同的蛋白质。

（3）两性和等电点

和氨基酸相似，蛋白质也是两性物质，与酸和碱都可成盐。在强酸性溶液中，蛋白质以正离子形式存在；在强碱性溶液中，则以负离子形式存在。在外加电场中，取决于溶液 pH 值的大小，移向阳极或阴极。因此，蛋白质也有等电点。不同的蛋白质具有不同的等电点。在等电点时，蛋白质大分子呈中性，在电场中不迁移，溶解度最小。利用蛋白质的这种性质，可以调节蛋白质水溶液的 pH 值到等电点而使蛋白质从水溶液中析出。

（4）变性

在热、酸、碱、重金属盐、紫外线、X 射线等的作用下，蛋白质的性质会发生改变，溶解度降低，甚至凝固。这种凝固是不可逆的，不能再使它们恢复为原来的蛋白质。蛋白质的这种变化，叫做变性。蛋白质变性后，就丧失了它原有的可溶性，并且失去了原有的生理效能。高温消毒灭菌就是利用加热使蛋白质凝固从而使细胞死亡。重金属盐（例如汞盐、铅盐、铜盐等）可使蛋白质凝固，所以会使人中毒。

（5）显色

蛋白质能发生多种颜色反应。例如：与水合茚三酮反应，呈现蓝紫色；与硫酸铜的碱性溶液反应呈红紫色；含有芳环的蛋白质遇浓硝酸显黄色等。这些反应可用于蛋白质的鉴别。

蛋白质是人和动物不可缺少的营养物质。此外，在工业上也有着广泛用途。丝和羊毛都是重要的纺织原料。皮革是凝固和变性后的蛋白质。许多蛋白质、血清等在医药上有很大用处。

【阅读材料】

荧光蛋白

最早发现的荧光蛋白是绿色荧光蛋白（green fluorescent protein，GFP），是由下村修（Osamu Shimomura）等人于 1962 年在一种水母中发现的。由于水母整体荧光及提取的蛋白质颗粒荧光都呈绿色，因此，人们将这种蛋白命名为绿色荧光蛋白。这种水母 GFP 是由 238 个氨基酸残基组成的蛋白质，分子量约 27kD，在氧存在的条件下，65～67 位的氨基酸残基（Ser-Tyr-Gly）环化为稳定的对羟基苯咪唑啉酮，形成生色团，具有生色团的荧光蛋白在紫外线中呈现亮色。后来，人们培育出了穿透性更强的深红色荧光蛋白，这种蛋白质发出的光穿透性更强，即使蛋白质位于小动物体内深处，所发出的光也可以穿透生物体被外界看到，而不用侵入式地进行研究。

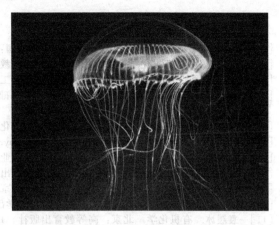

荧光蛋白的出现革新了生物学研究，运用荧光蛋白可以观测到细胞的活动，可以标记表达蛋白，可以进行深入的蛋白质组学实验等。特别是在癌症研究的过程中，由于荧光蛋白的出现使得科学家们能够观测到肿瘤细胞的具体活动，比如肿瘤细胞的成长、入侵、转移和新生。因此，康涅狄格学院化学家、《发光基因》的作者马克·齐默（Mark Zimmer）将绿色荧光蛋白称为"21世纪的显微镜"。

2008 年 10 月 8 日，因为发现和研究绿色荧光蛋白所作出的杰出贡献，诺贝尔化学奖授予了日裔美国科学家下村修、华裔美国科学家钱永健（Roger Y. Tsien）和美国科学家马丁·查尔菲（Martin Chalfie）。

习　　题

1. 名词解释
   (1) 等电点　　　(2) 肽键　　　(3) 盐析　　　(4) 变性
2. 指出 pH＝2、6、10 时甘氨酸在水溶液中的主要存在形式，并解释原因。
3. 用简单的化学方法鉴别下列各组化合物
   (1)　CH_3CHCH_2COOH　　　　　　$CH_3CH_2CHCOOH$
   　　　　　|　　　　　　　　　　　　　　　　　|
   　　　　NH_2　　　　　　　　　　　　　　　NH_2
   (2) 酪氨酸，脯氨酸和亮氨酸
4. 写出下列氨基酸的费舍尔投影式，并用 R/S 标记法表示其构型
   (1) L-丙氨酸　　　(2) L-半胱氨酸　　　(3) L-丝氨酸
5. 请写出丙-甘二肽的结构式。
6. 鸡蛋在煮熟后，其内部物质会由液体变为固体，请解释原因。

参 考 文 献

[1] 徐述华编著. 有机化学（上、下）. 东营：中国：石油大学出版社，2004.
[2] 高占先编著. 有机化学. 第2版. 北京：高等教育出版社，2009.
[3] 钱旭红编著. 有机化学. 第2版. 北京：化学工业出版社，2006.
[4] John McMurry, Eric Simanek 著. 有机化学基础. 第6版. 任丽君，向玉联等译. 北京：清华大学出版社，2008.
[5] 王彦广，吕萍，张姝佳，吴军编著. ——有机化学. 第2版. 北京：化学工业出版社，2009.
[6] http：//en. wikipedia. org/wiki/Benzo（a）pyrene.
[7] 卢双舫，张敏. 油气地球化学. 北京：石油工业出版社，2008.
[8] 高鸿宾. 有机化学. 第4版. 北京：高等教育出版社，2005.
[9] 邢其毅，徐瑞秋. 基础有机化学. 第2版. 北京：高等教育出版社，1994.
[10] 郭书好，李毅群. 有机化学. 北京：清华大学出版社，2007.
[11] 袁履冰. 有机化学. 北京：高等教育出版社，1999.
[12] 张发庆. 有机化学. 第2版. 北京：化学工业出版社，2008.